切花设施生产技术

罗凤霞　周广柱　主编

中国林业出版社

主　　编　罗凤霞　周广柱
编写人员　罗凤霞　周广柱　刘伟成
　　　　　孙晓梅　毛洪玉

图书在版编目（CIP）数据

切花设施生产技术/罗凤霞，周广柱主编．
—北京：中国林业出版社，2000.12
ISBN 7-5038-2590-1

Ⅰ．切…
Ⅱ．①罗…②周…
Ⅲ．切花-观赏园艺
Ⅳ．S688.2

中国版本图书馆 CIP 数据核字（2000）第 32082 号

出版：中国林业出版社
（北京市西城区刘海胡同 7 号　邮编 100009）
E-mail：cfphz@public.bta.net.cn　电话：66184477
发行：新华书店北京发行所
印刷：北京昌平百善印刷厂
版次：2001 年 2 月第 1 版
印次：2001 年 2 月第 1 次
开本：787mm×960mm　1/16
印张：13.5
字数：270 千字
印数：1～5000 册
定价：20.00 元

前　言

花卉是美好和幸福的象征，她以其斑斓的色彩、多变的风姿和馥郁的芬芳为人们创造了一个清新、自然、优雅、舒适的工作、生活和娱乐环境，给人以美的享受和艺术的陶冶。因此，随着社会物质文明和精神文明的不断提高，花卉的生产得到了迅猛发展，而鲜切花的生产在花卉的生产中占有极其重要的地位，在欧美和日本等发达国家，切花生产和消费已成为花卉生产和消费的主要方面。在我国随着改革开放和人民生活水平的不断提高，切花生产也越来越显示出其勃勃生机，鲜切花栽培和经营的单位和个人不断涌现。但是，鲜切花生产是一种商品生产活动，具有集约化生产的特点，追求较高的经济效益，因此，要求掌握较高的技术，为达到周年生产供应的目的，还需要一定的栽培设施。为此我们编写了《切花设施生产技术》一书，以期对从事鲜切花设施生产栽培的读者起到指导作用。

本书共分 16 章，第 1～5 章介绍了切花生产的基本设施——节能型日光塑料温室的设计，以及苗木的全光喷雾生产设施及技术、组织培养技术、无土栽培技术及鲜切花的贮藏与保鲜技术。6～16 章较详细地阐述了国内外最常用的 11 种鲜切花的形态特征及常见切花品种、生长习性与生态习性、繁殖方法、栽培管理、病虫害防治，以及采收、分级和贮藏等方面的技术；对于其中的球根花卉还介绍了种球的分级及其贮藏技术。

本书是作者结合近年来的教学与生产实践经验，参考了许多前辈的研究成果编著而成，许多同行也热情地提供了有关资料，刘伟成、孙晓梅、毛洪玉等参加编写部分内容，谨此一并深致谢忱。

由于近年来国际间花卉业交往频繁，花卉新品种层出不穷，栽培技术也在不断改进，加之作者经验也有一定局限性，缺点和不足在所难免，欢迎有关专家、学者、栽培技术人员和花卉爱好者批评指正。

编　者

1999 年 12 月 30 日

目　录

总　论

各　论

总　　论

1 节能型日光塑料温室

节能型日光塑料温室是塑料大棚的一种类型，是以墙体（山墙、侧墙）支撑拱架材料，以塑料薄膜为覆盖材料而构成的保护地设施。在北方花卉生产中，因其营造容易、造价低、性能好而得到广泛应用。鞍Ⅱ型塑料温室是这类温室的代表。图 1-1。

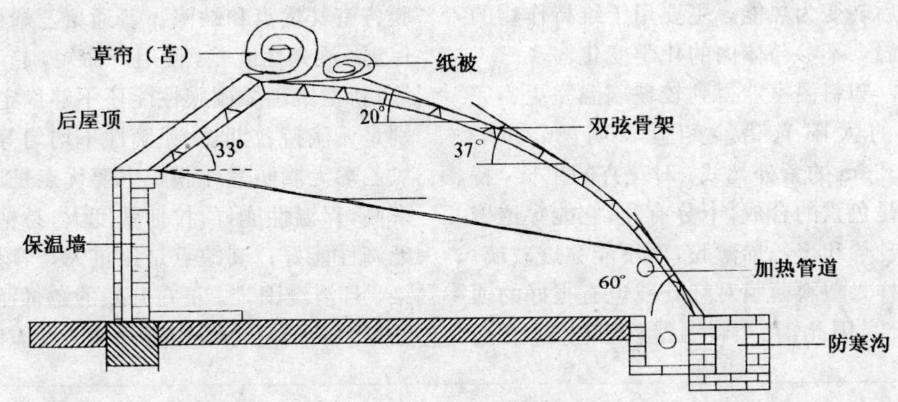

图 1-1　鞍Ⅱ型塑料温室示意图

1.1　性能

1.1.1　太阳辐射与通光性能

太阳辐射是植物生长所需要的光和热的基本来源。在太阳辐射的波长中，0.15～4.0μm 波长的能量占太阳辐射的 99%。太阳辐射也称短波辐射。地球表面及其上边的物体和大气层吸收太阳辐射后，进行波长为 3～120μm 的反辐射，称为长波辐射，见图 1-2。在到达地面的太阳辐射中，紫外线（<0.38μm）所含能量占太阳辐射总能量的比重非常小，但具有非常重要的生理生化作用和物理化学作用；可见光（0.38～0.76μm）和红外线（>0.76μm）的能量大约各占太阳辐射总能量的 50%。在太阳辐射中，小于 0.28μm 的紫外线，几乎到不了地面；0.28～0.315μm 的紫外线对大多数植物有害；波长 0.315～0.40μm 的近紫外线，参与某些维生素和花青素的合成，并起形态建成作用，如使植物变矮，叶子变厚等，同时能导致农用资材的老化而失去其使用价值；波长 0.40～0.51μm 的光，主要是蓝紫光，被叶绿素、类胡萝卜素强烈吸收，起强的光合作用和形态建成作用；波长 0.51～0.61μm 的光，主要是绿光，表现为低光合作用和弱的形态建成作用；波长 0.61～0.72μm 的光，主要是红橙光，被叶绿素强烈吸收，光合作用最强，有时表现出强的光周期作用；波长 0.70～0.76μm 的辐射称为远红光，对光周期及种子的形成有重要作用，并控制开花与果实颜色；波长为 0.72～1.0μm 的辐射只对植物的伸长生长起作用；波长大于 1.0μm 的辐射被作物吸收后转变为热能，主要用于维持作物的体温，不参与体内的化学变化。

塑料温室能得到较玻璃温室更为完善的太阳光谱。实验表明，0.29～0.32μm 的紫外光线，对花卉的生长，特别是色素的合成，十分有利；它能穿透聚氯乙烯和聚乙烯薄膜，而不能穿透玻璃。同样，塑料薄膜对红外线也有很好的通透性。因此，用塑料温室栽培花卉，在通光性方面，要优于玻璃温室。见表 1-1。塑料温室的透光性能与制造塑料薄膜时所用的树脂原料、助剂种类、数量、质量、厚薄、均匀程度，以及是否具有无滴性有关。在使用过程中，薄膜的污染、老化和露滴附着状态，对透光率也有很大影响。我国北方温室用的塑料薄膜厚度为 0.08～0.12mm（耐候性的多数为 0.1～0.12mm）。用于温室生产的薄膜（棚膜）有：聚氯乙烯（PVC）薄膜、聚乙烯（PE）薄膜和乙烯-醋酸乙烯共聚树脂（EVA）膜三种。其用作棚膜的性能比较如表 1-2。乙烯和聚氯乙烯用于制作棚膜各有其优点和缺陷。普通聚乙烯棚膜保温、透光性能差，使用寿命短，趋于淘汰；新型聚乙烯棚膜性能还不够稳定，特别是无滴持效期短、无滴性不均匀等。聚氯乙烯无滴防老化膜，主要优点是透光率高，保温性能好，拉伸强度大，易粘合，无滴性能好；其缺点是比重大，容易污染，且清洗困难。正在开发的乙烯-醋酸乙烯多功能复合膜性能优良。目前仍以

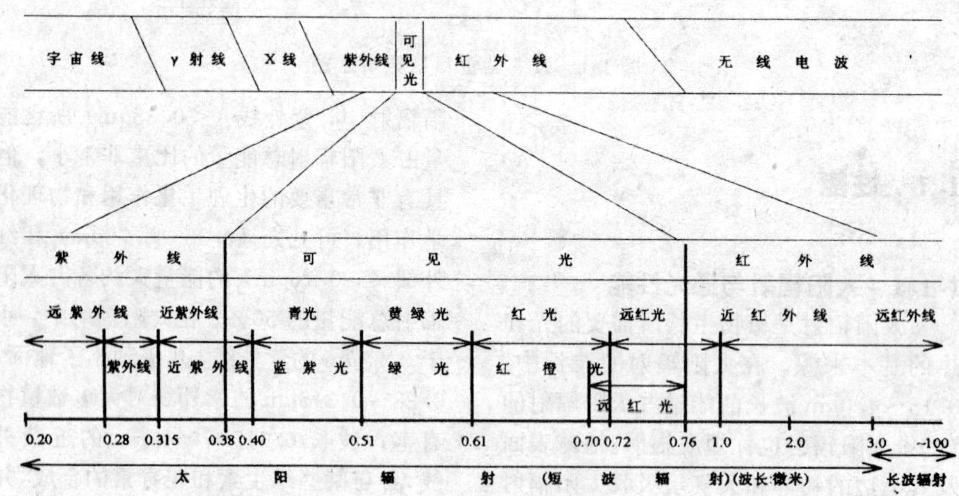

图 1-2 太阳辐射波长成分示意图

选用聚氯乙烯无滴耐老化膜为好。太阳辐射的光效应用照度表示，单位Lx。光线到达温室表面后，有70%～80%透入温室内。但是由于塑料薄膜表面的污染，用过一段时间后，透光率显著下降，平均50%左右。花卉生长发育，需要2×10^4～4×10^4Lx的光照。在春季4～5月份，自然光照可达10×10^4Lx以上，温室内可达5×10^4Lx，可以完全满足花卉生长发育的需要；但是在冬季，自然光照一般4×10^4Lx，温室光照不足2×10^4Lx，需要进行补光。电光和日光没有本质差异。日光灯产生的光谱，蓝紫光占16.1%，黄绿光占39.3%，红橙光占44.6%，又是冷光，可以用作塑料温室的补充光源。

表 1-1 塑料薄膜与玻璃的透光率表

项 目	单 位	聚氯乙烯（无色透明）	醋酸乙烯	聚乙烯	玻璃
试样厚度	mm	0.1	0.1	0.1	3
紫外线	0.28μm	0	76	55	0
	0.30	20	80	60	0
	0.32	25	81	63	46
	0.35	78	84	66	80
可见光	0.45	86	82	71	84
	0.55	87	85	77	88
	0.65	88	86	80	91
红外线	1.0	93	90	88	91
	1.5	94	91	91	90
	2.0	93	91	90	90
	5.0	72	85	85	20
	9.0	40	70	84	0

表 1-2 聚氯乙烯、聚乙烯和乙烯-醋酸乙烯共聚树脂性能比较

项 目	高压低密度聚乙烯	线性低密度聚乙烯	聚氯乙烯	乙烯-醋酸乙烯
密 度	0.91～0.93	0.91～0.93	1.16～1.35	0.94
拉伸强度	良	优	优	良
断裂伸长率	良	优	差	优
透明性	良	中	良	优
透光性（早期）	良	良	优	优
透光性（后期）	中	中	差	良
对红外线的阻隔性能	中	中	优	良
保温性	中	中	优	良

（续）

项　目	高压低密度聚乙烯	线性低密度聚乙烯	聚氯乙烯	乙烯-醋酸乙烯
未添加稳定剂耐候性	良	中上	极差	良
添加了稳定剂耐候性	优	优	优	优
成膜性	良	优	差	良
加工性	优	良	差	优
薄型薄膜加工性	良	优	差	—
宽幅薄膜加工性	优	优	差	优
耐低温性	良	优	差	优
耐穿刺性	良	优	—	优
低温抗冲性	良	优	差	优
防尘性	良	良	差	良
防滴流性	中	中	良	良
粘结性	中	中	优	优

1.1.2　太阳辐射与温度性能

光线以电磁波的形式从太阳辐射到地球上，需要500秒的时间。到达地球大气层上界时，其热量为9.37J/cm²·分。太阳辐射经过大气层时，由于大气层的吸收，致使其热量减少一部分。同时到达地面的太阳辐射量大小也因纬度、季节的变化而变化。在温带地区，夏季地面接受的太阳辐射为5.88J/cm²·分，冬季为4.18J/cm²·分。随着纬度的变化，太阳辐射表现在气温上，呈现出梯度变化。一般平均纬度增加1°，气温下降0.898℃。因此，不同纬度地区，塑料温室的温度性能也不同。低纬度地区较高纬度地区，塑料温室的温度性能要好。

大气中的空气分子，吸收太阳辐射和地面辐射后，向地表进行大气逆辐射（长波辐射）。大气逆辐射量相当于地面辐射量的3/4，可有效地防止夜间地温的急剧下降，有利于温室的保温。

太阳辐射到达塑料温室表面后，一部分被反射掉，一部分被薄膜吸收掉，一部分透入温室内。反射掉部分的大小与太阳光线的入射角度有直接关系。透入温室内的太阳辐射，一部分以热能的形式贮存于土壤中并以热传递的形式使温室内空气增温；一部分以低温长波辐射的形式向空中辐射。由于塑料薄膜的阻隔，部分低温长波辐射被留在温室内，使温室内增温。日间，温室内温度可比大气温度高出10～40℃；夜间，由于没有太阳辐射，温室内的热量逐渐以长波辐射和热传递的形式散失掉，塑料温室温度比大气温度仅高出2～3℃。因此，在冬季，塑料温室需要保温和增温。塑料温室的温度性能，因纬度而异。低纬度地区塑料温室的温度性能好于高纬度地区。在同一纬度地区，塑料温室的温度性能与温室的方向、结构、塑料薄膜性能有关。采用聚氯乙烯薄膜的塑料温室保温效果好。采用聚氯乙烯薄膜，设置二层幕，可提高温室温度2℃。

1.1.3 湿度性能

塑料温室的湿度性能表现在土壤湿度和空气湿度方面。土壤湿度以土壤含水量60%～70%为宜，但由于塑料温室的密闭性，加之土壤排水不良、灌水不当，有时会造成土壤水分过剩，湿度过高。同时，也由于塑料温室的密闭性，特别是在阴天、雨天和夜间，容易造成温室空气的过湿状态。温室空气湿度的水分来源主要是灌水。

1.2 设计

1.2.1 设计原则

温室的设计是以太阳能为主要能源，严密防寒为主要手段，辅之以补充加温。重点考虑秋春季的温度、光照条件，兼顾冬季冬至前后的温度、光照条件。

1.2.2 采光设计

温室的前屋面是采光面，是温室设计的主要对象。前屋面的基本形式有拱圆形和一斜一立斜面形。一斜一立斜面形前屋面，是由立窗和主斜面两部分组成的。拱圆形屋面的前端1m高以下部分和一斜一立形屋面的立窗面积较小，角度在60°～90°，冬春季进光量变化不很明显；而主斜面面积较大，进光量变化十分明显。因此温室的采光设计主要考虑主斜面的采光性能。前屋面（塑料薄膜屋面）与地平面的夹角，称为温室屋面角。温室屋面角大小确定，是温室采光设计的关键。

在设计温室屋面角时，要解决的重要问题是太阳光线的入射角度。太阳光线的入射角度用太阳光线入射角来表示，即太阳光线与温室前屋面的法线（与前屋面垂直的线）所构成的夹角。太阳光线入射角的大小取决于太阳高度角和温室屋面角，三者关系如图1-3。可表达为：

太阳光线入射角＝90°－（太阳高度角＋温室屋面角）

太阳高度角是指太阳光线与地平面的夹角。太阳高度角每时每刻都是变化的。当太阳光线入射角为0°时（即当温室屋面角与太阳光线垂直时），光线的透过率最高，前屋面采光性能达到最佳状态，此时的屋面角称为“理想屋面角”。根据温室设计的原则，冬至前后温室的采

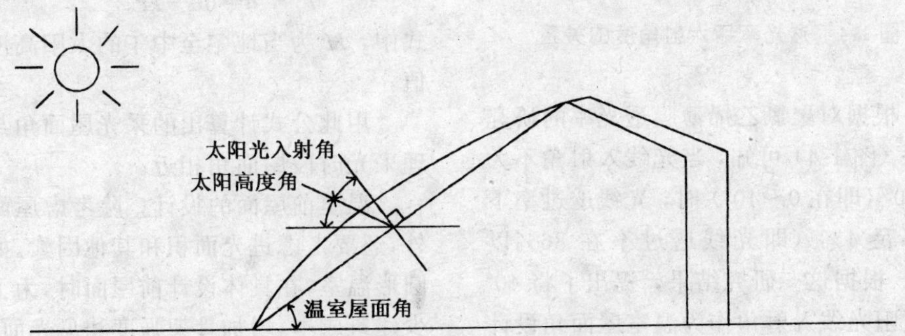

图1-3 太阳光线入射角与太阳高度角和温室屋面角的关系

光性能要达到良好状态。为此，在设计温室时，将冬至中午12时的太阳高度角作为主要设计参数。如果要在沈阳地区建一栋冬至前后使用的温室，其理想的温室屋面角是65°13′（此时太阳高度角为24°47′）。而以此温室屋面角建的温室是不实际的，即使是屋面角比此数值小一些，也存在着较大问题。也就是说，温室有很好的采光性，但温室使用面积小，建筑成本增大；同时温室屋脊举架过高，保温性能低。所以，温室屋面角的确定，既要保证温室的良好采光性能，又要考虑温室的实用性和保温性等综合性能。因此，在设计温室屋面角大小时，要结合温室所在地区的地理纬度、小气候条件，根据温室所要达到的性能指标等因素综合考虑来确定。

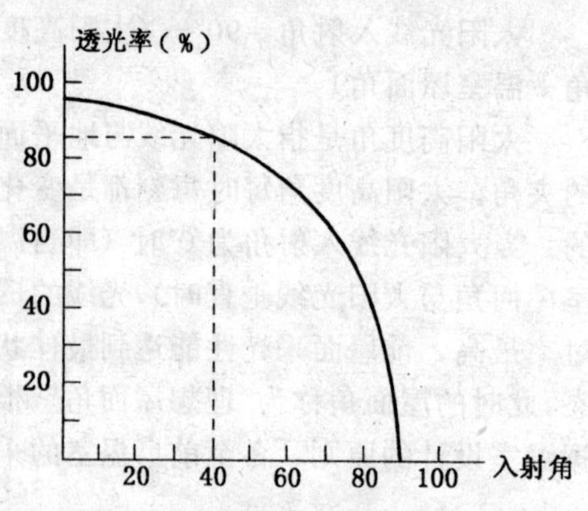

图1-4 透光率与入射角度的关系

根据对聚氯乙烯薄膜透光率的研究结果（图1-4）可知，当光线入射角不大于40°（即在0～40°）时，光线透过率下降不足4%（即光线透过率在86%以上）。根据这一研究结果，提出了将40°的太阳光线入射角作为温室屋面角设计的参数，依此设计出了各地温室的屋面角，称为“合理采光屋面角”。由此建设了一批这一理论指导下的塑料温室。经过几年的生产实践发现按照上述理论建造的温室不能满足生产要求。究其原因，上述理论忽略了太阳高度角和温室实际采光屋面角的日变化，致使温室在冬至前后，只有正午时才能达到合理的采光要求，午前和午后采光均不合理，合理采光屋面角小。见表1-3。为此有关专家提出了合理采光时段理论，即要求节能型日光温室在冬至前后，每日要保持4小时以上的合理采光时间。其计算表达式为：

$$\sin\alpha = \sin(50° - h_{10})\cos 30°$$

$$\sin h_{10} = \sin\psi\sin\alpha + \cos\psi\cos\delta\cos 30°$$

式中：α——合理采光时段理论屋面角

h_{10}——冬至10:00的太阳高度角

ψ——地理纬度

δ——赤纬

30°——10:00太阳的时角

用合理采光时段屋面角建造温室，温室的采光性能较好。对于东北、西北和华北北部地区，为了提高温室的利用率，节能型温室的采光屋面角只要比合理采光屋面角大5°～7°即可。

鞍山市园艺科研所提出的各地计算最佳的经验公式：

$$\alpha = 60 - H。$$

式中：H为当地冬至中午的太阳高度角值

用此公式计算出的采光屋面角与合理采光时段屋面角相近。

温室前屋面的设计，除考虑屋面角外，还要考虑进光面积和其他因素。如拱圆形温室，在具体设计前屋面时，为了减少建筑成本，增加骨架强度和见光面积，采用钢材并将骨架设计成拱形。这样设计可以不用支柱，形成空心结构，既能增

表 1-3　不同纬度合理采光屋面角值

北　纬	太阳高度角	合理采光屋面角	合理采光时段屋面角
32°	34.5°	15.5°	26.2°
33°	33.5°	16.5°	27.2°
34°	32.5°	17.5°	28.2°
35°	31.5°	18.5°	29.3°
36°	30.5°	19.5°	30.3°
37°	29.5°	20.5°	31.4°
38°	28.5°	21.5°	32.4°
39°	27.5°	22.5°	33.5°
40°	26.5°	23.5°	34.5°
41°	25.5°	24.5°	35.6°
42°	24.5°	25.5°	36.7°
43°	23.5°	26.5°	37.7°

加光照、增大花卉生长空间，又可方便生产操作，设置二层幕，增强保温性能，降低管理和加温费用。

温室的后屋面对于温室的采光也有一定的作用。为了使温室后侧在秋季和春季有较好的光照条件，可将后屋面设计成活动屋面，秋、春适时揭开；而为了使冬至前后温室后坡内侧能全天接受到太阳的直射光，温室后屋面的角度要设计成比当地冬至中午的太阳高度角大7°～8°。

1.2.3　保温设计

温室的保温是充分利用光热资源、防止热能外逸、降低燃料消耗、提高温室性能的重要措施。温度条件是温室设计的最重要标准之一。因此，在设计温室时，必须考虑完备的结构和措施。

温室内的热量，在不加温的条件下，来自于白天的太阳辐射。太阳辐射是以短波辐射的形式透入温室，被室内的地面、植物体、墙体、空气等物体吸收，只有少部分被反射到室外。白天，地面吸收的太阳辐射要超过地面的有效辐射，多余的热量使地面的温度高于邻近的空气层和下层土壤，于是地面向空气和下层土壤传热并使之升温。由于地面温度高于空气温度，使土壤水分向空气中蒸发，并随之将土壤表面的部分热量转变成潜热带入空气中；同样，植物体内的水分也向空中蒸腾并将潜热带入空气中。空气中热量的一部分借空气对流通过覆盖物的缝隙逸出室外，称之为缝隙放热。由于地面和室内空气温度高于覆盖物内表面，地面和空气中的一部分热量又以辐射和对流的形式被带到覆盖物的内表面；这些热量又以传导的方式被带到覆盖物的外表面；外表面得到热量后温度升高，致使热量又以辐射和对流的方式散失到外界空气中，这一失热过程，称之为贯流放热。在土壤得到的热量中，一部分经横向传导而散失到室外，称为地中传热。到了夜间，太阳辐射已经变为零，而地面的有效辐射仍在进行而使地面降温，当降到低于下层土壤温度时，白天储存在下层土壤中的热量就向上传给地面，地面再以辐射和对流的方式把热量补充到温室空间中去；白天蓄积在墙体和后坡内的热量，也能部分释放以缓和室内温度的下降，室内空气的降温，也可使得空气中的水蒸气凝结，放出潜热。由温室热量收支过程可以看出，温室的保温设计在于增强温室的蓄热能力，减少贯流放热、地中传热和缝隙放热。

(1) 贯流放热　是热量透过温室覆盖面（包括温室的前屋面、后屋面、后墙和山墙）而散失的过程。贯流放热量占温室全部放热量的绝大部分。

贯流放热量的表达式为

$$Q_t = htA_W\ (t_r - t_0)$$

式中：Q_t——贯流放热量（10^3J/小时）

A_W——放热面的表面积（m^2）

h_t——热贯流率（10^3J/m^2·时·℃）

t_r——温室内的气温（℃）

t_0——温室外的气温（℃）

上式表明：温室的贯流放热量与覆盖表面积大小成正比；与室内外的气温差成正比；与温室的热贯流率成正比。其中热贯流率是温室保温设计的主要指标。

热贯流率的大小是由建材物质的导热率和材料厚度决定的，见表 1-4。在建造温室时，采用导热率小的材料并加大其厚度，或采用多层保温材料组合成复合体，可以减小热贯流率，增强保温能力。

(2) 缝隙放热　一般是通过门窗缝

表 1-4　热贯流率表

材料及厚度	热贯流率（10^3J/m^2·℃·时）
空心墙（1/2 砖＋中空 12cm＋1/2 砖），抹灰，厚 61cm	2.5
木板墙（2cm 木板 15cm 炉渣＋2cm 木板），内抹灰，厚 21cm	4.2
土墙，厚 50cm	4.2
1/2 砖清水墙	5.8
砖墙（一面抹灰）厚 38cm	5.9
一砖墙（内表面抹灰 2cm）	7.5
块石或乱石墙，厚 60cm	7.5
块石或乱石墙，厚 50cm	8.0
一砖清水墙	8.0
钢筋混凝土 10cm	16.0
钢筋混凝土 5cm	18.5
草苫（帘）	12.6
聚氯乙烯膜 0.1mm 双层	12.6
聚氯乙烯膜 0.1mm 单层	23.0
聚乙烯膜 0.1mm	24.3
玻璃 4.0～5.0mm	18.8

（续）

材料及厚度	热贯流率 ($10^3J/m^2 \cdot ℃ \cdot$ 时)
玻璃 3.0～3.5mm	20.1
玻璃 2.5mm	20.9
合成树脂板 1.0mm（FRA、FRP、MMA 板）	20.9
实体木质外门一层	16.7
带玻璃外门一层	20.9
木框外窗天窗一层	20.9
金属框外窗天窗一层	23.0

表 1-5　温室内不同位置地面的传热系数

地　段	与外墙距离（m）	传热系数（千焦耳/平方米·℃·时）
第一地段	0～2	1.967
第二地段	2～4	0.896
第三地段	4～6	0.594
第四地段	＞6	0.272

隙、覆盖屋面、墙体屋顶的裂缝及破损处和各种放风孔口等进行热量散失的过程，其放热量为贯流放热的10%左右。因此，在建造温室时，要尽量减少缝隙并注意门窗的朝向。

（3）土壤传热　包括土壤上下层之间垂直方向的传热和水平方向的横向传热。土壤垂直方向的传热，在白天以热传导的方式传往下层土壤；在夜间或阴天，下层土壤以热传导方式将热量传往地面。土壤的横向传热是将热量传往室外，使热量流失。从地面传热系数看（表1-5），第一地段和第二地段的传热系数都大于 $0.387 \times 10^3 J/m^2 \cdot ℃ \cdot$ 时（导热率小于 $0.387 \times 10^3/m^2 \cdot ℃ \cdot$ 时的材料称为绝热材料），而目前一般温室跨度都在6～7m，因此土壤传导失热占有较大比重。减少土壤热量横向损失的方法，可以采用“开沟隔冻法”“室内地面下凹法”等。

（4）保温墙体　温室的后墙、山墙采光很少，容易散失热量，故做成具有保温性质的永久性结构——保温墙，使温室的墙体除了具有承重的作用外，还要具备隔热和载热功能。白天是储热体，夜间是放热体。为此，温室的墙体要设计成异质复合壁，即墙体内层要选择蓄热系数大的建筑材料，外层要选择导热率小的建筑材料；同时，要加大墙体厚度。具体要视建筑材料和外界温度条件而定。采用的材料有普通粘土砖（240mm×115mm×53mm）、空心砖、泡沫混凝土砖、石块、草泥、灰渣砖等。选取哪种材料，可根据当地的经济条件和取材方便的原则来考虑。①空心夹层砖墙　即在37cm 墙体外侧砌一单行砖墙，留出12cm 的空隙，形成空心砖墙。然后在内墙体的内壁抹 1cm 厚的白灰泥，外墙体的外壁用水泥钩缝。墙体的中间可空心，也可充填保温材料，如珍珠岩、蛭石、粗炉灰渣、锯末等。充填保温材料的墙体实际效果好。也可砌两道24cm的砖墙，内夹10cm的苯板。辽宁鞍山地区采用空心夹层砖墙（内侧12cm砖＋填充12cm厚珍珠岩＋外侧24cm砖），具有一定的蓄热、放热能力。②石砌墙体　可砌成50～60cm厚，墙体内外侧用水泥抹缝。辽宁瓦房店琴弦式温室采用石土异质复合墙体（内侧50cm的厚毛石砌体＋外侧1.5m厚的防寒土），其石体部分白天吸热，夜间放热，对温室蓄热放热有明显作用；防寒土外侧50cm厚土层部分的温度昼夜变化明显；中间1m厚的部分，温度几乎恒定不变。③土墙　用草泥砌成，北纬35°左右地区厚度以80～100cm为宜；北纬40°左右的华北平原北部和辽宁南部地区厚度以1.0～1.5m为宜。④灰渣砖墙　将炉灰渣按一定比例掺入泥和白灰，用模子做成砖块，然后砌成墙。

(5) 屋顶的保温　温室后屋面的传导系数比前屋面小，长后坡的温室白天升温较慢，但夜间降温也慢，清晨揭苫前温度稍高些；反之，短后坡的温室，清晨揭苫前温度稍低些。因此温室的后屋面不宜太短。对于在北纬40°以北地区6m跨度的温室，后屋面的水平投影长度不宜少于1.5m；对于北纬40°以南地区7m跨度的温室，不宜少于1.2m。

冬季后屋顶得到的散射能量远远不及散热耗能，必须封闭保温。采用的材料要轻便、隔热，一般多采用保温性能好的秸秆、草泥、稻壳、高粱壳、玉米皮和稻草等组成异质复合后屋顶。其形式有两种：活动式后屋顶和固定式后屋顶。①活动式后屋顶　常用20cm粗的作物秸捆，排列于后屋顶农膜上，其上用5cm厚的草泥抹平，再覆盖草帘，春季后全部去掉以见光。②固定式后屋顶　采用木板上覆盖15cm厚的炉灰渣，水泥沙浆面的复合结构。

(6) 透明屋面的保温　透明屋面在没有光照的夜间进行保温，可使白天积蓄的热能缓慢损失，是十分关键的保温措施。具体措施有以下几种：①草帘(苫)覆盖　草帘覆盖是目前应用最普遍的透明屋面的保温形式。草帘多用稻草、蒲草、谷草等编织而成，长7～8.5m、宽1.6～2.1m，厚4cm左右。为加强保温效果，保护进光面干净，保护草帘不受雨雪危害，可用旧农膜包被草帘。草帘覆盖可提高室温4～8℃，节能50%左右。②纸被覆盖　纸被是用牛皮纸和报纸5～6层粘贴而成，其大小与草帘相当，用于草帘下面覆盖，可提高室温3～5(7)℃。③二层幕覆盖　在空心结构温室内，夜间在顶棚与地面之间，增设一层覆盖，构成二层幕，可使室内温度提高3～5℃，节能30%～40%。采用的材料有不织布、完整的旧农膜或黑色塑料布等。不织布又叫无纺布、“丰收布”，是用聚酯原料制造出来的非纺织产品，所用聚酯纤维有长有短，断面有圆形的，也有椭圆形的。椭圆形断面长纤维制成的无纺布结构紧密，保温性能好。无纺布具有一定的吸湿性，适于作温室的内张保温幕。具体做法是：在温室前窗上端至后墙顶端横向拉数道铁丝，将二层幕置于铁丝上，一端固定于后墙，另一端可沿铁丝滑动；温室前窗设置围裙。图1-5。④棉被、毛毯覆盖等用于特别寒冷地区的温室覆盖，效果很好，但造价较高。

(7) 防寒沟　在温室的前底角外侧挖一条地沟，一般深为60～80cm、宽

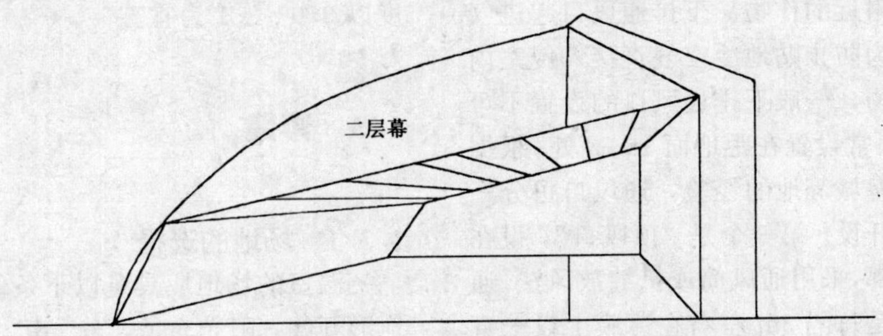

图 1-5 二层幕覆盖示意图

30～40cm，沟四周铺上旧薄膜，内填马粪、秸秆、粗炉灰渣、珍珠岩等保温材料，顶上应从温室前底角处开始压上 15cm 厚的向南倾斜成坡状的粘土层，以防温室前屋面流下的雨水渗入沟内，降低防寒效果。防寒沟也可用砖砌成空心的长期结构。防寒沟可有效地防止外界低温对室内土壤的侵袭。若温室内部有加温沟，可免挖外部防寒沟。

1.2.4 加温设计

加温的主要形式有水暖加温、暖风加温和蒸气加温，另外还有烟道加温、酿热加温和电热加温等形式。

(1) 水暖加温 水暖加温也是塑料温室加温的常见形式之一。水暖加温十分有利于花卉的生长和发育。水暖加温是采用锅炉加温，通过循环泵将热水送入温室内，以提高温室内温度。其优点是温度稳定，分布均匀，湿度较高，安全持久。水温以 80～90℃为宜。

(2) 暖风加温 暖风加温是塑料温室的最理想的加温方式。暖风加温不需设置大量管道，它直接以热空气的形式对室内加温。暖风加温是用锅炉先将空气加热，再通过暖风机将热空气送入温室内。暖风机是通过塑料送风筒将热空气送到较远距离的；风筒壁上设置小孔，用于散热。暖风筒多用 0.5～0.8mm 厚的塑料制成，每隔 30～50cm，开设直径 5mm 的小孔，用于送风。燃油热风炉也属于暖风加温的一种，它的燃料为柴油，能自动控温，把空气加热后用风机通过帆布制的送风筒将热空气散布到温室内。

(3) 蒸汽加温 蒸汽加温是将锅炉产生的蒸汽，通过管道送入温室而使温室内升温。这种形式的特点是加温容易，温度容易调节；但近蒸汽管处由于温度较高，易使附近植物受到损害。蒸汽加温装置费用较高。蒸汽压力较强，必须有熟练的加温技术。

(4)烟道加温 此法设置容易，费用低，燃料消耗少，较适合温室加温。其缺点是热力供应量小，温度不易调节且分布不均匀，空气容易干燥。

1.2.5 温室的通风设计

通风是调节温室内温度、湿度和 CO_2 浓度的主要手段。通风换气是通过通风口，借助热力或风力的作用进行的。通风口一般设上下两排。上排通风口设在屋脊处，主要起排放湿热空气作用，排气能力强，但当外界温度过低时，会伤害通风口附近的作物。下排通风口起进气作用。为防止贴地冷空气直接入侵室内伤害作物，一般下排通风口的设置不可过低，通常设置在距地面1m高处。根据辽宁省海城等地的经验，通风口可分三个位置开设。第一个是“顶风口”，设在温室脊部，采用通风筒或扒缝放风法。通风筒法是每隔3m左右在薄膜上设一直径为30～40cm、高约50cm的塑料薄膜放风筒；扒缝放风法在放风时将屋脊处的薄膜扒开，不通风时拉严。顶风口是在冬季和早春时启用的通风口。第二个通风口在肩部1m高处设置。在覆盖薄膜前，先将薄膜粘接或热合成上下两大片，下片高约1.0～1.5m，固定在拱架上；在扣膜时上片叠搭在下片上，约20cm，然后再在膜上压好压膜线，使两片薄膜之间平时没有缝隙，待需要放风时从两块薄膜搭缝处用手扒开，成为通风道。中部通风在4月中旬前后天气转暖需要放大风时启用。第三个通风口是“底风口”，是在温室前屋面底角处将薄膜扒开撩起放风。底风口必须在外界夜间最低温度稳定在15℃以上时使用。除了在前屋面设置通风口外，后屋顶和后墙上部也可设置通风口。

1.2.6 跨度和高度设计

在温室屋面角确定的情况下，温室的跨度和高度是成正相关的。温室的跨度和高度直接影响到温室的性能的好坏。根据各地经验：在北纬40°以北或冬季最低温度经常在－20℃以下的地区，温室的跨度以5.5～6.0m为宜；低于北纬40°或冬季气温较高地区，温室的跨度以6.0～7.0m为宜；6m跨度的温室，高度以2.7～2.8为宜；7m跨度的温室，高度以3.0～3.1为宜。

1.3 修建

1.3.1 场地的选择

温室的场地应具备以下条件：第一，地形开阔，阳光充足，东、南、西三面，尤其是南面，无高大建筑及树木遮荫；第二，地势高燥，或地势平坦且排水良好；第三，土层深厚，土壤疏松、肥沃、无盐渍化及土壤污染（如遇土壤不良，应客土或无土栽培）；第四，水源充足，水质好（井水灌溉好于河水，因河水有污染且冬季结冰）；第五，能源方便，交通便利；第六，无严重大气污染。

1.3.2 场地的规划

（1）方位　温室的朝向要以温室能够最大程度地接受和利用太阳光能为标准而定。我国北方地区的温室主要是用于秋、冬、春三季生产。其中冬季太阳高度角低，日出于东南、落于西南。为了使温室能够在冬季得到良好光照，温室的建造方位都是东西延长、座北朝南的（南、北方向）。一般而言，植物在上午的光合作用强度比下午要高一些，在北纬40°以南较为温暖的地区，为利用上午的光照条件，温室的方位以南偏东5℃为宜；对于北纬40°以北的中、高纬度较为寒冷地区的温室，冬季清晨外界温度低，揭草帘时间迟，为利用下午的光照条件，温室方位以南偏西5℃为宜。

真南、真北方向的确定可先用罗盘仪或指南针测定磁南磁北，再扣除磁偏角即是真南、真北方向。部分地区磁偏角见表1-6。

表 1-6　部分地区磁偏角

地　区	磁　偏　角	地　区	磁　偏　角
哈尔滨	9°39′	大　连	6°35′
长　春	8°53′	北　京	5°50′
沈　阳	7°44′	天　津	5°30′
漠　河	11°00′	济　南	5°01′
满州里	8°40′	呼和浩特	4°36′

(2)温室的间距　两栋温室间的间距要以冬至前后前栋温室不影响后栋温室采光为标准而定，即后栋温室在上午10:00至下午14:00之间能够充分受光。

(3) 温室的长度　温室的长度以30～100m为宜，过短或过长都不宜。过短则山墙遮荫、建筑成本比例增大；过长则操作管理及运输困难。

1.3.3　修建

在诸多形式的温室中，鞍山市园艺科研所研究设计的鞍Ⅱ型塑料温室吸收了各地温室的优点，是一种新颖的无柱钢结构组装式塑料温室。此型温室多以砖墙和由圆管、圆钢筋焊接而成的双弦拱架组成，内设热水加温管道。现以此型温室为例，介绍其修建过程。

(1)确定方位及放线　在选好场地、准备好施工材料后，用罗盘测出磁子午线，再根据当地的磁偏角计算出真子午线，然后按设计图定好温室的四角，钉桩放线。

(2)砌墙及防寒沟　按着放好的线，平整地面及挖掘土方，用石头或砖砌50～70cm的地基。墙体可砌成空心墙或夹心墙，即两道24cm砖墙，中空10cm或夹10cm的苯板，且每隔5m砌拉手砖，勾缝抹面。后墙砌至安装拱架的高度时，外墙要砌出一定高度的女儿墙，便于修建后坡。山墙上沿的高度、形状和拱架相一致。在温室的前沿，用砖砌一深60～80cm，宽30～40cm的防寒沟并预留出安装拱架的基础。为使后墙有较好的保温性能，墙体外可培防寒土，一般100～150cm厚。

(3) 制作双弦拱架及安装　选一平坦干硬的地面，准备好一定数量和长度的∅4cm钢管(用作上弦)、∅10～12mm圆钢(用作下弦)、∅8mm圆钢(用作腹杆)和焊接工具；根据温室的跨度、高度及前、后屋面的长度和角度等参数，在地面上放大样(比例1∶1)，大致定出双弦拱架的两个端点和最高点位置；然后用20cm长的圆钢精确定出双弦拱架的圆滑弧形轨道。拱架的上弦用圆钢管，下弦和两弦之间用圆钢。如图1-6。最后焊接成拱形骨架。将焊制好的拱形骨架按1.5m的平行距离布置于温室后墙与前沿基础之间；然后用圆钢在拱形骨架下弦的前后端点、最高点、主斜面等距离两点处，以及上弦的最高点，将所有拱形骨架焊接起来；最后，用圆钢、水泥将拱形骨架固定。

(4) 修建后屋顶　用2cm厚的木板铺设在拱形骨架的后屋顶部分，上覆10厚的秫秸捆或稻草，用草泥抹平，再覆15厚的炉灰渣，最后用水泥沙浆抹面。如图1-7。

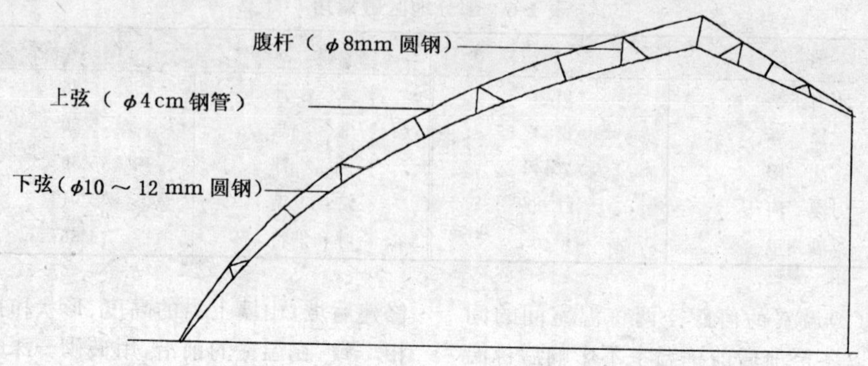

图 1-6 双弦拱架示意图

(5) 覆盖塑料薄膜　将加工好的 3 幅 PVC 塑料薄膜（一般是 1.5m、4m、1.5m 宽）铺置在拱形骨架上，四周用沙袋压实。两骨之间用塑料压膜线或 8～10＃铁丝压紧。

(6)安装加热管道　在室内前角处，安装热水进水管和回水管，进水管在下面（适合于加压供热系统）。放热管采用排管或圆翼形管。

1.4 管理

1.4.1 光照的调节

塑料温室的光照强度除了在设计温室时重点考虑外，在温室的日常管理过程中也需要经常调节。通过科学地确定草帘揭盖时间，可以延长进光时间。一般草帘的揭盖时间可参考表 1-7。利用高压汞灯照明可补充温室内光照时间和光照强度；也可在温室的北墙设置镀铝聚脂镜面反光幕。在夏日光照较强时，可用遮阳网遮挡光照。

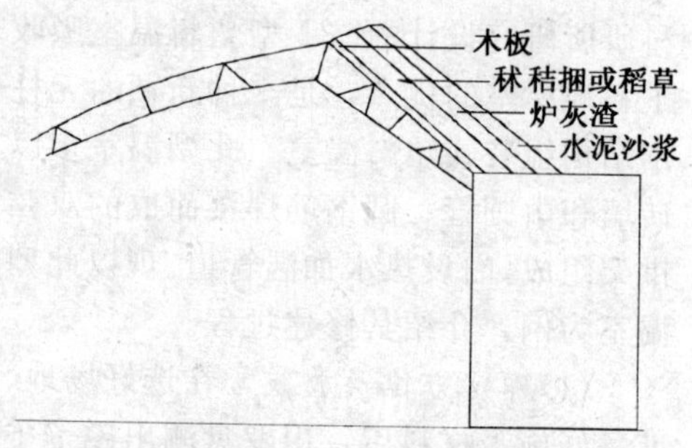

图 1-7 后屋顶示意图

表 1-7 温室光照管理时间表

当日最低温度	揭帘时间	盖帘时间
-10℃以下	日出后 0.5～1.5 小时	日落前 0.5 小时
(-5±3)℃	太阳照满屋面	太阳将近离开屋顶
(0±2)℃	太阳出来	太阳刚落后
(5±3)℃	太阳出来前 0.5 小时	太阳落后 1 小时
10℃以上	全天揭开	停盖
正在下雨或下雪	揭开	不盖（包括夜间）

1.4.2　温度的调节

通风是目前调节温室内温度的主要手段。可根据室内外温差的大小，打开一定数量的顶部通风孔和肩部通风孔；在外界气温较高时，打开前窗底部通风以降低室内温度。覆盖草帘纸被可起到保温的作用。在冬季较冷时可通过烟管加温、热水加温和热气加温等形式提高温室的昼夜温度。有条件的地方，也可利用地热水和工厂余热进行加温。

1.4.3　湿度的调节

通风可起到降低湿度的作用。地膜覆盖可减少地面蒸发，减少浇水次数，从而降低空气湿度。改变浇水方式，采用暗水灌溉、滴灌也可有效地控制空气湿度。

1.4.4　土壤的管理

土壤培肥是温室管理的重要项目之一。可通过增施有机肥（有机质含量＞3%）、添加土壤改良剂、精耕细作等措施来完成。在栽培花卉过程中，要根据不同花卉的要求进行施肥。施肥包括施用基肥（以有机肥为主、化肥为辅）和追肥。

1.4.5　气肥的施用

气肥是指 CO_2。温室在严冬和早春季节里，常呈密闭状态，因此，CO_2 含量不足，影响着花卉的生长发育。空气中的 CO_2 含量约为万分之三，是较为均一的。在温室内，CO_2 的含量是变化的。根据实测，由于花卉夜间呼吸及微生物分解有机质产生 CO_2，CO_2 在早晨 6 点钟时，可达到万分之十左右，7 点揭草帘时稍有降低，揭帘 50 分钟后低于室外水平，1.5 小时后，室内仅有十万分之七强，发生严重的饥饿现象。通风以后 2 小时才能回升到万分之二的水平。试验表明当花卉接受到 1 000～1 500Lx 的光照后，便开始吸收 CO_2 进行光合作用，随光照增强，光合作用也要加强，但这时供应不足，生产就受到影响。据报道，碳饥饿可减产 23%～26%，因此施肥就成为温室冬春高产的关键一环。

增施的方法有：配备 CO_2 发生器、增施有机肥、稻草覆盖等形式。

施用 CO_2 常在密闭较强的冬季进行，晴天浓度以 800～1 000mg/kg、阴天以 600～800mg/kg 为宜。施用 CO_2 后若要通风，须等见光约 1 小时以后，以防 CO_2 因含量差而交换散失。

2 全光自动喷雾嫩枝扦插技术

2.1 概述

全光照喷雾嫩枝扦插育苗法是一种较为先进的扦插育苗技术，适合于一些重要切花花卉(如月季、菊花等)的无性繁殖，是切花花卉工厂化育苗和高效优质生产的重要技术保证。

嫩枝扦插育苗法是采取半木质化的带叶嫩枝在生长季节进行扦插的。因为此时插穗处于旺盛生长阶段，内源生长促进物质较多,抑制物质较少,细胞分生能力强,所以容易生根;同时,带叶扦插不仅能进行光合作用，提供生根所需要的碳水化合物，而且可以合成内源生长激素刺激生根；另外，生长季节气温较高,利于插穗迅速生根。因此嫩枝扦插较硬枝扦插具有插条来源丰富、生根容易且迅速、成苗率高、繁殖系数大等优点。然而，带叶嫩枝扦插对环境条件要求很高,必须创造一个适宜的高湿环境,才能保证插穗在生根前不致因失水而萎蔫和腐烂。为了控制插条失水保持水分平衡,传统的带叶嫩枝扦插一般在塑料大棚或小拱棚内进行（小拱棚的保湿效果较前者好)。在生长季节这种密闭的插床温度很高,容易灼伤插穗,为降低高温危害需要进行遮荫和经常地通风、浇水。但遮荫后的低光照（全光照的20%～30%）减弱了插条的光合作用，而高温下插条的呼吸强度又很高，因而影响碳水化合物积累，进而影响生根速度；此外，高温、高湿、低光照和通风不良易造成霉菌滋长，影响扦插成活。因此，传统的扦插繁殖方法在创造有利于插穗生根的环境条件方面有待于进一步改进。全光照喷雾嫩枝扦插育苗技术是在露地全光照条件下,通过全自动间歇式喷雾手段,弥补了传统嫩枝扦插法的不足，基本上保证了插穗生根所需要的温度、湿度、光照和通风条件,大大地增加了生根的可能性。露地全光照，保证了插穗叶片进行光合作用所需要的光照条件和CO_2供应，同时系统的开放性抑制了霉菌的滋长；间歇式喷雾避免了因基质水分过多对插穗的危害，及连续不断的喷雾导致基质温度明显的降低。插穗表面水分的蒸发有效地降低了插穗及其周围环境较高的温度，一般在晴天的中午可降低5℃左右。采用全光照嫩枝扦插育苗法，使过去认为不能生根或很难生根的植物扦插繁殖成功。全光照喷雾嫩枝扦插育苗技术不仅利用了嫩枝扦插技术的优点，有效地提供了扦插生根所需要的环境条件，而且实现了育苗扦插生根过程的全自动管理，节省了人力，降低了成本。因此，全光照喷雾嫩枝扦插育苗技术，是一种高效率、高效益的先进育苗技术。

2.2　装置

全自动喷雾育苗装置是由水分蒸发控制仪和机械喷雾装置两部分组成，图2-1。林业部科技情报中心生产的全自动喷雾育苗装置设计科学，性能优良，实用性好，适于推广应用。利用水分蒸发吸热原理，采用干湿球式水分蒸发控制仪，较好地实现了自动间歇喷雾控制。其传感器是由两参数相同的温敏元件组成，一个覆盖上一层吸水纱布，纱布的下端浸在一个盛水的容器内，另一个裸露，水分蒸发带走的热量使两个传感元件产生温差。温差的大小很大范围内与蒸发强度的大小成线性正相关。根据这一原理能准确地测定出叶面水分蒸发强度和蒸发量，并通过预置蒸发量来实现自动间歇控制喷雾。预置蒸发量的大小根据扦插后不同生根时间需水量的大小而定。因此可以实现自扦插、生根和炼苗各阶段水分的自动化管理。因为该控制仪是利用水蒸发吸热这一稳定的物理性状设计的，不受水质和其它因素的影响，所以控制精度高、稳定性好。与其配套使用的机械喷雾装置是对称式双长悬臂自压水式扫描喷雾装置。它采用了新颖实用的旋转扫描喷雾方式和低压折射式喷头，只需 0.4kg/cm^2 以上的压力，就可以扫描喷雾。其水源可以是有稳定水压的自来水或通过加载水泵来供应。控制仪可通过控制电磁阀或水泵来实现对机械喷雾装置的间歇喷雾控制。

2.3　扦插

2.3.1　插穗的采取与制作

全光照喷雾扦插育苗的采穗时间在整个生长季均可进行。采集的枝条是已基本停止生长的半木质化绿枝。采穗应在阴天或清晨进行。采后将穗条放入水桶中或用湿布、塑料薄膜包裹，并迅速运到穗条加工地。穗条制作加工最好在室内进行，或在室外荫凉的地方。在干旱多风的天气应注意挡风和经常浇水。在穗条加工前要用清水冲洗干净，并注意环境和制穗工具的洁净。插穗的长短一般在 6～10cm 之间。具体剪切时要依叶片的大小和节间的密度调整插穗的长短，

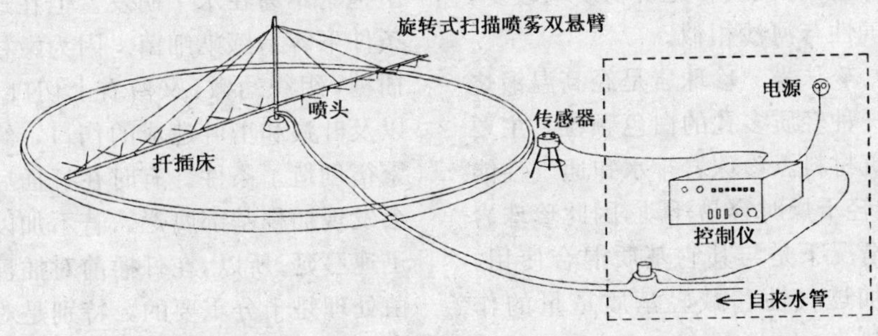

图 2-1　自动喷雾育苗装置示意图

其中上切口应在节上方 0.5～1.0cm 处，下切口在任意部位均可，但最好在节的下方，去除下部的叶片，保留上部的叶片。剪切插穗最好选用锋利的小刀，切口为平切、斜切和双面斜切均可。在制穗过程中要将已制好的插穗放入水桶中保湿，插穗制好后要及时扦插。

2.3.2 扦插床位置的选择

扦插圃应建在光照充足、地势平坦、通风良好和排水方便的地方，土壤最好为沙土或沙壤土，多风地区要选择在避风处，或在风口设置挡风障，圃地要靠近水源和电源。

2.3.3 扦插床基质的选择

喷雾扦插育苗选择适宜的扦插基质是非常重要的。扦插基质应选择疏松、透水、透气、不含杂菌的材料。

(1) 河沙　河沙是最为常用的扦插基质。通气性和排水性良好，但保水性差，在露地扦插时往往容易干燥。细沙或含有有机质较多的河沙，往往因排水不畅容易出现过湿，引起插穗基部腐烂。对于喷雾扦插而言，宜选用较粗的河沙。

(2) 石英沙　石英沙是由花岗岩风化而成，所含有机质和无机物质均较少，排水通气性与河沙相似。

(3) 珍珠岩　珍珠岩是经高温锻烧而成的一种轻质多孔的白色颗粒，主要用作建筑材料。珍珠岩排水和通气性能良好，质轻干燥时容易浮动，因此珍珠岩在许多情况下是与其它基质混合使用，起到增加透气性和减轻基质重量的作用。

(4) 蛭石　蛭石是含有硅、铝、铁、镁等元素的云母矿物，经高温锻烧后，由于云母片之间的结晶水蒸发使矿物膨化，形成不规则的质轻颗粒。蛭石具有保水、保温、透气等特点，适宜于作扦插基质。

(5) 炭化稻壳　炭化稻壳具有透水、吸热、保温等优点，而且可以为插条提供充足的磷、钾元素，是一种良好的扦插基质。

(6) 锯末　锯末具有透水、通气，保水、保温等优点，但在选用锯末作扦插基质时应注意采用新鲜锯末或经充分腐熟的锯末。

(7) 泥炭土　泥炭土含有丰富的植物材料纤维，呈褐色至黑色。具较好的团粒结构，有较好的保水性和透气性，而且有一定的抑菌功能，用作扦插基质一般效果较好。除上述一些扦插基质外，炉灰渣也可用作扦插基质。几种基质混合使用有时比单独使用效果好，如泥炭土：珍珠岩：沙为 1：1：1 的配方和上层蛭石下层塘泥的配方，都可获得更好的扦插效果。

2.3.4 插前灭菌处理

在全光照喷雾扦插育苗过程中，一般真菌危害很少。因为在喷雾条件下真菌孢子不易在水中萌发。但在这种湿热条件下容易感染细菌。因为嫩枝扦插的插穗，组织幼嫩，又留有上切口、下切口以及叶痕和剪叶造成的伤口，给细菌的繁衍创造了条件。有时在扦插后不久就会发现插穗基部腐烂，若不加以控制会迅速蔓延。所以，在扦插前对插穗进行杀菌处理是十分重要的，特别是对于那些生根时间较长和难生根树种更应加以注意。

插穗杀菌处理一般可以采用有机汞

剂、波尔多液、多菌灵、苯来特、托布津和百菌清等。处理方法有插穗浸泡和基部浸泡。基部浸泡,因细菌感染以基部为主,同时可避免叶片受药害,是较为常用的处理方式。一般用 1 000 倍液的上述药剂浸泡 15～30 秒钟,波尔多液则采用 4－4 式（1 000mL 水：400g 硫酸铜：400g 生石灰）处理。有时杀菌剂处理和生长激素处理同时进行。

2.3.5 生长调节剂处理

对插穗进行植物生长调节剂处理,可以有效地提高扦插生根率，缩短生根时间和增加发根数量。目前在生产中应用的生长调节剂主要有萘乙酸和吲哚丁酸二种。其中吲哚丁酸由于不易造成药害且处理效果明显,应用越来越多。但对于生根较容易的树种只需用萘乙酸处理即可,因为萘乙酸的价格比较便宜。生长调节剂的主要处理方法有以下 3 种：①低浓度浸泡法 将插穗基部浸泡在较低浓度的植物生长调节剂中。植物生长调节剂溶液的具体配制方法为：先将吲哚乙酸或萘乙酸溶解在少量的 50%酒精液中,然后再加水稀释至一定浓度,嫩枝扦插一般处理浓度为 10～100mg/kg,浸泡时间为 12～24 小时。低浓度浸泡法效果比较稳定,作用效果较好,但处理比较费事费时，在较大的规模扦插时难于采用。②高浓度速蘸处理：将植物生长调节剂先溶解在少量 50%酒精中,再用 50%酒精液稀释到一定浓度，浓度一般为 500～2 000mg/kg，将插穗基部 2cm 左右在溶液中速蘸 3～5 秒钟取出，扦插。该方法简单、处理迅速,但处理不及低浓度浸泡法稳定。③粉剂处理：将吲哚丁酸或萘乙酸先溶解在少量无水酒精中，后混入少量滑石粉，置荫凉处待酒精蒸发完毕，将滑石粉碾碎再混入一定量的滑石粉中，一般使用浓度为 1 000～8 000mg/kg。将插穗下部插入粉剂中,深 1～2cm,使湿润的下切口蘸上一层粉剂,然后扦插。粉剂处理方便,且省时间,适于大规模扦插，但同样其处理效果不如低浓度浸泡法稳定。

2.3.6 扦插操作

全光照喷雾扦插育苗的扦插密度以插穗叶片相接但不重叠为宜，一般扦插密度为 400～1 000 株/m²。确定扦插深度的原则是只要能固定插穗，扦插宜浅不宜深。扦插太深,会使插穗基部通气不良,容易造成腐烂,而且生根缓慢。扦插深度依插穗和基质而定，一般为 2cm 左右。扦插应在阴天、早晨或傍晚进行。在大规模繁殖时，甚至可以考虑临时安装照明工具在晚上扦插，应尽量减少扦插过程中的插穗失水。因为在这些时候扦插不需经常喷雾,可以提高扦插速度。在有些树种扦插时最好使插穗的叶片朝同一方向,这样扦插既方便,插穗生根时间和苗木以后生长又比较一致。此外整个插床应在较短时间内插完，便于扦插后统一管理。

2.4 插后管理

2.4.1 水分管理

对水分的不同要求进行合理的喷雾,特别在扦插初期,插穗刚离开母体,仍具有较大的蒸腾强度，插穗基部下切口吸水能力极弱，保证插穗不失水主要依靠相对频繁的间歇喷雾。在扦插早期愈伤组织形成之前应多喷，使叶面经常保持一层水膜；愈伤组织形成之后，可适当减少喷雾。全光照喷雾扦插育苗成功与否，主要取决于能否根据扦插后不同时期进行喷雾，一般可待叶片上水膜蒸发减少到1/3时开始喷雾；待普遍长出幼根时，可在叶面水分蒸发完后稍等片刻再进行喷雾；大量根系（根系生长达5cm以上）形成之后，可以只在中午前后少量喷雾。叶面水分控制仪能方便地实施上述喷雾控制。待普遍长出侧根后应及时炼苗移栽。

2.4.2 喷药施肥

嫩枝扦插在高温高湿环境下容易感染细菌而腐烂。因此，除了在扦插早期愈伤组织形成之前要在插前进行插穗杀菌消毒处理外，在扦插后仍要加强病害防治，扦插一结束要及时喷施800倍液多菌灵和甲基托布津，以后每隔5天喷一次，在雨后一定要及时喷施杀菌剂。喷药要求在傍晚停止喷雾时进行。插穗生根后可适当减少喷药次数。在扦插愈伤组织形成后要经常进行叶面追施，一般为一星期追一次。初期喷0.2%～0.5%的尿素，后期用0.2%～0.5%的尿素和磷酸二氢钾混喷，这对插穗生根和生长极为有利。喷药和施肥均可利用喷雾机械进行。操作方便，喷施均匀。

2.5 移栽

生根苗的移栽是全光照喷雾扦插育苗的重要环节，生长季节幼嫩裸根苗移栽要十分注意。喷雾扦插在移栽前3～5天一定要停水炼苗，促进根系的迅速发育和提高苗木对外界高温干旱气候的适应能力。移栽起苗时要保持根系的完整，随起随栽随浇水，保证苗木在移栽过程中不失水。移栽后要及时遮荫。移栽应在傍晚或阴天进行，切忌在干旱多风天进行移栽。移栽后的前几天仍要加强水分管理，逐渐揭去遮荫物。

3 组织培养技术

植物组织培养（plant tissue culture）是指通过无菌操作，把植物体的各类结构材料（外植体），接种于人工配制的培养基上，在人工控制的环境条件下，进行离体培养的一套技术与方法。植物组织培养按结构材料分：①胚胎培养及以胚胎为基础的培养技术，包括原胚和成熟胚培养、胚乳培养或子房培养；②器官及器官原基培养，包括根、茎、叶、花器官及其原基的培养；③组织培养，包括分生组织、形成层组织或其它组织结构的培养；④细胞培养，包括单细胞、多细胞或悬浮细胞和细胞的遗传转化体的培养；⑤原生质体及其以原生质体为基础的培养技术。

植物组织培养应用的范围主要有：园艺植物的良种快速繁殖与脱毒，种质资源的贮存，细胞次生代谢物质的生产，细胞工程和基因工程的生物技术育种，遗传学和生物学基础的研究。

植物组织培养室主要由接种室和培养室组成，其次要设置药品室、准备室和炼苗间等。植物组织培养的程序是：选择外植体并进行灭菌处理→配制培养基并灭菌→在无菌操作室的超净工作台上接种→在光照培养室内培养→转入炼苗温室炼苗上钵。

3.1 外植体的选择

外植体的选择主要考虑：①选择性状优良的种质或特殊的基因型。对试材的选择要有明确的目的，具有一定的代表性，提高成功机率，增加其实用价值。②选作试材的植株要健壮无病虫害，器官或组织发育正常、代谢旺盛，再生能力强。③外植体的大小要根据植物材料而异，一般以 0.5～1.0cm 大小为宜。④外植体的取材时期，要在植物生长的最适时期进行。

3.2 培养基的制备

3.2.1 培养基的种类

（1）培养基是外植体生长的营养物质，有两个水平。①基本培养基：由大量元素、微量元素、维生素、氨基酸、糖和水组成。常用的配方有：MS、改良 MS、MT、White、改良 White、Nitsch、Blaydes、N_6、B_5、NT 等。②完全培养基：在基本培养基的基础上，根据各种实验要求，附加一些物质而成。如附加植物生长调节剂：BA、ZT、KT、Zip、2,4-D、NAA、IAA、IBA、GA 等；有机物：椰乳、香蕉汁、番茄汁、酵母提取物和麦芽膏等。在上述培养基中，再加入适量的凝固剂（如琼脂、明胶等），则为固体培养基；未加凝固剂，即为液体培养基。固体培养基优点是所需设备简单，使用方便，只需一般的化学实验室的玻璃器皿和可调控温度及光照的培养室；缺点是只有部分材料表面与培养基接触，养分利用不充分，且排出的有害物质的积累容易造成自我毒害，必须及时转移。液体培养基可避免固体培养基的上述缺点，但需要转床、摇床之类的设备。

3.2.2 配制培养基的准备工作

（1）器皿和用具的准备 配制培养基所用的主要器具有：不同型号的烧杯、容量瓶、移液管、滴管、玻棒、三角瓶、试管以及培养基分装器等。三角瓶及试管备齐后，先用清水清洗后，再用碱洗，再泡入热的洗衣粉水液中，洗刷玻璃器皿内外壁，然后再用清水反复冲洗干净，直至冲水后瓶壁不挂水珠，最后用蒸馏水淋一遍，晾干或烘干备用。移液管、滴管、容量瓶由于口小，不便碱洗，需用酸洗（铬酸（40g）和硫酸（1 000mL）混合液）

（2）水和药品 配制培养基原则上用纯水。一般用蒸馏水即可。化学药品用分析纯或化学纯。

（3）贮备液的配制 对于常用的基本培养基的配制，可以先配成较浓的混合母液，见表 3-1。使用时，按照需要量逐一吸取药液混合液即可。

（4）培养基配制 将上述配制的贮备液，按顺序排列，逐一检查是否失效。每种试剂母液都放置一根专用的移液管。先取适量的蒸馏水溶解蔗糖，然后倒入 1 000mL 容量瓶，再按母液用量表顺序吸取各种试剂母液，包括生长调节剂等附加物，均一一放入容量瓶内，定容到所需体积。倒入大烧杯与琼脂一同加热溶解。配制好的培养基，用 0.1～1.0N 的 HCl 和 NaOH 对培养基的 pH 值进行调整，以 5.4～6.0 为好。配制好的培养基一般分装于三角瓶，经高压灭菌后，在黑暗条件下保存备用。

表 3-1 各种试剂母液浓度及配制基本培养基配制的用量

培养基成分	母液 成分/水(mg/mL)	几种基本培养基 1L 吸取母液量(mL)					
		MS (1962)	MT (1969)	改良 White (1963)	Nitsch (1951)	N_6	B_5
KNO_3	19 000/500	50	50	2.1	3.29	74.47	65.79
$Ca(NO_3)_2 \cdot 4H_2O$	3 470/100	—	—	8.65	14.4	—	—
NH_4NO_3	16 500/500	50	50	—	—	—	—
$(NH_4)_2SO_4$	9 260/200	—	—	—	—	10	3.24
$MgSO_4 \cdot 7H_2O$	7 400/200	10	10	19.46	3.38	5.0	6.76
KH_2PO_4	3 400/200	10	10	—	7.35	23.53	—
$NaH_2PO_4 \cdot 2H_2O$		—	—	5.0	—	—	10
$CaCl_2 \cdot 4H_2O$	4 400/100	10	10	—	—	3.77	—

（续）

培养基成分	母液 成分/水（mg/mL）	几种基本培养基 1L 吸取母液量（mL）					
		MS （1962）	MT （1969）	改良 White （1963）	Nitsch （1951）	N_6	B_5
$MnSO_4 \cdot 4H_2O$	500/100	4.46	4.46	1.4	0.6	0.88	2.0
$ZnSO_4 \cdot 7H_2O$	200/100	4.30	4.30	1.5	0.25	0.75	1.0
H_3BO_3	200/100	3.10	3.10	0.75	0.25	0.80	1.5
$NaMoO_4 \cdot 2H_2O$	5/100	5.0	—	—	0.5	—	5.0
$CuSO_4 \cdot 5H_2O$	2.5/100	1.0	1.0	0.04	1.0	—	10
铁盐 EDTA	1 862.5/200	4.0	4.0	—	—	4.0	4.0
$FeSO_4 \cdot 7H_2O$	1 392.5/200						
肌醇	2 000/100	5.0	5.0	5.0	—	—	5.0
烟酸	100/100	0.5	5.0	0.3	1.25	0.5	0.63
甘氨酸	150/100	1.32	1.32	8.0	5.0	13.33	—
硫胺酸	10/100	1.0	100	1.0	2.5	10	100
吡哆素	10/100	5.0	100	1.0	2.5	5	10
KI	16.6/100	5.0	5.0	4.5	—	4.82	—
$CoCl_2 \cdot 6H_2O$	2.5/100	1.0	1.0	—	—	—	—
Na_2SO_4	1 000/50	—	—	10	—	—	—
KCl	1 300/100	—	—	5.0	—	—	—
$Fe_2(SO_4)_3$	250/100	—	—	1.0	—	—	—
MoO_3	2.5/100	—	—	0.004	—	—	—

3.3 无菌技术

3.3.1 无菌室

无菌室是指接种室。无菌室的墙壁要求光滑，地面平坦无缝，门窗（滑动门窗）密闭，不安装风扇，通风换气用空气调节装置。室内的灭菌，用2%的新洁尔敏擦洗，再用75%乙醇喷雾，使空间灰尘落下，最后用紫外灯照射20分钟。一年中要定期用甲醛和高锰酸钾薰蒸1～2次。在无菌室外，设有预备室，安装紫外灯，以便灭菌室内备有常用的工作服、帽子、胶皮手套和拖鞋等。

3.3.2 试材和器具的灭菌

试材和器具的灭菌包括培养基、特殊药品、外植体和所有无菌操作使用的器具的灭菌。

（1）培养基灭菌　采用高温高压灭菌锅。一般通过电热、煤气或煤油燃烧给水加热，产生蒸气以提高锅内压力。当压力升至 $0.5kg/cm^2$ 时，打开排气阀排出锅内的冷空气；关闭排气阀，压力继续上升至 1.1kg/cm^2 时，锅里温度可达121℃，保持15～20分钟，即可达到灭菌目的。自然冷却后，取出，放置于温度低于30℃，没有强光照射的专用柜中备用。

（2）特殊药品的灭菌　在高温高压下易分解或变质的药品，如IAA、酶类、维生素类等，须用过滤或抽滤灭菌。过滤除菌是使溶液通过孔径为0.25～0.45μm的过滤网；抽滤灭菌是用真空泵产生抽力，使溶液通过滤网，而除去菌类。

（3）器皿（器具）灭菌　培养皿、漏斗、吸管等玻璃器具和解剖刀、接种针、镊子和剪刀等金属器具，均可用干热灭菌法灭菌。将清洗晾干后的器皿或器具用牛皮纸包好，放进电热烘干箱。当温床升至100℃时，启动箱内鼓风机，使箱内温度均匀。当温床升至160℃时，定时控制1小时，可达灭菌目的。

（4）外植体灭菌　外植体在接种前，须经严格灭菌。方法：75％乙醇，具有润湿和杀菌双重作用，浸渍30秒，可达表面杀菌作用，再用以下杀菌剂处理。氯化汞（$HgCl_2$，升汞），浓度0.1％，处理5～10分钟，灭菌后用无菌水冲洗3～5次；次氯酸钠，浓度2％～10％，处理15～30分钟。灭菌时可加数滴0.1％的Tween20或Tween80润湿剂。

3.3.3 无菌操作

在无菌操作前10分钟，先使超净工作台处于工作状态。工作人员穿戴好工作衣帽后，在工作台上用70％酒精擦拭双手和台面；操作时，先用火焰烧三角瓶口或试管口以固定灰尘和杀菌，再打开其塞子或盖。用硫酸纸或薄膜作瓶盖的，应在火焰附近打开盖子。操作时，试管应拿成斜角，以防灰尘和菌类的落入。接种后，要及时转入光照培养室培养，照光培养时，要经常检查有无菌类污染，发现后要及时处理。细菌污染的特点是菌斑呈粘液状，2～3天即可发现；真菌污染的特点是在接种后5～10天才能发现霉菌。

3.3.4 培养室的环境条件

（1）光照　普通培养室要求每日光照12～16小时，光照强度1 000～5 000Lx。

（2）温度　外植体的培养温度，一般在23～32℃，通常控制在（25±2）℃。

（3）湿度　主要指培养器内的湿度，一般相对湿度接近100％。

（4）气体　外植体的呼吸需要氧气。良好的通气条件，有利于外植体的培养。

4 无土栽培技术

无土栽培(又称水培)是不用土壤而只用营养液(无机化肥溶液)栽培植物的技术,是现代先进的农业技术之一,它为园艺作物工厂化生产开拓了新的领域。与传统的土壤栽培比较,无土栽培技术用于培养花卉时,具有花大、产量高、省水、节约养分、清洁卫生、病虫害少、无杂草和不受土地限制等优点,因此在花卉生产中得到推广应用。

4.1 无土栽培的方式

无土栽培方法目前有两种:水培法和基质培。水培法有:一般水培法、营养膜法、地下灌溉、漂浮培和雾培等。基质培的基质有:沙、砾、锯末、泥炭、蛭石、珍珠岩、岩棉等。花卉栽培一般采用基质培。

4.2 无土栽培的基质

4.2.1 无土栽培基质的种类

(1) 岩棉　是无土栽培最重要的基质。岩棉的制造可由60%的辉绿岩、20%的石灰石和20%的焦炭混合,在1 300～1 600℃的炉内溶化呈岩浆状,用高速离心机喷出,成为直径0.005mm的纤维;也可用炼铁高炉生产中的炉渣,加玄武岩和少量沙,经高温熔融、离心沉降来制造岩棉纤维。岩棉具有稳定的化学性质,其化学成分大多不能被植物吸收。岩棉的容重为70～100kg/m^3,孔隙度可高达96%,保水性能较好。见表4-1。岩棉在使用前需用清水漂洗,或加少量酸。调整后农用岩棉pH值处于稳定状态。岩棉可以经喷酚醛树脂,挤压成板或块用;也可散用。使用时需经过小型栽培实验。岩棉被认为是无土栽培的一种最好的基质。它保水、保肥、无菌、通气性好,适合于切花的无土栽培。

(2) 沙　作为无土栽培的基质,称"沙培",沙粒直径大小为0.1～2.0mm。沙粒中含钙量较高。各种微量元素,如铁、锰、硼、铝、锌等含量不等,能起到满足或补充营养的作用。但有些元素含量过高,会有毒害作用。在选用时,沙粒不宜过细或含有很小的细粒和粉粒;使用前,应过筛、冲洗以除去粉粒和泥土。采用定期更换营养液的供液方法为好。

(3) 砾　作为无土栽培的基质,"称"砾培"。砾粒直径大小为2～3mm或8～10mm。使用砾培时,营养液的pH值容易升高,可达7～8。只有频繁地更换营养液,pH值才会逐渐下降和稳定。采用来自海岸、河口的砾粒容易改变Ca/Mg

表 4-1 农用岩棉的化学成分见表（单位：%）

	SiO_2	Al_2O_3	CaO	MgO	Fe_2O_3	FeO	MnO	Na_2O	K_2O	TiO	S
国内农用岩棉	45	20	20	6	5	1～2	1	1	1	1	少量
国外农用岩棉	47	14	16	10	8	15	2	1	1		

值，应进行钙饱和处理。处理方法：在 $1m^3$ 砾粒中，先用 200～300g 石膏（烧石膏），加水搅成悬浊状，全面均匀撒布，然后注水并浸渍，接着反复灌、排水，以促进钙的吸收，之后弃掉排水，加入肥料，配制营养液。大多砾粒对磷、钾的吸着力都很强，由此造成的磷的减少尤为显著。在一般的砾耕栽培中，需补给磷肥和钾肥，确保磷钾水平不低于最低标准：P_2O_5 0.2～0.5mg/L，K 2mg/L。

(4)陶粒　是由页岩加热至 1 000℃膨胀而成，多孔。具有保水、通气作用。能释放出铁和微量元素。

(5)珍珠岩　是硅质矿物质，是由熔岩流形矿物——火山硅酸岩筛选后在炉中加热至 760℃膨胀而成的海绵状核，形成直径为 1.5～3mm 的颗粒体，每立方米 80～130kg。其容重很小，吸水量是自身容重的 3～4 倍。其化学成分为：二氧化硅 74%，三氧化二铝 11.3%，三氧化二铁 2%，氧化钙 3%，锰 2%，氧化钠 5%，钾 2.3%。pH 值为 7～7.2，无缓冲作用，孔隙度达 97%。多与其它基质混合使用。

(6)蛭石　是一种以硅、铝、镁为主要成分的云母族矿物，其中还含有少量钾、铁等。化学成分为：二氧化硅 39%，三氧化二铝 12%，镁 24%，钾 5%，三氧化二铁 6%。蛭石是在 1 000℃高温处理后，燃烧膨胀形成多孔体，海绵状。容重为 $0.25g/cm^3$，总孔隙度可达 96.2%。它既有良好的透气性，又有很强的保水性。蛭石化学性状良好，且含有很多的养分。使用时以粒径 3～4mm 以上的蛭石为宜。蛭石只能重复利用一次。

(7)锯木屑　是木材加工的副产品。它具有较强的吸水力和保水力。也常用于无土栽培。

(8) 草炭　是由半未分解的植物组成。富含有机质，具有较强的持水力和保水力。一般与木屑和蛭石等混合使用。

4.2.2 无土栽培基质的选择

无土栽培的基质起着固定植株和创造良好水、汽条件的作用。基质的蓄水力大小和基质的孔隙度大小则是选择基质的重要指标。

(1) 基质的容重　基质的容重是指单位体积的基质重量。容量的大小与基质的比重和总孔隙度有关。容重过大或过小都不利于切花的栽培。一般认为，容重在 0.1～$0.8g/cm^3$ 之间的基质栽培效果较好。

(2) 孔隙度　基质的总孔隙度由毛管孔隙度和非毛管孔隙度组成。非毛管孔隙一般孔隙直径在 1mm 以上，起着贮气的作用；毛管孔隙一般指直径在 0.001～0.1mm 的孔隙，能贮存毛管水。非毛管孔隙和毛管孔隙分别代表着基质中的气、水状况。一般总孔隙度在60%～96%的基质均可作为无土栽培的基质。见表 4-2。

表 4-2 几种常见基质的物理性状与 pH 值

基质名称	容重 (g/cm^3)	总孔隙 (%)	非毛管孔隙度 (%)	毛管孔隙度 (%)	气水比	pH 值
沙 子	1.49	30.5	29.5	1.0	1∶0.03	6.5
煤 渣	0.70	54.7	21.7	33.0	1∶1.51	6.8
蛭 石	0.25	133.5	25.0	108.5	1∶4.35	6.5
珍珠岩	0.16	60.3	29.5	30.8	1∶1.04	6.3
岩 棉	0.11	100.0	64.3	35.7	1∶0.55	6.3
锯 末	0.19	78.3	34.5	43.8	1∶1.26	6.2
炭化稻壳	0.15	82.5	57.5	25.0	1∶0.43	6.5

4.2.3 无土栽培基质的消毒

无土栽培基质,经长期使用后,尤其是连作条件下,会聚集大量的病菌,每次收获之后对基质进行一次消毒,以消灭任何可能存留的病菌。消毒的方法有物理消毒和化学消毒两种。蒸汽消毒是最常用的物理消毒法。最适合以蒸汽锅炉供热的温室。消毒时,将蒸汽转换装置装在锅炉上,把蒸汽管通入每一个种植床,即可为基质消毒。化学消毒的药品有甲醛、氯化苦、溴甲烷、威百亩和漂白剂等。

4.2.4 无土栽培的营养液成分及使用

无土栽培的营养液含有植物生长所需要的13种元素和少量的特殊元素。营养液一般是由含有某种元素的无机盐类配制而成。

常用的无机盐类有:

硝酸钙($Ca(NO_3)_2$),含 24.43%的可溶性钙和 17.07%的硝态氮;

硝酸钾(KNO_3),含 13.85%的硝态氮和 38.67%的钾;

硝酸铵(NH_4NO_3),含 35%的氮;

硫酸铵($(NH_4)_2SO_4$),含 21.20%的氨态氮;

硫酸钾(K_2SO_4),含 44.88%的钾和 18.4%的硫;

硫酸镁($MgSO_4 \cdot 7H_2O$),含 9.86%的镁和 13.01 的硫;

硫酸锰($MnSO_4 \cdot 4H_2O$),含 23.5%的锰;

硫酸铜($CuSO_4 \cdot 5H_2O$),含 25.45%的铜和 12.84%的硫;

硫酸锌($ZnSO_4 \cdot 7H_2O$),含 22.74%的锌和 11.15%的硫;

磷酸二氢铵($NH_4H_2PO_4$),含 12.18%的氮和 26.93%的磷;

磷酸氢二铵($(NH_4)_2HPO_4$),含 21.21%的氮和 23.46%的磷;

磷酸二氢钾(KH_2PO_4),含 28.73%的钾和 22.76%的磷;

过磷酸钙($Ca(H_2PO_4)_2 \cdot H_2O + CaSO_4 \cdot H_2O$),含 7%~10%磷、19%~22%的钙和 10%~12%的硫;

磷酸(H_3PO_4),用于调节营养液的 pH 值和增加磷的浓度;

硫酸钙($CaSO_4 \cdot 7H_2O$),含 23.28%的钙和 18.62%的硫;

硫酸亚铁($FeSO_4 \cdot 7H_2O$),含

表 4-3 不同花卉所适合的营养液浓度

营养液浓度	1 g/L	1.5～2 g/L	2 g/L	2～3 g/L	3 g/L
花卉	仙人掌	风信子、仙客来	大丽花	一品红	菊花
	杜鹃花	鸢尾、水仙、百合	昙花	香石竹	绣球花
种类	秋海棠	小苍兰、蔷薇	唐菖蒲	天竺葵	
	蕨类	郁金香、非洲菊	花叶芋	文竹	

20.09%的铁和11.53%的硫；

氯化铁($FeCl_2 \cdot 6H_2O$)，含20.66%的铁；

氯化钾(KCl)，含52.44%的钾；

硼酸(H_3BO_3)，含17.48%的硼；

硼砂($Na_2B_4O_7 \cdot 10H_2O$)，含11.34%的硼；

钼酸铵($(NH_4)_6Mo_7O_{24} \cdot 4H_2O$)，含54.34%的钼。

常用于补铁的高铁络合物有：

乙二胺四乙酸（EDTA）；

二乙三胺五乙酸（DTPA）；

羟乙基乙二胺三乙酸（HEEDTA）；

1,2-环己二胺四乙酸（CDTA）等。

无土栽培的水质对无土栽培的影响很大。一般要先测定水中Ca^{2+}、Mg^{2+}、Fe^{2+}、Fe^{3+}、CO_3^{2-}、SO_4^{2-}和Cl^-，再根据水中的各种离子的含量，对营养液进行配方调整。

营养液的总浓度一般在千分之二左右，最高不超过千分之四。营养液中的大量元素除硫和铁外，一般对植物没有危害；过多的微量元素常常对植物造成危害（表4-3）。

营养液的配制程序如下：①确定好配方，准备好肥料和化学药品，并注意盐类的分子式、结晶水和纯度；②在称取各类盐类肥料时，要精确至±0.1以内，称好的盐类肥料要放置在干净的器皿中或聚乙烯塑料布上；③将称好的各种盐类，混合均匀，放入比例适合的水中。水可用木桶或大缸盛装，边加边搅拌，直至盐类完全溶解。在配制时，先溶解微量盐分，然后溶解大量盐分；硝酸钙要单独溶解稀释后，再与其它盐类的溶液配成营养液；④在进行大面积营养液膜法生产时，一般先将盐类配成比均衡液高出100倍的母液，使用时再进行稀释；营养液分三个容器盛装：一个盛硝酸钙溶液，一个盛其它盐类溶液，一个盛稀释至10%的酸液。在自动循环营养液系统中，三个容器会自动将溶液注入营养液槽；⑤按规定配制好营养液必须测定其pH值，pH值要在5.5～6.5；如果pH过高或过低，要用硫酸（H_2SO_4）或氢氧化钾（KOH）进行调整。

营养液的管理主要注意以下几方面：①维持营养液pH的稳定，以保证植物对铁的吸收；②利用多孔基质以保证营养液中氧气的供应；或利用营养液的落差、剧烈流动溶入氧气，也可以采用搅拌的方法增加氧气；③保持营养液的黑暗条件，以避免铁的沉淀和藻类的生长；④营养液温度的高低要与花卉接受的光照强度相适应：光照强度高，温度也要高；光照强度低，温度也要低；⑤经常补充被消耗掉的元素和水分，每隔一个月一般要更换一次营养液。

大量元素	用量	大量元素	用量	微量元素	用量	微量元素	用量
硝酸钙	634	硫酸镁	185	锰	0.41	钴	0.05
磷酸二氢钾	204	硝酸钾	429	锌	0.20	硼	0.02
硝酸铵	20	硫酸钾	44	铜	0.01	铁	1.90

菊花营养液配方：

硫酸铵	42g	磷酸二氢钾	91g
硫酸镁	140g	（柠檬酸铁铵 133g；硫酸 14g；蒸馏水 2 240g）	28g
硝酸钙	301g	水	181.6L
硫酸钾	112g		

唐菖蒲营养液配方：

硫酸铵	28g	磷酸钙	49g
硫酸镁	42g	磷酸二氢钾	91g
磷酸钙	84g	（硫酸亚铁 77g；硫酸 14g；蒸馏水 2 240g）	28g
硝酸钠	112g	水	181.6L
氯化钾	112g		

在营养液的管理中如果缺乏必要的检测手段，可参考如下方法进行管理：一看营养液混浊状况和漂浮物的含量；二看栽培花卉的生长状况，生长点发育是否正常，叶片的颜色是否正常；三看新根生长发育状况和根系的颜色；每日检测营养液的 pH 值两次；每 2 天测一次营养液的电导度（EC 值）。pH 值的测定可采取试纸测定法和电位法（用 PHS-2 型酸度计）。

4.3　无土栽培营养液配方

香石竹营养液配方：（岩棉，70cm×30cm×8cm，用乳白色膜包裹，单位是每升营养液中元素的含量（mg）。

5 保鲜与贮藏技术

5.1 切花保鲜技术

5.1.1 切花采收后的生理变化

切花保鲜与切花采收后的生理变化密切相关。其主要的生理变化过程有呼吸作用、吸水作用、蒸腾作用、液泡中的pH值的变化、糖的变化及乙烯产生。

(1)呼吸作用　切花是活的生物体，采收后呼吸作用仍然在进行。呼吸作用是在氧的作用下，将糖类物质分解成二氧化碳和水并放出热量。

$$C_6H_{12}O_6+6O_2 = 6CO_2+6H_2O+热量$$

呼吸作用消耗切花体内的物质和能量。因此，呼吸作用不利于切花的保鲜。实验证明，呼吸速率与腐败速度通常成正比。而呼吸速度与周围温度密切相关。一般而言，花卉的温度系数为2～3，即温度每升高10℃，呼吸强度增加2～3倍（表5-1）。

从表中可以看出，切花的呼吸速率随温度的升高而加快，同时产生热量。达到室温时，呼吸速率明显增大，而且温度系数达到最高。因此，在切花的化学保鲜过程中，加糖及保持低温条件是十分必要的。

(2)吸水作用　切花在采收后，正常的生理代谢活动会持续一阶段。因此，切花的鲜重在瓶插水养过程的初期阶段呈现增加趋势；随后，花茎基部的内外环境发生一系列变化，使得切花的鲜重逐渐减少，最后失水量大于吸水量。使得上述环境发生变化的原因是：①水中微生物繁殖增多，阻塞输水导管；基本代谢产物对切花也造成毒害；②切花花茎剪截受

表5-1　香石竹切花在不同温度下的呼吸速率和产热量

温度℃	呼吸速率 (mg CO_2/kg·小时)	产热量 (J/t·小时)	温度系数 (Q_{10})
0	10	$22\times4.18\times10^3$	—
10	30	$69\times4.18\times10^3$	3
20	239	$551\times4.18\times10^3$	8
30	516	$1\,192\times4.18\times10^3$	2.2
40	1 053	$2\,432\times4.18\times10^3$	2.0
50	1 600	3 709	1.5

伤后发生氧化作用，生成流胶、多酚类化合物或果胶类沉积物，阻塞导管，毒害茎组织；③切花花茎剪切后，在采后处理及贮运过程中，空气进入导管内形成“气栓”，从而阻碍水分传导。解决上述问题的办法是：在水中加入杀菌剂、润湿剂、有机酸以及采用水下剪切方式等。

(3) 蒸腾作用　切花离体后的水分平衡是由蒸腾作用和吸水作用决定的，当切花蒸腾作用超过吸水作用时，就会出现水分亏缺和萎蔫现象，植物组织内的水势就会降低，严重时会引起代谢过程的不可逆变化，最后导致衰老。解决这一问题的途径是：保持切花周围空气的高湿度、低温度，并降低周围空气的流速，如采用切花表面涂膜、用塑料薄膜包裹等。

(4) pH 值的变化　液泡中的 pH 值的改变是决定切花衰老过程中花瓣色泽变化的最重要因子。对于大部分切花而言，在衰老时红色花瓣泛蓝，如月季等，是因为切花在衰老时，蛋白质分解，释放出自由氨，使得液泡中的 pH 值上升，促使花色素苷显现偏蓝色泽；对于另一些具有蓝色、紫罗兰色和紫色花瓣切花，如三色牵牛花、矢车菊、倒挂金钟等，在衰老时会变红，是因为液泡中的有机酸(如苹果酸、天门冬氨酸和酒石酸)含量增加，促使 pH 值下降，花色素苷呈现偏红色泽。还有一类花在衰老时花瓣变褐或变黑，这是因为黄酮、无色花色素及其它酚类化合物被氧化，形成单宁积累所致。因此，在切花保鲜液中加入一些酸性或碱性化学物质，可起到稳定液泡中的 pH 值，保持切花原有色泽的作用。

(5) 糖的变化　糖是切花呼吸作用的物质基础，在呼吸过程中起着重要的作用。切花在离体后，其呼吸作用的变化一般规律是：在花朵开放时，呼吸速率达到最高峰，之后逐渐降低，直至出现另一个短时间高峰，再之后一直下降。第二呼吸高峰的出现标志着衰老最后阶段的到来。在老化的切花中，呼吸作用逐渐降低是由于呼吸基质（主要是糖）短缺所致。切花中糖类含量和干物质多少与潜在瓶插寿命密切相关。呼吸基质库主要由糖组成，库的大小受到淀粉和其它多糖的水解速度以及糖从其它器官转移至花瓣情况的影响。当花朵授粉和内源乙烯产生时，会刺激糖类从花瓣向子房转移，从而加速花瓣的衰老进程。因此，给切花提供外源糖，可维持花朵尤其是花瓣中的呼吸基质库，刺激呼吸，延长切花寿命。

(6) 乙烯的产生　乙烯是植物代谢的天然产物，是控制植物成熟和老化的激素。乙烯的浓度即使非常低（<0.1 mg/kg 的含量），也具有高度的生理活性。大部分切花暴露于乙烯气体中会加速其衰老过程。一般而言，切花采收后，如遭机械损伤、病害侵袭、温度升高（30℃以上）、缺水等情况，都会使其自身乙烯产生速度加快；相反，如果鲜切花放置于较低的安全贮藏温度下，其乙烯产生速率会显著减慢；当切花周围氧气含量减少（$<8\%$），二氧化碳含量增加（$>2\%$）时，也可降低乙烯产生速度。切花花蕾和幼花产生乙烯很少并且稳定，随着花的成熟，乙烯迅速增加，形成一个高峰，此后逐渐下降，并保持一个稳定的低水平。在植物组织中，乙烯生成的底物是蛋氨酸（一种含硫的氨基酸），其转变成乙烯的过程如下：

蛋氨酸→S—腺苷甲硫氨酸→氨基环丙烷羧酸→乙烯

大部分切花在 20℃下乙烯产生速率低于 0.1μL/kg·小时，属极低类型。

5.1.2 环境因素对切花寿命的影响

(1) 温度 温度是影响采收后切花腐败速率的最重要环境因子。所有易腐产品的发育和衰老速度都受温度控制。产品周围的温度过高将加速切花的衰老过程，大大缩短其瓶插寿命。因为较高的温度加快产品呼吸作用和组织内碳水化合物的消耗，刺激自身乙烯的生成，促进病原真菌孢子的萌发和生长，有助于病害的扩散。因此，切花采收后应尽快转移至冷凉的贮藏间，脱除产品带回的田间热。一般来说，起源于温带的切花最好贮于比其组织冻结点稍高的温度中；起源于热带和亚热带的切花常对 0℃以上的低温敏感，一般贮于 8～15℃温度下，而且种不同，要求的温度也不同。

(2) 空气湿度 切花采收后水分丧失取决于切花与周围空气的水汽压力差，即与周围空气的温度、湿度和空气流速有关。在某一恒定温度和空气流速下，切花水分丧失的快慢取决于周围大气的相对湿度；而在一定的湿度下，水分损失随温度增加而增加。切花，尤其是草本切花含有大量的水分，在切花采后处理过程中，如被置于低湿度环境中，水分极易损失，鲜重迅速减少。当切花损失其鲜重的 10%～20%水分时，通常表现萎蔫，组织发生皱缩和卷曲。因此，可以通过保持高湿、低温和中等程度空气循环的贮藏条件来抑制切花的蒸腾作用，减少切花水分散失（表 5-2）。

(3) 光照 切花通常在低光照或黑暗状态下贮藏和运输。当切花用含糖的保鲜剂处理过，在采后贮运过程中，光照不足不会明显影响切花的寿命。只有处于花蕾阶段的切花开放时，才需要较高的光照强度。

(4) 碳水化合物 多数切花是在成熟之前的花蕾阶段采收，如月季、唐菖蒲；少数花卉是在花朵几乎全开时才采收的，如香石竹，但也可在花蕾期收获，以延长其贮藏期。充分展开的月季花朵干物质是其花蕾干重的两倍多。花茎不可能提供这些碳水化合物以增加花朵干重，需要外加糖液予以补充。所以，把切花插在纯水中的花朵小，色泽差，瓶插寿命短。影响切花采后品质最重要的因子

表 5-2 适宜于不同贮藏温度和 90%～95%相对湿度的各种切花与切叶种类

贮藏温度(℃)	切花与切叶种类
0～2	紫菀、香石竹、菊、番红花、蕙兰、小苍兰、风信子、球根鸢尾、百合、铃兰、水仙、芍药、花毛茛、月季、郁金香、铁线蕨和杜鹃等
4～5	六出花、屈曲花、金盏花、耧斗菜、金鸡菊、矢车菊、大丽花、雏菊、小白菊、勿忘我、毛地黄、天人菊、非洲菊、唐菖蒲、嘉兰、丝石竹、万寿菊、百日草、紫罗兰等
7～10	鹤望兰、嘉兰、卡特兰、美国石竹等
13～15	安祖花、姜花、万代花、一品红等

是植物供给花茎的碳水化合物，尤其是糖的数量。例如，在光照较强而气温较冷凉的季节采摘的香石竹，由于在这种环境条件下，光合效率最高，花茎在采收时含有大量碳水化合物贮藏物，故对含糖的保鲜液处理反应较大。为了提高切花品质，延长瓶插寿命，在采后用含糖的花卉保鲜剂处理切花，已经成为切花保鲜生产的常规措施。

(5) 乙烯 切花的寿命除与其品质有关外，还受到周围大气中乙烯的影响。一般大气中，乙烯含量波动于0.003～0.005mg/kg之间。秋季和冬季，因为温度低，光化学降解速率较低，乙烯含量最高。大气中乙烯的自然来源为植物、微生物、火山喷发和工业废气等。各种切花对乙烯的敏感有差异，对乙烯敏感的切花暴露于1～3mg/kg大气中24小时就受到伤害。非常敏感的切花种类有：六出花、香石竹、小苍兰、球根鸢尾、百合、水仙、兰花、矮牵牛、金鱼草等。不太敏感的切花可以抵抗10～100mg/kg以上的乙烯含量，如火鹤花、天门冬、非洲菊、郁金香等。防止乙烯危害的具体措施有：①在花蕾适宜的发育阶段采收切花；②采收后立即冷却切花；③在温室、分级间、包装场和贮藏库中保持切花清洁并及时清除腐烂的植物材料；④不要把切花同能产生较多乙烯的水果、蔬菜贮藏在同一场所；⑤不要把处于花蕾阶段的切花与充分展开的切花一同贮藏；⑥温室和采后工作场所要适当通风。

(6)病害 细菌、真菌引起的腐败和病理性崩溃是切花衰亡的常见原因之一。染病的组织易于失水，产生较多的乙烯，毒害切花器官，加快其衰老和腐败过程。花瓣组织极易受真菌病害侵袭，如灰霉菌就是常见之一。在环境湿度高条件下，它生长很快，甚至在低湿条件下也会蔓延。

5.1.3 化学保鲜剂的主要成分和作用

(1) 碳水化合物 碳水化合物是切花的主要营养源和能量来源，是切花离开母株后所有生理和生化活动得以维持的基础；起着保持细胞中线粒体结构和功能的作用，进而调节蒸腾作用和细胞渗透压，促进水分平衡，增加水分吸入。蔗糖是保鲜剂中使用最广泛的外供糖源之一。在一些配方中也有采用葡萄糖和果糖的。

保鲜液中糖的最适含量与切花种类、品种、处理方法和时间长短有关。一般来讲，由于叶片对高含量的糖比花瓣反应更敏感，大部分保鲜剂使用相对较低的糖含量，但是过低就不能最大程度的提高切花品质，延长瓶插寿命和效果。对某一确定的切花种类而言，保鲜液处理时间越长，所需保鲜液糖含量就越低。因此，预处液中糖含量较高，花蕾开放液糖含量中等，而瓶插保持液糖含量较低。

保鲜剂中的糖也是微生物生长的最佳能源，微生物繁殖过多又引起花茎导管的阻塞。因此，在保鲜剂中糖与杀菌剂应结合使用。

(2)杀菌剂 在花瓶的水中，生长的微生物种类有细菌、酵母菌和霉菌。这些微生物大量繁殖后阻塞花茎导管，影响切花吸收水分，并产生乙烯和其它有毒物质进而加速切花衰老，缩短切花寿命。为了控制微生物繁衍，保鲜剂中一般要加入杀菌剂，与其它成分混用。8-羟基喹啉盐类是最常用的杀菌剂，它们是广谱型杀细菌和杀真菌剂。8-羟基喹啉柠檬酸盐（8-HQC），能够减少切花花茎的“生理性”阻塞，这与其中的喹啉酯，同茎组织中形成阻塞酶类的金属离子发生螯合作用，使酶失去活性有关。8-羟基喹啉与二价金属离子（主要是铁和铜）形成螯合物，使菌类有关酶失去活性，这是它们杀菌作用的机理。8-羟基喹啉和8-羟基喹啉硫酸盐可使保鲜液酸化，有利于花茎吸水，延长瓶插寿命。8-羟基喹啉对一些切花有很好的保鲜效果，如月季、香石竹；而对另一些切花，如菊花、丝石竹、茼蒿菊等，会引起负作用，因而限制了其广泛应用。

银盐（主要是硝酸银 $AgNO_3$）是一种效果良好的杀细菌剂，溶液含量为10～50mg/kg。使用时，硝酸盐必须溶于蒸馏水或无离子水中，盛于深色玻璃瓶或塑料容器内，避免使用金属容器。硝酸银溶液最好现用现配，避光保存。

硫代硫酸银是一种新近广泛采用的植物组织乙烯抑制剂，它能在植物组织中起一定的杀菌作用。它的特点是生理毒性较硝酸银小得多，易于在花茎中移动，并且直达切花的花冠。由于硫代硫酸银对非洲菊有毒性，有人用银和 EDTA 的复合物阻止了乙烯对非洲菊的危害，延长了瓶插寿命。

硫酸铝（50～100mg/kg）可用于月季、唐菖蒲和其它切花的保鲜液中。除了铝离子具有杀菌作用外，硫酸铝能使保鲜液酸化，抑制细菌生长，促使切花水分平衡。铝可降低月季花瓣中的 pH 值，稳定切花组织中的花色素苷。月季切花在铝溶液中处理仅12小时，就可减轻“弯颈头”现象和萎蔫。

此外，杀菌剂还有缓释氯化物、季胺盐（QAS）和噻菌灵（TBZ）。

（3）乙烯抑制剂　硫代硫酸银（STS）是目前花卉业使用最广泛的最佳乙烯抑制剂。硫代硫酸银的生理毒性较硝酸银低，在植物体内有较好的移动性，易于从花茎移至花冠，对花朵内乙烯合成有高效抑制作用，并使切花对外源乙烯作用不敏感，可有效地延长多种切花的瓶插寿命，它不易被固定，在较低浓度时就起作用。用硫代硫酸银处理香石竹、百合和其它切花5分钟至24小时，可明显地抑制它们的衰老过程。

硫代硫酸银的配制方法如下：先溶解0.079g 硝酸银（$AgNO_3$）于500mL 无离子水中；再溶解0.462g 硫代硫酸钠（$Na_2SO_3 \cdot 5H_2O$）于500mL 无离子水中，把硝酸银溶液倒入硫代硫酸钠溶液中，并不断搅拌。配好的溶液最好立即使用，或避光保存在棕色玻璃瓶或暗色塑料容器内。硫代硫酸银溶液可在20～30℃的黑暗环境中保存4天。

（4）生长调节剂　在切花保鲜剂中最常用的生长调节剂是细胞分裂素。细胞分裂素的主要作用在于可降低切花对乙烯的敏感性，抑制乙烯产生，从而延长切花寿命。细胞分裂素用于延期贮藏和运输之前的切花处理，可减少叶绿素在黑暗中的损失。利用细胞分裂素处理切花可采用喷布或浸蘸方式，其有效含量因处理时间而异，一般10～100mg/kg。细胞分裂素处理香石竹、月季、鸢尾和郁金香等切花效果很好。

此外，延长采后切花寿命的化合物还有：（1）有机酸　用于保鲜液的有机酸有柠檬酸、异抗血酸、酒石酸和苯甲酸。有机酸的作用是降低水溶液的 pH 值，促进花茎水分吸收和平衡，减少花茎阻塞。(2) 盐类有钾盐、钙盐、硼盐、铜盐、镍盐和锌盐，能抑制水溶液中微生物的活动，控制切花的一些生化反应和代谢活动，进而延长切花的瓶插寿命。(3) 湿润剂：在保鲜液中加入湿润剂，如 1mg/kg 的次氯酸钠，0.1%的漂白剂，或吐温－20 (0.01%～0.1%)，有利于切花吸水。

5.1.4 化学保鲜剂处理方法

(1) 硝酸银茎端浸渗处理　将采收后的切花茎末端浸泡在 1 000mg/kg 的硝酸银溶液中 5～10 分钟，可防止切花茎端导管因微生物生长或茎自身腐烂引起阻塞。这种处理可延长紫菀、非洲菊、香石竹、唐菖蒲、菊花和金鱼草等切花的寿命。

(2) 预处理 (脉冲处理)　预处理是在切花采收后运输前，将切花茎下部浸于预处理液中数小时至十几小时的处理方式。预处理的效果可持续切花的整个货架寿命，是一项非常重要的采后处理措施。对于计划进行长期贮藏或远距离运输的切花保鲜更为重要。预处理液一般由高含量的糖和杀菌剂组成。预处理的效果取决于预处理时间、糖的含量、处理时的温度和光照条件。处理唐菖蒲、非洲菊，用 20%或更高的蔗糖；处理香石竹、鹤望兰和丝石竹用 10%的蔗糖；处理月季、菊花等用 2%～5%的蔗糖。在温度 20～27℃、相对湿度 35%～100%、光照强度 1 000Lx 条件下，用 10%的蔗糖处理香石竹 12～24 小时，效果最好。处理月季时，可先在 20℃下处理3～4 小时，再转至冷室中处理 12～16 小时为好。

(3) 吸水或硬化处理　此种处理方法在切花采后处理或贮藏运输过程中发生不同程度失水时，用水分饱和方法使萎蔫的切花恢复细胞膨压的一种处理方法。具体做法如下：①用去离子水配制含有杀菌剂和柠檬酸的溶液 (pH 值在 4.5～5.0)，并加入润湿剂吐温－20 (0.01%～0.1%)，盛于塑料容器内。②在室温下，在 38～44℃热水中将切花茎端剪成斜面，插入同一温度的上述水溶液中10～15cm 深，浸泡几个小时后，将切花移至冷室中继续浸泡 12 小时。对于萎蔫较重的切花，可先将整株切花浸入水中浸泡 1 小时，然后按上述吸水处理步骤进行。对于具有硬化木质茎的切花，如非洲菊、菊花等，可把茎末端插入80～90℃烫水中几秒钟，再转至冷水中浸泡，有利于恢复细胞膨压。

(4) STS 预处理 (脉冲)　对乙烯敏感的切花，采收后要进行 STS 预处理。STS 预处理的方法一般是将切花茎端浸入 STS 溶液中 20 分钟 (20℃温度下)。如果准备将切花长期贮藏或远距离运输，STS 溶液中应加入蔗糖。

(5) 催花液处理　催花液处理是指切花在蕾期采收后，通过人工技术促使切花花蕾开放的方法。催花液一般含有 1.5%～2.0%的蔗糖，200mg/kg 的杀菌剂，75～100mg/kg 的有机酸。其处理方法是在室温和高湿度条件下，将切花茎端浸入催花液中处理若干天；花蕾开放后，将切花转至较低的温度下贮藏。此方法用于处理月季、香石竹、菊花、唐菖蒲、丝石竹、非洲菊、鹤望兰等切花，效果良好。在使用此方法时，要掌握好最佳的采切蕾期，同时催花液处理的作业场地要有人工光源、通风系统以及可控制的温、湿度。

(6) 瓶插保持液处理　切花在消费过程中，可采用瓶插保持液处理，以延长其寿命。由于瓶插时期较长，瓶插保持液每隔一段时间要更换一次。

5.1.5　化学保鲜剂的配方

这里将几种保鲜剂配方列于表 5-3，请读者参考使用。

表 5-3　常用切花保鲜剂配方

切花种类	保鲜剂配方	保鲜剂种类
香石竹	1 000mg/L $AgNO_3$ 10 分钟	CS
	4mM STS 10 分钟	CS
	10mg/L GA_3+2mg/L 激动素	CS
	+900mg/L B85+450mg/L AOA+1 000mg/L TritonX-100	OS,HS
	550mg/L STS+100g/L S	OS
	5% S+200mg/L 8-HQS+20-50mg/L BA	HS
	5% S+200mg/L 8-HQS+50mg/L 醋酸银	HS
	3% S+300mg/L 8-HQ+500mg/L B_9+20mg/L BA+10mg/L MH	HS
	5% S+500mg/L 杀藻铵+45mg/L CA+15mg/L 叠氮化钠	HS
	4% S+0.1%明矾+0.02%尿素+0.02% KCl+0.02% NaCl	
月　季	2% S+300mg/L 8-HQC	OS
	4% S+50mg/L 8-HQS+100mg/L 异抗坏血酸	HS
	5% S+200mg/L 8-HQS+50mg/L 醋酸银	HS
	2%～6% S+1.5mM $CO(NO_3)_2$	HS
	30g/L S+130mg/L 8-HQS+200mg/L CA+25mg/L $AgNO_3$	HS
菊　花	1 000mg/L $AgNO_3$ 10 分钟	CS
	2% S+200mg/L 8-HQC	OS
	2%～30% S+25mg/L $AgNO_3$+75mg/L CA	OS
	35mg/L S+30mg/L $AgNO_3$+75mg/L CA	HS
唐菖蒲	1 000mg/L $AgNO_3$ 10 分钟	CS
	20% S 20 小时	CS
	4% S+600mg/L 8-HQC24 小时	OS,HS
	20% S+200mg/L 8-HQC+50mg/L $AgNO_3$+50mg/L $Al_2(SO_4)_3$	CS,OS
百　合	0.2mM STS	CS
	1 000mg/L GA	CS
	30g/L S+200mg/L 8-HQC	OS,HS
满天星	5%～10% S+25mg/L $AgNO_3$	OS
	2% S+200mg/L 8-HQC	HS
鹤望兰	10% S+250mg/L 8-HQC+150mg/L CA	CS,OS
花　烛	4mM $AgNO_3$ 20 分钟	CS
	4% S+50mg/L $AgNO_3$+0.05M NaH_2PO_4	HS

（续）

切花种类	保鲜剂配方	保鲜剂种类
郁金香	10mg/L＋2.5% S＋10mg/L $CaCO_3$	HS
	50g/L S＋0.3g/L 8-HQS＋0.05g/L CCC	HS
小苍兰	0.2mM STS＋50mg/L BA	CS
	60g/L S＋250mg/L 8-HQS＋70mg/L CCC＋50mg/L $AgNO_3$	HS
	40g/L S＋0.15g/L $Al_2(SO_4)_3$＋0.2g/L $MgSO_4$＋1g/L K_2SO_4＋0.5g/L 硫肼	HS

表中：CS：预处液，OS：催花液，HS：瓶插液，S：蔗糖，CA：柠檬酸，8-HQ：8-羟基喹啉，8-HQS：8-羟基喹啉硫酸盐，8-HQC：8-羟基喹啉柠檬酸盐，STS：硫代硫酸银，BA：6-苄基嘌呤，GA：赤霉素，B_9：N-二甲基琥珀酸，AOA：氨氧乙酸，CCC：矮壮素，MA：青鲜素。

表 5-4　常见切花贮藏温度

切　花	贮藏温度℃	贮藏期（天）	最高冻结点℃
香石竹	－0.5～0	21～28	－0.7
香石竹花蕾	－0.5～0	28～84	－0.7
微型香石竹	－0.5～0	14	—
菊　花	－0.5～0	21～28	－0.8
郁金香	－0.5～0	14～21	—
月季（干贮）	－0.5～0	14	－0.5
月季（湿贮）	0.5～2	28～35	－0.5
小苍兰	0～0.5	70～98	—
百　合	0～1	14～21	－0.5
文　竹	2～4	14～21	－3.3
唐菖蒲	2～5	35～56	—
非洲菊	1～4	7～14	—
小白菊	4	21	－0.6
丝石竹	4	7～21	—
勿忘我	4	7～14	—
六出花	4	2～3	—
鹤望兰	7～8	7～21	—
卡特兰	7～10	14	－0.3
火鹤花	13	14～28	—

5.2 切花贮藏技术

在切花经营过程中，为了解决生产、运输和销售之间出现的供需矛盾，平衡需求关系，调节市场等，也需要进行较短期的贮藏。贮藏的方式有：①几天的短期贮藏等待周末销售；②2～4周的中期贮藏等待节假日的大量需求。

5.2.1 影响贮藏效果的因素

影响切花贮藏效果的因素是切花的质量和贮藏期间的环境条件。用于贮藏的切花要健康、无病虫害感染和机械损伤。如果切花本身的质量很好，那么环境因素对贮藏效果起着决定作用。

温度是切花贮藏的重要因子。切花采后要迅速预冷，除去田间热。大部分切花贮藏在接近0℃温度下，商业上多在4℃温度下贮藏切花，7～13℃不能保存一般切花。贮藏室的温度波动越小越好。多数切花最高冻结点变动在－2.2～0.6℃，所控温度允许有±0.5℃变幅。因此，把温度调在0℃比－0.5℃更安全。见表5-4。

在所有的贮藏温度下，切花的周围都应维持90％～95％的空气湿度。任何微小的湿度变化（5％～10％）都会损害切花的品质。对于使用干贮法，密闭在膜袋中的切花，贮藏库内的相对湿度可以不考虑。光照对大多数贮藏切花的质量或贮期无明显影响。对于少数切花如百合、菊花和六出花长期在黑暗中贮存会引起叶片黄化，可采用透明包装，用500～1 000Lx的光照明；要使香石竹和菊花花蕾开放，可用1 100～2 200Lx的光照，每天照明16小时。

在低温条件下，切花自身产生的乙烯少，乙烯本身也不太活跃。但是，如在冷库中贮存大量切花，乙烯浓度有可能积累到引起切花受害的程度。应经常进行监测。

在冷库内部适当的空气循环可保持库内均匀的温度和空气成分。库内空气循环是靠风扇或冷却通风机强力进行的。在一个循环正常的冷室中，室内各点的温度值不能超过规定标准的0.5℃，对于湿贮切花，空气流速以15～23m/分钟为宜。为了保证电风扇驱动的气流达到室内各处，使室内温度分布均匀，物体之间要有足够的空隙。一般冷空气出口要高于贮藏材料2m左右；天花板与包装箱之间要有50cm的距离；地面与包装箱之间要有5～10cm的距离；墙壁与包装箱之间要有10～20cm的距离；各包装箱之间要有5～10cm的距离。

5.2.2 切花贮藏方法

（1）干贮藏法　将切花紧密包装在箱子、纤维圆筒或聚乙烯膜袋中，贮藏于较低温度下的贮藏方式。干贮藏法的好处是切花贮藏期较长，节省贮库空间。干贮期的长短与切花品种、生长条件、切花品质及环境条件有关。其干贮过程如下：①干贮切花的采切要在上午细胞膨压较高时进行，并选用质量最好的花枝。②采后立即预冷至所要求的贮藏温度水平。预冷的方法可采用强制通风冷却或置于冷室冷却。预冷的过程可单独进行也可结合预处理进行。③贮前要在含有糖、杀菌剂和乙烯拮抗剂的预处液中进行保鲜处理；长期贮存的切花还要喷布杀菌剂，晾干后进行包装。④先用软纸（如果报纸不危害切花，也可使用）包裹，以吸收可能出现的冷凝水，然后放入聚乙烯袋、箱子以及用蜡或铝箔包裹表面的圆筒之中。⑤气密型膜包裹切花，形成改良气体(MA)，贮藏时间较长；对重力敏感的切花（唐菖蒲、金鱼草），要垂直贮放。几种切花干贮时温度与贮期的关系如表5-5。

表 5-5 几种切花的干贮温度及最长干贮期

切花种类	贮藏温度（℃）	最长贮藏期（周）
唐菖蒲	4	4
百 合	1	6
月 季	0.5～3	2
菊 花	1	3
香石竹	0～1	16～24
火 鹤	13	4
鹤望兰	8	4
郁金香	0～1	8
水 仙	1	2
仙客来	0～1	3
芍 药	0	4

(2) 湿贮法　湿贮法是把切花置于盛有水或保鲜剂溶液的容器中贮藏的方法。此法不需包装，但需占据冷库较大空间，适宜于正常销售或短期贮存的切花。湿贮比干贮贮藏期短一些。湿贮的切花在采后立即放入盛有38～43℃的温水或温暖保鲜液暖容器中，再把容器与切花一起放入3～4℃的冷库中。使用保鲜液可延长切花湿贮寿命，提高切花品质。湿贮切花的保鲜液可以是预处理液，也可以是适于作整个湿贮期间保鲜的保持液；经过预处理的切花仍置于水中或保持液中。对于乙烯高度敏感的切花多用STS预处理液。在切花湿贮过程中，要保持切花干燥，并保持水质的优质和清洁。切花用水以去离子水或蒸馏水为好。用化学药剂或紫外光照射可控制水中微生物生长，保持水质清洁。用次氯酸钠含量以0.005%为好，时间不能超过数小时，每周换水一次；用硫酸铝以0.8～1.0g/L为宜，3～4天换一次水。用紫外线对水消毒，是较新的消毒方法。见图5-1。

(3) 气体调节贮藏　气体调节贮藏是通过精确控制气体（CO_2和O_2）成分混合来贮存植物器官的方法。通常是在冷库中增加CO_2含量，减少O_2含量，而减弱切花呼吸强度，进而减缓组织中营养物质的消耗，并抑制乙烯的产生和作用。这会使切花所有代谢过程变慢，延缓衰老表5-6。

(4) 低压贮藏　低压贮藏是把切花置于降低了气压、低温的贮室中连续湿空气流供应的环境下的贮藏方法。其原理是在降低了的大气压力，贮藏的植物器官所产生的CO_2和乙烯气体从气孔和细胞间隙中逸出的速度会大大加快，从而很快地降低了组织中气体含量，而且贮室中所有气体的分压也会相应降低。在低压条件下，切花组织中O_2含量降低，乙烯释放速度及含量也低，抑制了切花的生理代谢进程，也就延长了切花的贮藏期。低温贮藏的大气压力为0.53～0.8大气压时，延长贮藏期效果明显。在低温贮藏过程中，会使切花迅速失水，因此要不断地向贮藏室内输送湿空气。此法有待进一步完善。

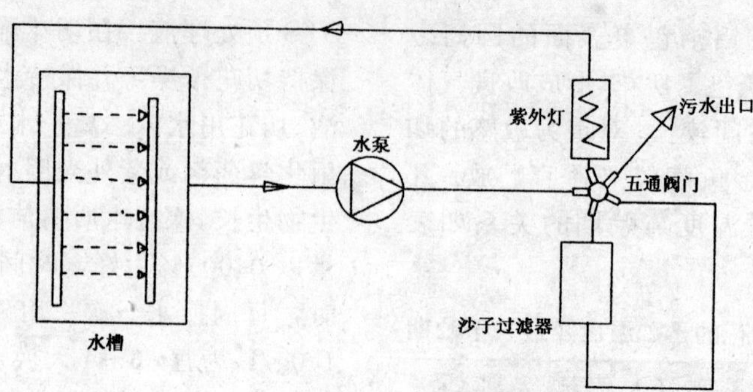

图 5-1 紫外光线消毒设备示意图

表 5-6 几种切花气调贮藏

切花	气体成分(%)		贮藏温度（℃）	贮存期（天）
	CO_2	O_2		
香石竹	5	1～3	0～1	30
小苍兰	10	21	1～2	21
唐菖蒲	5	1～3	1.5	21
百 合	10～20	21	1.0	21
月 季	5～10	1～3	0	20～30
郁金香	5	21	1	10

各　论

6 百合 *Lilium hybridum*

6.1 形态特征及常见品种简介

6.1.1 形态特征

为百合科百合属多年生草本。地下部分具卵球形鳞茎,外无皮膜,由多数肥厚肉质鳞片抱合而成,内部中央有芽。茎不分枝,高 50～150cm。叶互生或轮生,线形、披针形或阔披针形,平行脉,无叶柄或具短柄。花开于茎顶,单生、簇生或呈总状花序;花大型,6 被片均呈花瓣状,平展或反卷;花朵漏斗状、喇叭状或杯状,横向、直立或下垂着生;花色有白色、粉色、红色、紫色、黄色、橙色、淡绿色及复色;东方杂种及麝香杂种常具芳香。蒴果 3 室,种子扁平具翅。自然花期 5～8 月。

6.1.2 常见品种

目前百合品种已达千种,常见切花品种主要分布在以下 4 个杂交组中。

东方百合杂交组 该组百合亲本主要来自于亚洲热带和亚热带地区。抗寒性较差,多数品种花较大,芳香,但该组缺乏红色系品种。

亚洲百合杂交组 该组百合亲本主要来自于亚洲温带及寒温带。该品系抗寒性强,花色丰富,但花朵较小,无香味,大部分为长日照植物。

麝香百合杂交组 该组百合亲本为原产我国台湾和日本的麝香百合或称铁炮百合。该品系全为白色花,花朵横开,具香气,但抗寒性差,多数品种为长日照植物。最近日本育成新铁炮品种,花朵向天开放。

麝香×东方百合杂交组 该组百合亲本为麝香与东方百合,品种较少,但花朵较大,色彩淡雅、又具清香。

国内常见引种栽培品种见表 6-1。

表 6-1 中国引进的主要百合切花品种

杂交系	名称	花色	株高(cm)	生长周期(周)	光敏感性	叶片枯焦	适栽季节
	America	紫黑	110	12	最小	无	春夏秋冬
	Massa	红	120	14	稍高	无	春夏冬
	Napoleon	红	110	14	稍高	无	春夏秋冬

（续）

杂交系	名称	花色	株高（cm）	生长周期（周）	光敏感性	叶片枯焦	适栽季节
亚洲杂种组	Laborage	红	100	10	最小	无	春夏秋冬
	Prato	橘红	125	11	稍高	无	春秋冬
	Simply Red	红	120	11	稍高	无	春夏冬
	Iberflora	红	125	12	一般	无	春夏秋冬
	La Toya	粉	125	14	一般	无	春夏秋冬
	Elite	橘	125	11	高	有一点	春夏秋
	Gran Sasso	橘	110	14	稍高	无	春夏秋冬
	Varianl	黄	130	14	最小	无	春夏秋冬
	Nove Cento	黄	120	14	最小	无	春秋冬
	London	黄	130	14	最小	无	春夏秋冬
东方杂种组	Siberia	白	110	16	最小	无	春夏秋冬
	Starfighter	粉红/白	110	14	最小	无	春夏秋冬
	Star Gazer	红/白	100	16	最小	较多	春夏冬
	Wisdom	白	120	16	最小	无	春夏秋冬
	Mediterannee	粉红	120	14	最小	无	春夏秋
	Widor	粉	115	16	一般	无	春夏冬
	Casa Blanca	白	120	20	最小	无	夏、秋
麝香杂种组	Avila	白	120	16	一般	无	春夏秋冬
	Zeus	白	160	14	最小	无	春夏秋
	White statin	白	130	14	一般	无	春夏秋冬
	Rocoo	白	100	16	一般	无	春秋冬
	Snow Queen	白	115	17	一般	无	春夏秋冬
麝香×东方	Casa Rosa	粉	115	14	最小	无	春夏
	Centurion	鲜肉橘	90	10	一般	无	春夏秋冬

6.2 习性

6.2.1 生长习性

生育期分为5个阶段。特性如下。

萌发期　百合为秋植球根花卉，秋季冷凉休眠期过后在鳞茎基部根盘处生基生根，鳞片内部的芽萌动长成新芽，但一般并不出土（见图6-1）。此为强迫休眠，如为温室栽培，条件适宜，百合将继续生长，进入下一个生育期。

新芽生长与花芽分化期　翌春回暖后新芽迅速破土而出，而在土中的茎段上生出许多茎根，与基根一起有吸收养分的功能。此期花芽开始分化，其分化的时间因品种不同而有差异，较矮生品种花芽分化较早，甚至在新芽刚出土时，花芽就已开始分化；高生种一般花芽分化较迟，株高5～10cm时，多数种类才进行旺盛的花芽分化。新芽长成直立茎后，在其旁将发生1～3个侧芽，每个侧芽从内部周围渐次向外形成新鳞片，并逐渐扩大增厚，形成新鳞茎（见图6-2）。而整个种球外部的老鳞片逐渐干枯脱落。

开花与小鳞茎形成期　新芽约经70～90天的生长期后，花序及花蕾完全发育成熟，开始开花。在此之前，土中根茎部位生出许多小鳞茎，有些种类地上部分叶腋处也可生小鳞茎，地上鳞茎通常称为珠芽（见图 6-3）。

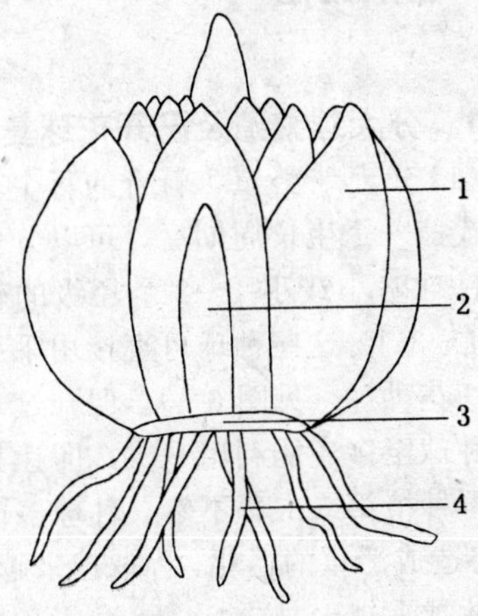

图 6-1　萌发期鳞茎

1. 鳞片　2. 内部新芽　3. 根盘　4. 基生根

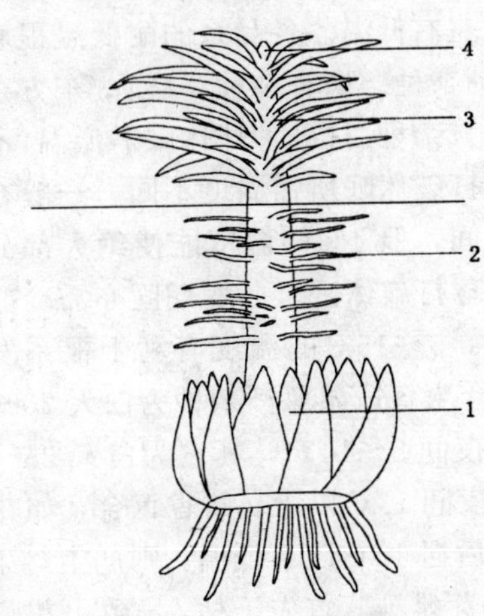

图 6-2　花芽分化期植株

1. 新鳞茎　2. 茎生根　3. 地上茎叶　4. 茎顶花芽

鳞茎生长期　开花后，地上、地下鳞茎迅速生长扩大，约 20 天左右，地上珠芽直径可达约 1cm，成熟后即自行脱落，进入休眠；地下鳞茎侧芽周围的鳞片需充分生长，一般要经 1～2 年才形成新的大鳞茎，这样一个鳞茎种植 1～2 年后，就会生成 2～3 个新的大鳞茎，如此进行大球的更新演替（若应用这种大球作切花种球，种球会严重退化）；与此同时，根茎部位的小鳞茎也快速生长，一般当年长成直径 1～2cm 的繁殖球。

休眠期　花后约经 50 天左右的鳞茎充实生长，花茎枯萎，鳞茎进入休眠状态。休眠期长短因品种而异，一般 80～120 天。休眠期需 4～10°的低温。

6.2.2　生态习性

(1) 温度　不同杂交系对温度要求有一定差异。一般来讲，百合喜冷凉气候，耐热性差。具有一定的抗寒性，最抗寒品种（多为亚洲杂交种）休眠期可耐

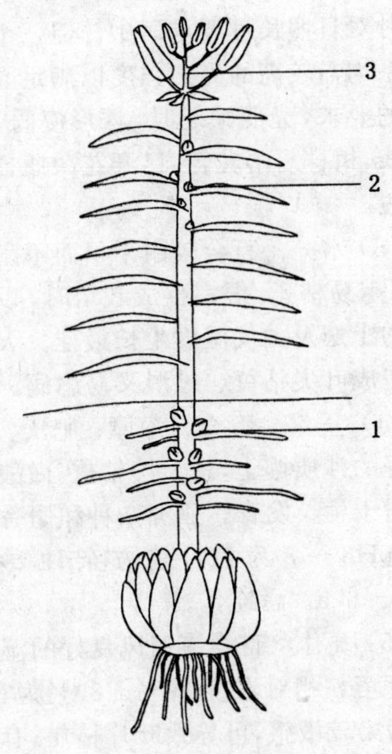

图 6-3　开花期植株

1. 地下小鳞茎　2. 地上珠芽　3. 花序

－30℃左右低温。其它品系可耐－2～－10℃左右低温。各品系的耐低温程度为：亚洲杂种＞麝香杂种＞麝香/东方杂种＞东方杂种。打破种球休眠需低温，不同品种打破休眠所需温度不同，一般在2～8℃间，但4℃的温度能使绝大部分百合种球打破休眠。萌发期间亦需冷凉的气候，5～15℃的温度有利于根系发育。百合生育适温亚洲杂种为白天20～25℃，夜间8～14℃，其它为白天25～30℃，夜间13℃以上。麝香百合，如花芽分化后遇12℃以下低温，则产生"芽枯"（花芽雌雄蕊首先干枯，导致小花蕾不能继续生长，最终干枯）。

（2）光照　不同品系对光照的要求亦不相同，就日照长度而言，亚洲杂种多为长日照植物，东方杂种多属日中性，麝香杂种对日照长度要求居中。但三个杂种品系均需较高的光照强度以满足光合作用的要求，光照缺乏时，株形瘦弱，叶色变浅，植株易落花蕾，已开花朵瓶插寿命缩短。

（3）水分　百合较耐干旱而不耐水湿，水涝易枯死。温室促成栽培时，以略湿润的土壤及大气湿度生长最佳。大气干旱造成叶尖枯黄、过湿又易患病。

（4）土壤　百合喜深厚、肥沃、排水良好的沙质壤土，忌土壤粘重。微酸性土壤适于生长发育，亚洲杂种和麝香杂种以pH6～7为宜，东方杂种要求pH5.5～6.5。忌连作。

（5）气体　百合喜通风良好的湿润空气环境，相对湿度70%～80%为宜。对氟污染较敏感，可导致叶片枯焦。有充足光照时，增加空气中的CO_2会使植株更壮更绿，落蕾机会减少。

6.3 繁殖方法

6.3.1 分大球繁殖及已开花球复壮

（1）分大球繁殖　百合的每个较大种球栽植一个生长周期后，可以分生出比原种球略小或小1～2个径级的较大种球1～3个。这些种球可直接用手掰开再做切花种球（见图6-4）。但开过一次花的种球至多还能利用一次，即让其休眠后再种植第二次。不然，种球多次利用，将造成严重的退化，种球越来越小，花朵数越来越少，抗性也差。这些开过二次花的球（甚至开过一次花的球）可复壮后再应用或掰鳞片扦插繁殖用。

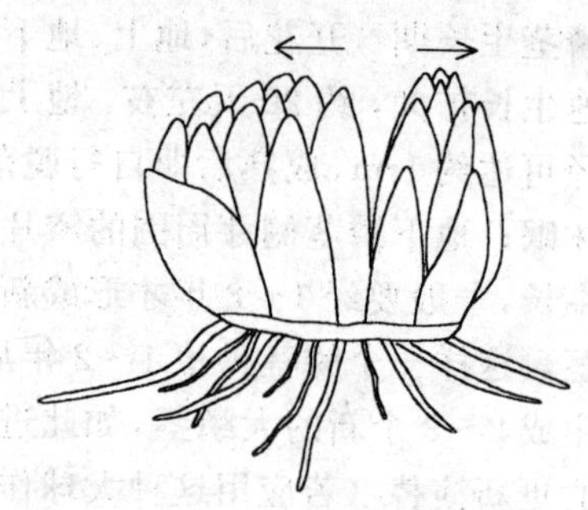

图6-4　大球的分割

（2）开过花球的复壮　一般情况下，百合切花是在花朵即将开放前，从基部剪去了全部茎叶，地下鳞茎不能进行充分的生长发育，所以没有足够的大小和养分产出下茬优质切花。必须复壮后再应用。复壮栽培法基本同子球繁殖法，差异仅在于开过花的球较大，栽植密度要适当稀疏些而已。一般10cm左右周径的鳞茎密度为8cm×10cm或5cm×10cm。

6.3.2 子球繁殖法

(1) 土壤准备

深耕　子球繁殖多采用露地繁殖法。在栽种子球的前一个月深耕土壤或前一年秋天深耕，深度为25～30cm，如为粘重土壤，还需加河沙改良，使其成为疏松的壤土。

消毒　土壤预先消毒将减少生长期间病虫害的发生及防治费用。如前茬作物为百合更要严格消毒。土壤消毒时，1 000m^2用药量为：75％五氯硝基苯1.5kg、65％代森锌1.5kg，50％辛硫磷0.15kg，甲基异柳磷0.2kg。把上述药剂均匀地混在200kg河沙中，拌成药土，然后再拌入表层20cm土中，混匀。

做床　子球繁殖以1～1.2m宽的高床（每两床间留30～40cm步道）或40cm宽的大垅为最佳，排水良好，方便作业。

施基肥　开沟植球后在鳞茎之上撒施基肥，施肥量可比种植开花种球施肥量略少。一般可按1 000m^2施膨化鸡粪500kg（或充分腐熟的堆肥4 000kg），磷酸二铵100kg，充分混均并拌土后备用。如应用未充分腐熟的农家肥要消毒后再用。

(2) 定植

定植时间　沈阳地区定植时间为3月末4月初，生育早期气候冷凉，根系发育好。其余地区可根据当地的气候条件自行决定定植时间，过早有冻害，过迟气候炎热，当根系还未充分发育之前地上部分已出土并旺盛生长，这不利于中后期生长发育。

大垅定植法　第一，在大垅上沿垅长开宽15cm，深10cm左右的沟。第二，植球，如为直径1cm以上的子球，可采用直立点播法，即根在下，芽在上，15cm宽的垅沟植双行，两行交错种植，株距5～10cm。第三，覆上拌有基肥的肥沃土壤。基肥在此时施入为最佳施肥法，因为百合鳞茎之上、地表之下的茎生根，将为百合提供80％的营养，基生根仅占20％，种球之上覆肥，最大地满足了百合对营养的需求。肥料经水淋溶，又会有一部分养分渗入鳞茎之下，为基生根供养。第四，在基肥之上覆土至垅沟平。

高床定植法　在床面上开沟，以沟为行，沟可沿床的长轴开，但一般都沿床宽开沟，10～15cm宽一沟（行），深10cm左右，然后点播子球株距为5～10cm（小球密，大球疏）。施基肥土，最后用土覆上垅沟。如为直径不足1cm的小子球，可不分上下左右方向，直接把小子球撒播在垅沟内即可。

(3) 植后管理

水分　植后充分灌水，但初植时不提倡大水漫灌，仅用水浇灌垅沟即可，当水完全下沉后再覆上一层土保墒。以后当表土下见干就要浇水，盛夏时可采用大水漫灌法，又供水又可降温。但盛夏大雨过后也要及时排水，百合最忌积水，积水易烂根，造成地上部分枯死。

中耕除草　可在播种5～7天后施除草剂，用地乐安，用量每1 000m^2为60～80g，把药剂分成5份，溶于5壶水中，每一壶均匀地喷撒在200m^2植床上，喷完药后，再喷水，使药液浸入地表3cm内。地乐安只能杀死单子叶杂草，其有效期为40天，40天之内不会出现单子叶杂草。出现部分双子叶杂草，可人工去除。

幼苗期可人工进行行间松土，但当

植株根繁叶茂，地表层已有根系发生时，则停止松土。

追肥 当百合出芽、幼叶充分开展后追施化肥，以氮、磷、钾 1∶1∶1 的比例为宜。1 000m^2 可追施尿素 30kg、磷酸铵 30kg、硫酸钾 30kg。分三次施用，一次用肥各 10kg，配成 1%的水溶液浇灌，每次间隔 20 天。

去幼蕾 种植后 2 个月左右，部分小鳞茎将抽生花蕾，应及早摘除幼花蕾，使养分集中使地下鳞茎生长。

起球分级 秋季，植株开始枯黄，此时即可起球，起球时把每棵苗下都深挖一锹，然后用手拿住将枯植株基部，将其轻轻提起，春季栽植的稍大的子球除了子球本身达到开花种球标准外，还会在地下茎部着生部分小子球。要把大球及子球一并捡下。然后分级处理分别贮藏（关于这部分内容请见本章鳞茎的分级与贮藏）。

不能起球过晚，当植株全部枯黄时，植株已不能提起，这时很容易使子球丢失，有时甚至大球也会遗漏在地下。

起球时可用拖拉机小犁，但是许多鳞茎被翻到地下，人工拣球时不得不再次应用铁锹翻找，并且仍有部分鳞茎会被遗漏。

6.3.3 鳞片扦插繁殖

本法为百合繁殖的最主要途径，技术要点如下。

（1）扦插床 在温室地面之上建砖或木围框的高床最好，少量扦插可用扦插箱，但床或箱的高度必须在 15cm 以上（见图 6-5）。

（2）扦插基质 百合扦插繁殖主要

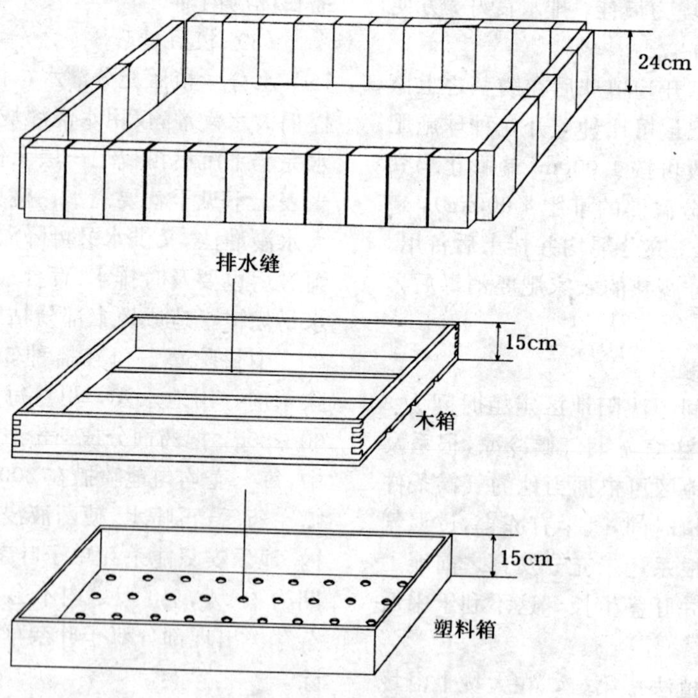

图 6-5 扦插床及扦插箱

靠鳞片本身的贮藏营养供养，所以可用细河沙、蛭石、珍珠岩、颗粒泥炭等做扦插基质。如需扦插小鳞茎留床生长一段，可加壤土、腐殖土和有机肥。基质要充分消毒处理后再用。先在扦插床内放上粗矿石，做排水层，然后再加扦插基质，最上面留 2～5cm 的床沿以利浇之用（见图 6-6）。

(3) 扦插时间　经花鳞茎休眠 60 天后随时可掰鳞片扦插。只要扦插床能控制温度在 15～25℃，周年可以进行。但以深秋温室内扦插为好，此时扦插至翌春小鳞茎已长至 0.5～1.5cm 直径，可移植于室外露地，一个生长季过后小鳞茎可达 5～9cm 周径。再栽培一个生长季，即可成为开花种球。

(4) 扦插所用鳞片　扦插以较充实的中层和外层鳞片为好，一般每个鳞片能产生 2～5 个小鳞茎。内层鳞片小而薄，贮藏营养较少，每鳞片只能产生 1～2 个小鳞茎。中心芽部及周围的薄鳞片可一齐从根盘上掰下扦插，能形成独立大球茎（见图 6-7）。

(5) 扦插方法　把扦插床上部 5cm 厚的基质用铁耙子扒向一侧，然后把鳞片按行距 3cm，株距以两个鳞片相互不重叠为限摆好（见图 6-8），要鳞片基部在下，尖部在上，然后再把扒走的基质覆盖其上，保证鳞片尖端在基质下 0.5cm 左右深处为佳。鳞片尖露出土面也可以。

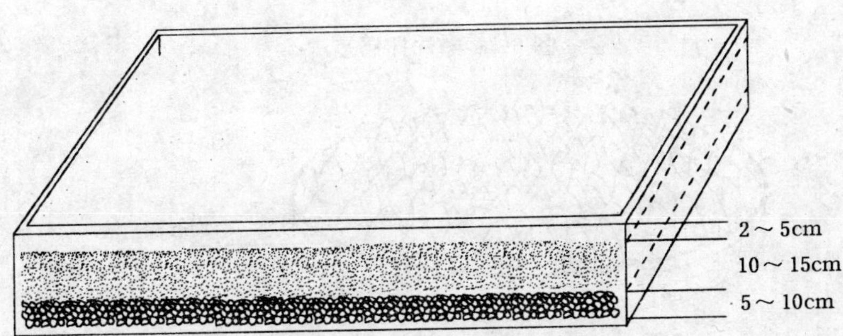

图 6-6　扦插基质的填装

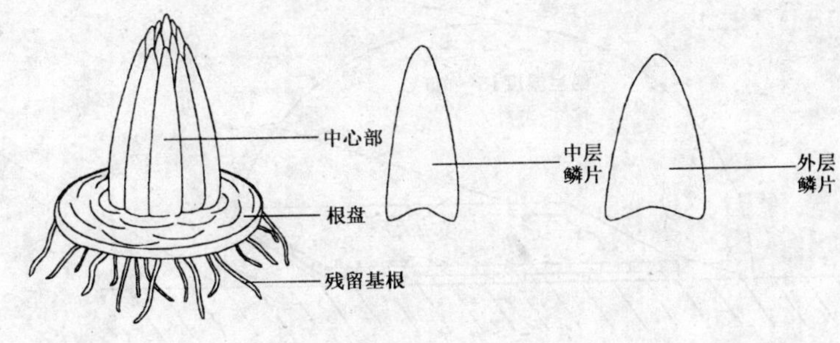

图 6-7　扦插鳞片的分割

如以 30～50mg/L 的 IBA（吲哚丁酸）浸泡鳞片基部 12～24 小时以后再扦插可促进小鳞茎的形成（见图 6-9）。也可把整片鳞片浸在激素中，但浸后要用清水冲洗后扦插。

另一种扦插方法是把鳞片不分上下左右方向，拌在基质中，当鳞片上生小鳞茎后，不待其生根发叶，鳞片接近干枯时，尽快把小鳞茎掰下移栽。

(6) 插后管理　插后要立即透浇一次，以后基质表面见干再浇，忌连续水湿以防鳞片腐烂。温度宜控制在 15～25℃（图 6-10）。对日照无特殊要求。21 天后鳞片基部陆续出现小鳞状突起物，如扦

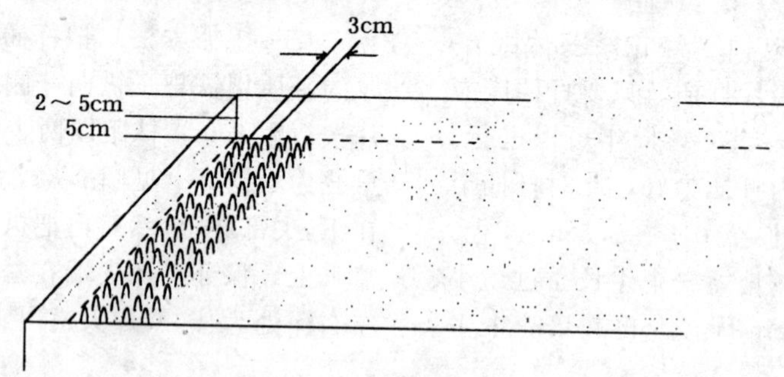

图 6-8　鳞片扦插方法

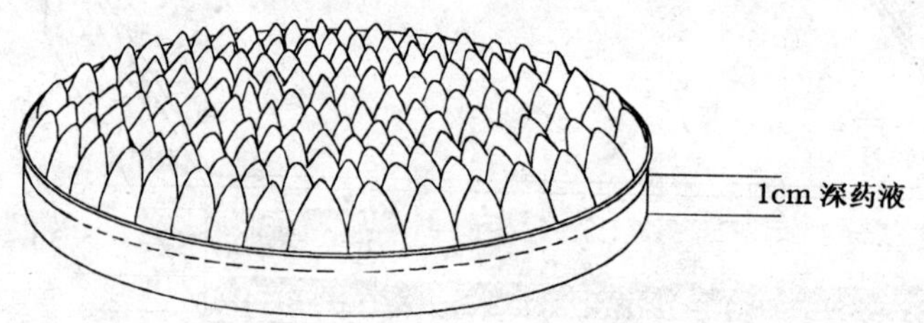

图 6-9　鳞片激素处理

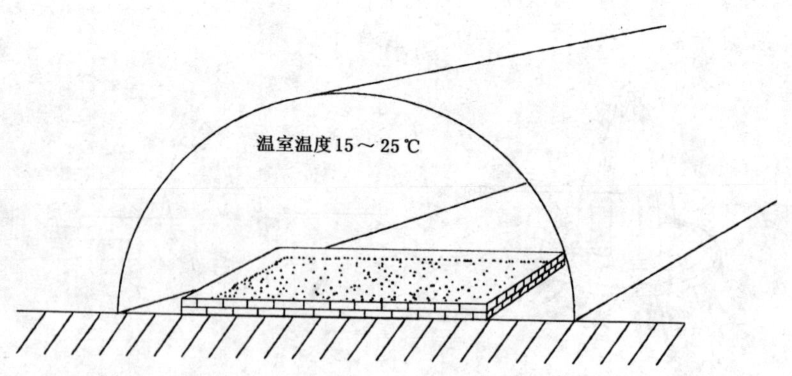

图 6-10　扦插温度

插较深，小鳞茎逐渐长大后先发根而后生叶，如扦插较浅则先叶后根。小鳞茎形成并不一致，有的小鳞茎已达 1cm 直径时，另外一些可能尚在形成之中（见图 6-11）。

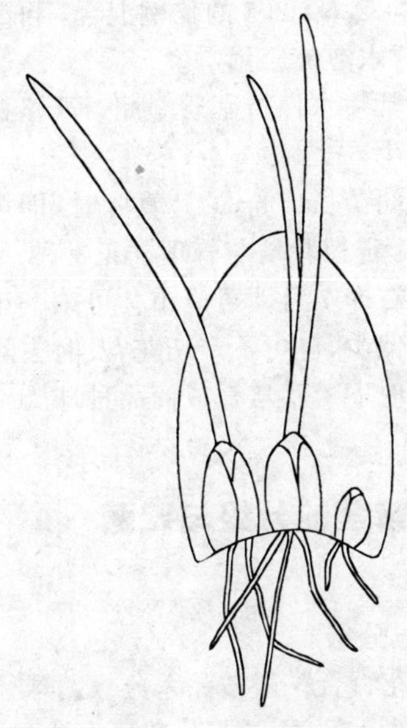

图 6-11　小鳞茎形成

6.3.4　组培繁殖

百合组培比较容易，鳞片、鳞茎基盘、珠芽、叶片、茎段、花器官各部以及根等均可用做外植体而分化成苗，但以中层鳞片的基部为最好，外层鳞片也可，但污染率较高。

培养条件：温度 20～25℃，光照强度 800～1 200Lx，每天照光 9～14 小时。

诱导培养基：叶片、鳞片用 MS＋BA2～3mg/L＋NAA0.1～1.0mg/L；花器官、珠芽用 MS ＋ KT1mg/L ＋ IBA0.2mg/L。继代培养基同叶片诱导培养基，生根培养基为 MS＋NAA0.5～3mg/L。

此外在培育新品种时，也经常应用组培法培育杂种胚。因在多数情况下杂交后的杂种胚与母本胚乳不亲合或胚乳败育，最终导致杂种胚夭折，采用幼胚离体组培可克服这一障碍而使杂交成功。杂种胚培养用培养基与花器官组培同。

6.3.5　播种繁殖

切花百合一般不采用播种法繁殖，但新铁炮可用种子繁殖。从播种到开花约需 8 个月时间。

(1) 播种时间　一般在 12 月初于温室内播种，过晚当年不能开花或花朵数目少，过早花期也不会提早，12 月份播种可在 7 月份开花上市。

(2) 播种基质　河沙、壤土和草炭 1∶1∶1 的比例混合或炉炭渣与腐殖土 1∶1 比例混合，过筛后用福美双和多菌灵消毒。1kg 福美双加 1kg 多菌灵可消毒 500～800kg 基质。把药剂与土壤拌均后即可应用，不影响出苗，对幼苗生长也无不良影响，此法可防治由种子及土壤传播的多种病害。

(3) 播种床　可在温室内做高床做播种床，具体做法见月季扦插床。也可用播种箱或育苗钵播种，在床或箱的下部放粗沙等做排水层，上部放播种基质。基质要低于床或箱边 1～2cm。

(4) 播种方法　先用细眼喷壶充分浇水，浇到盆底漏水为止。然后均匀撒播种子，播种量控制在 $2cm^2$ 左右一粒种子，如 30cm×60cm 的播种箱可播种子 800～1 000 粒。播种后用细筛筛一层约 0.2～0.5cm 厚的细沙覆盖种子，最后，在播种床或箱上盖一层塑料或玻璃板保湿。玻璃板要留少许空隙透气。

(5)播种后的管理　播种床或播种箱要保持18～24℃的温度，并经常检查基质的湿度，见干则用细眼喷壶喷水，使基质保持湿润。约21天左右可出苗。出苗后即可揭去覆盖物，并逐渐给予充足光照，使幼苗健壮生长。

表6-2　切花百合种球分级标准

品系	级别	球周径（cm）	备注
亚洲杂交系	1	>16	
	2	14～16	
	3	12～14	
	4	10～12	
	5	9～10	
	6	<9	繁殖球
东方杂交系	1	>22	
	2	20～22	
	3	18～20	
	4	16～18	
	5	14～16	
	6	12～14	
	7	<12	繁殖球
麝香杂交系	1	>16	
	2	14～16	
	3	12～14	
	4	10～12	
	5	<10	繁殖球
麝香/东方	1	>18	
	2	16～18	
	3	14～16	
	4	12～14	
	5	10～12	
	6	<10	繁殖球

当第一片真叶出现时，要及时进行移苗，以免因小苗过密和基质肥力差影响生长。移苗可用100孔育苗盘或3cm口径的塑料育苗杯，但以直接移入另一苗床中，保持株距4cm×4cm为最佳，因为移入苗床幼苗生长快，并且不需要第二次移植就可以下地定植，而移入育苗杯中，当幼苗生长过大时，需要换大口径的育苗杯移植第二次。移栽基质要求比播种基质肥沃，以河沙、草炭和腐殖土1∶1∶1的比例配合为佳，移栽基质中不必加无机化肥，此时加化肥易“烧根”使幼苗死亡。待缓苗后，幼苗开始生长时，开始追施化肥。并每隔7天一次。追肥用尿素、二氢钾、育苗青和双效微肥1∶2.5∶2.5∶2.5的比例混合，再配成0.5%的水溶液应用。

经常喷水保持基质湿润，严格控制杂草滋生。

当幼苗长出5～6片真叶时，即可做定植苗。定植栽培与管理同正常种。约8个月左右即7月即可应市。可第一年开花数目偏少，也可不产切花，及时去除花蕾，把地下鳞茎培育成商品种球。

6.4　鳞茎的分级与贮藏

6.4.1　分级

切花百合一般按品系分级，球径越大，级别越高，所开花朵数目也越多。各品系分级标准如表6-2。

尽管如此，同一品系内仍有一些差异，选择品种与种球时，需对每个品种的球径大小与花朵数目之间的关系预先掌握。如亚洲杂交系内“America”，1级球开花数大于14朵，2级开花10～13朵，3级8～10朵，4级5～8朵，5级球3～5朵，故5级球仍可应用，同为亚洲杂交系的“Massa”，1级球开花数大于7朵，2级6～8朵，3级4～6朵，而4级以下仅开花1～2朵，只能做繁殖球应用。

一般地讲，冬季栽培宜选大球，夏季栽培可选小球。

6.4.2　鳞茎的贮藏

新掘起的鳞茎必须在限定的时间内

冷冻或冷藏。冷冻的目的是为了较长时间贮藏以备周年生产之需，同时，也能满足百合休眠对低温和时间的要求；冷藏只是为快速打破其休眠状态。具体作法如下：

(1) 冷冻贮藏　鳞茎掘起后放无直射光的冷凉处挑选分级，然后用苯菌特和福美双混合剂的 500 倍液浸 30 分钟消毒（或拌种消毒），沥干药剂，将种球与少量干锯末子或消过毒的草炭混合后装入带孔塑料薄膜袋内直接入冷冻室或放入有孔塑料箱内再入冷冻室。冷冻温度：亚洲杂种－2℃，其它品系－1.5℃（见图 6-12）。

注意事项：第一，必须在 3～5 天内处理好种球入冷冻室，以防种球失水；第二，要在 7～10 天内使冷冻室达到适宜冷冻的温度；第三，冷冻室内箱与箱或堆与堆之间要有一定空间；第四，必须有慢速通气装置保持冷冻室内适宜且一致的空气环流；第五，亚洲杂种冷冻种球一般要在 1 年内用完，东方杂种和麝香杂种贮藏要在 8～9 个月内用完；第六，不能重复冷冻已解冻的鳞茎；第七，在 0～5℃的低温并且无直射光条件下打开塑料袋缓慢解冻，高温解冻会使切花品质下降；第八，解冻的种球要快速应用。1℃的冷藏条件下 2 周内用完，5℃下应在 7 天内用完。

(2) 冷藏　鳞茎自田间掘起后的消毒处理及包装方法同上，然后在 0～－1℃下预冷处理 7 天，再入 0～4℃的冷库处理，不同品种冷处理所需时间有一定差异，但一般为 40～60 天，其休眠即可解除。

注意：冷藏时切不可在采用高于

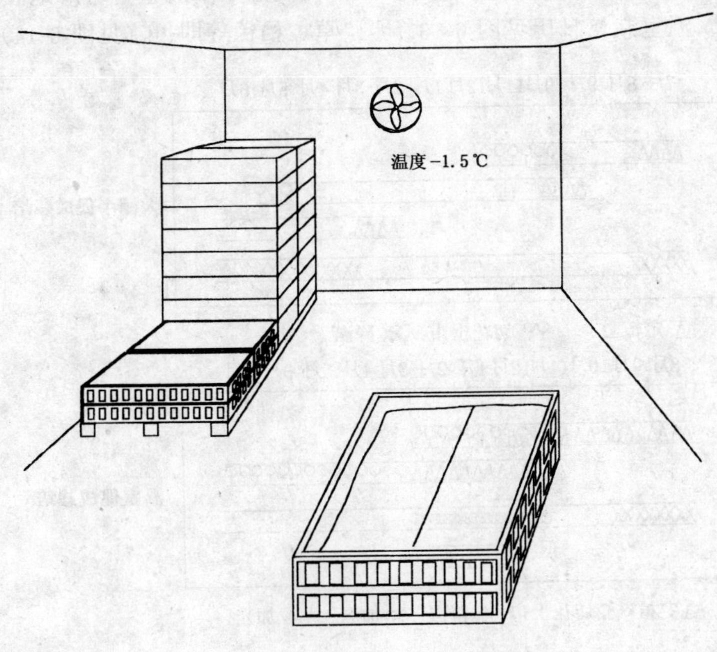

图 6-12　鳞茎的冷冻贮藏

0℃的条件下预冷处理，如冷库温度为0℃以上时，贮藏在塑料箱内的百合种球因田间热和呼吸发热温度会高达10℃左右，易生有霉病，造成种球质量下降。

6.5 栽培管理

6.5.1 切花百合温室控制栽培

（1）土壤准备 主要是土壤深耕(30cm)，施有机肥、调节pH值、土壤消毒，可参见唐菖蒲栽培的有关章节。土壤中亦可混合部分泥炭或珍珠岩，栽植床一般采用1～1.2m宽的高床。

（2）栽植方法 栽植时间 温室内一年四季均可进行，具体时间依切花正常时间及百合的生长周期而定。一般在需花前2.5～3月之前种植，冬季时间需加长10～20天。以沈阳地为例，11月至5月供花，温室栽培日历见图6-13。

栽植密度 根据品种、球茎大小、花朵大小及季节等因素而定，一般冬栽要疏，夏栽要密；亚洲杂种和麝香杂种宜密，东方杂种宜疏。以亚洲杂种为例，一级种球40～50个/m²，二级种球50～60个/m²，三级种球55～65个/m²，四级60～70个/m²，五级65～85个/m²。东方杂种中长萨布兰卡一般为最稀者，一级种球20～25个/m²，其它品种适当密植，如石达开一级种球30个/m²。

栽植深度和覆盖 种植深度一般为种球直径的2～3倍，夏季8～10cm，冬季6～8cm。保证种植深度具有四方面意义：一是防止后期植株倒伏，二是保湿，三是保证有良好的茎根发育，生长中后期茎根可提供80%的养分和水分，四是保证根茎处小球茎的生长。

为防止土壤结构劣化及热量的侵入，高温季节栽植可考虑地表覆盖，用稻草、稻糠等即可（见图6-14）。

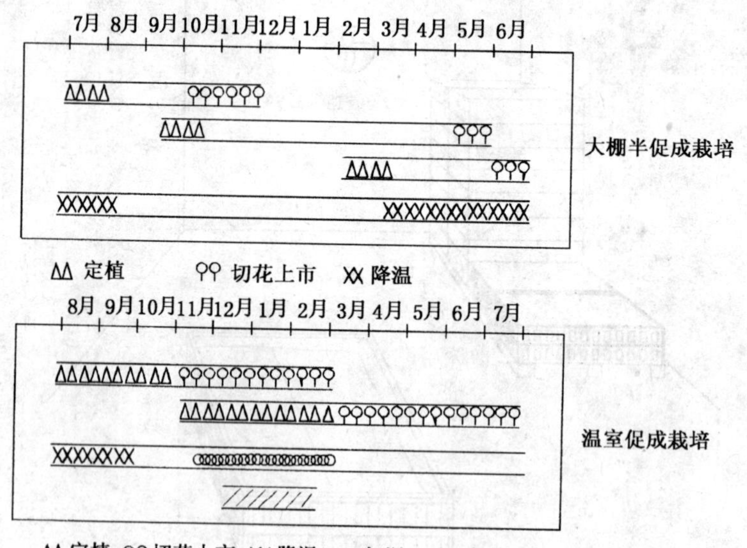

图6-13 沈阳地区百合栽培日历

图 6-14 种植深度及植床覆盖

(3) 植后管理

温度管理 自种植之日起至新茎长出地面约4周左右时间，此期温度要低，以利于良好根系的形成，一般保持温度12～15℃。1/3生长期过后提高温度，以利于百合快速生长之需。亚洲杂种日常管理温度15～23℃为最佳。白天最高可允许27℃，夜间允许8～10℃；东方杂种日常管理温度18～27℃为最佳，白天温度允许升至30℃，夜间不能低于13℃；麝香杂种日常温度15～25℃为最佳，夜间不低于13℃，白天允许升至30℃。温室冬季栽培需加温，夏季栽培要用遮荫、通风、冷水循环等方法降温。若温度过高会使花茎变短，每茎花朵数减少。

湿度管理 在种植前几天就应浇水保持土壤湿润，以用手握土能成团但挤压不出水为宜。浇水的最好时间是早晨和傍晚。要注意灌溉用水的含盐量，其最高含氯量为200mg/L，超过此限会使土壤含盐量大幅度上升而对鳞茎造成伤害。浇水以滴灌最佳，辅之以喷灌。无条件时，大水漫灌要少而勤，以免引起土温剧烈波动。空气相对湿度以75%～80%为宜，要避免湿度的巨大波动，否则会引起植株叶片枯焦。

光照控制 在光照强度较大的夏季，亚洲杂种和麝香杂种需遮去30%～50%的光照，东方杂种遮去50%的光照。光照条件较差的冬季要补充，对光照比较敏感的长日照百合，必须增加日照时数，而对光照不敏感的百合，也要增加日照强度。否则即使其它条件都适宜，百合也不会开花。例如，沈阳地区，初冬11月上旬加草帘保温的塑料温室，种植亚洲百合因无加光设备，虽然夜间最低温度从未低于8℃，但直至翌年3月末才开花，并且有1/3盲花。

补充光强是每10m² 装一盏配有专用反光镜的40瓦白炽灯管。补充光强最好的办法是用400瓦高压钠灯，百合按每平方米5瓦计算，从50%种球萌芽开始，照光至少6周或一直到现蕾为止，每天下午3时开始至晚9时止，保证日照时间12小时以上（见图6-15）。但也应注意，长日照处理虽可使百合在深冬和早春进入市场，但有时花茎短，花芽易落。

气体控制 CO_2 对百合的生长和开花均有好处，空气中 CO_2 浓度达800～1 000mg/L可加速植株生长，提早开花。正常空气中 CO_2 浓度为300mg/L，温室内常低于此值，所以温室要经常通风，使其空气中 CO_2 含量保持在

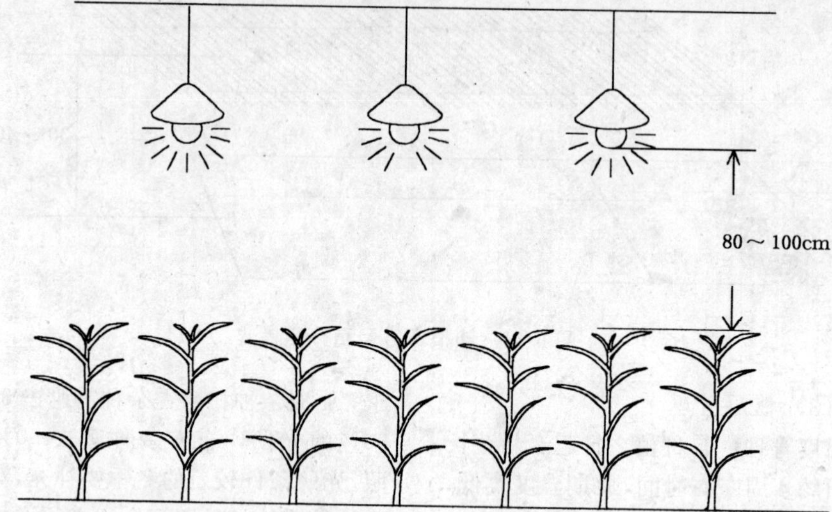

图 6-15　冬季补光

300mg/L。冬季温室不能充分通风，所以加光时，必须同时补充CO_2，不然，光合作用速率仍很低（方法见月季有关章节）。

施肥　一般种植后前 4 周不需施肥，此时为根系形成期，养分由鳞茎提供。生长中后期须追肥，一般多随灌溉水一起施用，15 天左右一次，共施3～4 次，一次有机肥，2～3 次无机化肥，直到切花采收前 14 天止。

无机化肥可应用单一化肥，也可几种化肥配成营养液施用，但要避免硫酸盐与钙盐一起混用，以免形成硫酸钙沉淀。常用百合营养液配方见表 6-3。

中耕除草　生长前、中期可适当中耕，松土除草，生长中后期，百合旺盛生长，茎叶把地表严密遮光，很少有杂草发生。仅在十分需要时才使用化学除草剂，使用次数一年不得超过 2 次，否则对下茬作物有害。

表 6-3　百合标准营养液（单位:kg/m^3 水）

配方	化肥种类	东方杂种用量	亚洲和麝香杂种用量
	硝酸钙	76	69
	尿素	3	3
A	液体硝酸铵	7	29
	硝酸钾	17	22
	硝酸钾	48	51
B	硫酸镁	52	49
	硼酸	0.5	0.5

注：A、B 两种营养液交替使用。

立支柱　温室内植株生长较露地为高，茎也较细弱，因此，一些高生品种生长后期易倒伏，故应有防护措施。可采用拉网法，但现在生产上也有用竹杆固定的，做法是在床四角立木柱，在木桩 80cm 左右高度时，用粗铁线沿床缘拉一围框，其上按百合株行距平放竹杆以固定植株（见图 6-16）。

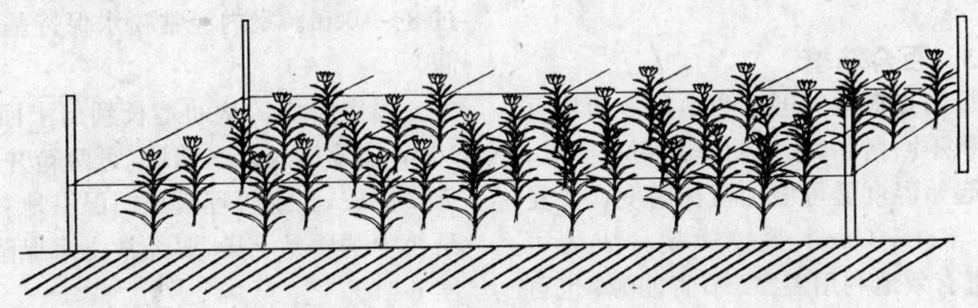

图 6-16 温室百合支撑法

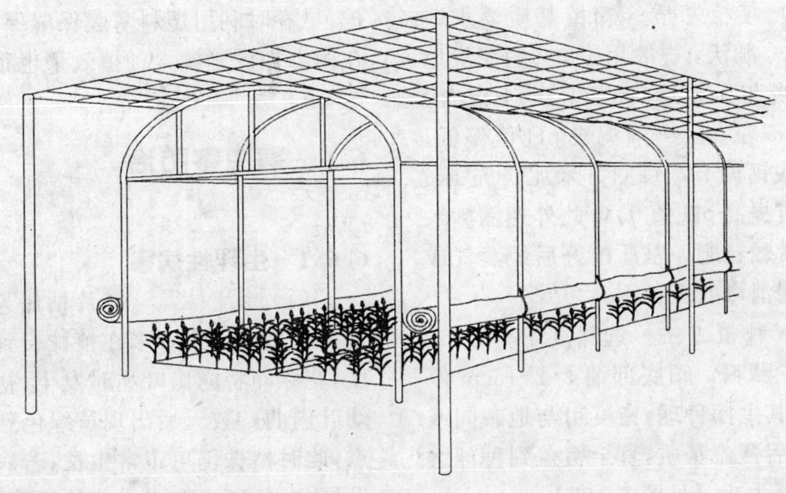

图 6-17 塑料大棚栽培及遮荫

6.5.2 切花百合塑料大棚半促成栽培

大棚栽培的土壤准备，作床方式及水肥管理等基本同温室栽培，此处仅就其特殊注意事项分述如下。

(1) 栽培时间　百合大棚栽培供花期主要为春、秋两季，春季供花可行秋植。秋植必须在严寒到来之前使植株的根系得到良好的发育，沈阳地区一般在十月中旬和下旬栽植。秋季供花则要在较高温的 7、8 月份种植。可利用低温生根室使根系充分发育后转入大棚种植或使大棚降温来满足根系发育对低温的需求（见图 6-17）。

(2) 肥水管理　夏季植株因受紫外线影响，一般较冬季栽培要矮，如水肥缺乏会加剧矮化，因此水肥一定要及时，雨季还应及时排水以防烂根。

(3) 降温　夏季可采用遮阳网，遮阳网一定要用在大棚顶外。此外还要在土壤 45cm 深处每床宽埋 3～4 条塑料管，用冷水来调节地温。

一般地讲露地百合无法控制气体，另外其植株较矮，茎坚韧，不必拉网支撑。

6.5.3 百合箱植

目前在荷兰等国家和地区，箱植百合面积不断增加。箱植能提高切花质量；栽培起始温度低可增加植株高度，使夏季栽培 star Gazer 等较矮品种成为可能；可有效地利用温室、节省能源；也可减轻病虫害的发生。但此法劳力需要量大。

(1) 箱植基质　箱植基质要求疏松、保水、肥沃，一般用100%的泥炭地衣或泥炭与无氟珍珠岩以 1∶1 混合，pH 值 6.5 左右，一般泥炭 pH 值偏低，可加碳酸钙调节，每立方米泥炭施 1kg 碳酸钙可提高 pH 值 0.4；此外还需施入微量元素颗粒肥。基质配好后经蒸气或化学药剂消毒处理备用。

(2) 种植方法　选深度 15～20cm 的塑料贮藏箱，箱底部铺上 2～5cm 厚的基质，其上摆种球，密度可与地栽同或略大，然后覆盖基质，直至覆盖到种球之上 8cm 厚为止（见图 6-18)。

(3) 植后管理　生根室阶段　种植后，直接将种植箱入生根室摆放，摆放方式一般采用十字交叉法双层放置或多层放置。生根室温度以－0.5℃（完全抑制生长）升至 12℃，再到 13℃；摆放时间大约 3～4 周，至幼茎可见长度最大不超过 8～10cm。室内经常喷水保持基质湿润。

温室阶段　从幼茎长到出土面 8～10cm 前分批入温室栽培，可两箱并排成床式摆放，其余管理措施同温室地栽，只是箱中基质易干燥，要经常浇水保湿（见图 6-19)。

如果天气情况许可，从生根室移出的种植箱还可入不加温塑料大棚摆放养护，早春时利用塑料薄膜保湿保温，夏季在棚上加设遮棚，种植效果也很好。

6.6 病虫害防治

6.6.1 生理性病害

(1) 叶片枯焦　叶片枯焦为百合的常见生理性病害，多在植株长到一定高度，花芽即将露出叶丛时发生，初发病时幼叶内曲，数天后出现黄绿色到白色斑点，此时植株仍可正常生长，若病情继续发展，白色斑点转成连片的褐斑，叶片弯曲，再严重时叶丛内的花芽也受害，所有幼叶全部脱落，植株停止发育。

此病病因有四：一是吸水或蒸腾不足引起幼叶细胞缺钙的结果；二是根系发育差；三是土壤含盐量过高；四是温室中相对湿度急剧变化。不同品种对本病

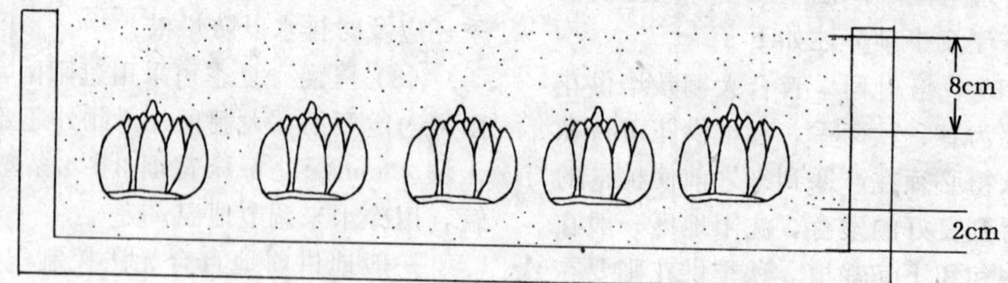

图 6-18　箱植法

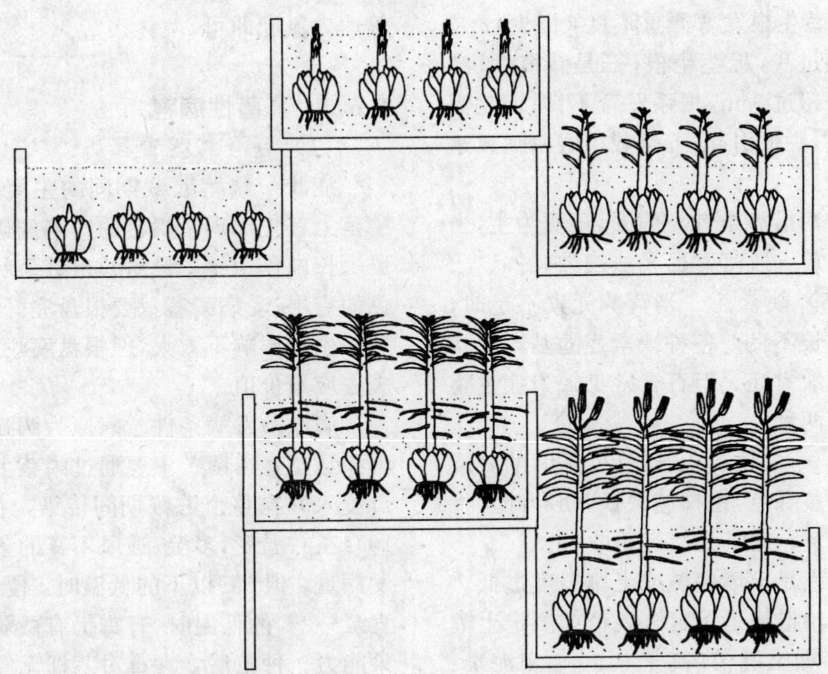

图 6-19 温室内箱植百合的摆放

抗性不同，同一品种大鳞茎较小鳞茎敏感。防治措施是针对病因加强管理，另外要选择抗性品种栽培，如 Casa Blanca，无论栽培管理措施如何也不会产生叶片枯焦病。而 star Gazer 则很易产生，并且鳞茎越大、叶片越易枯焦。小鳞茎植株则相对较轻。

（2）盲花 在植株长到一定高度，叶丛完全展开时，花蕾部位无花蕾着生即为盲花。它是由于花芽分化时期日照长度不足造成茎生长点先端枯萎，无花芽形成所致。

防治措施是在百合花芽分化期给予充足的日照强度和光照时间，尤其是对那些对日照比较敏感的长日照百合品种。

（3）花芽干缩和落花芽 在花芽完全形成至花芽即将开放时都可能发生。如发育早期出现芽干缩，会在花芽形成的叶腋部位出现白色斑点；稍晚，会仅见幼小的绿色的花被片，内部无雌雄蕊，仅有白色膜质物；当花芽长到 1～2cm 时会出现落芽现象。

此病病因有三：一是光照不足时易发生，光照不足，芽内雄蕊产生乙烯，引起芽败育；二是温度低，如麝香百合，当花芽分化后如温室温度低于 12℃时间稍长，则有 1/3 左右芽干缩；三是土壤过分干燥。

防治措施是针对病因补光、加温或灌水。

（4）中下部叶片黄化脱落 当百合生长的中后期，花芽长到一定大小，但仍未剪花之前，植株中下部的叶片黄化脱落。

病因有五：一是土壤肥力不足，通透

性差，茎生根发育严重不良（极少）；二是栽植过浅，无茎生根；三是栽植时，鳞茎出芽超过 3cm，根系发育不良；四是灌水过多，烂根引起；五是栽植过密通风透光性差。

防治措施是针对病因，预防为主，当叶片发黄，脱落时已无法挽救。

（5）缺素症　当营养元素不足时，百合生长不良，各种缺素症的基本症状见月季缺素症。但百合常见缺素症主要有如下两种。

第一，缺铁黄化。幼叶叶脉间的叶肉组织呈黄绿色，植株越缺铁，幼叶叶片将变的越黄，尤其是接近采收时。

病因是土壤偏碱或土壤温度过低。

防治措施是①百合栽植前测定土壤 pH 值，如土壤 pH 高于 6.5，要用泥炭、松针等改土；②生长期追肥多用硫酸铵等酸性肥料；③幼叶叶片发黄时施用螯合铁，一般是把铁螯合到有机化合物 EDTA（乙二胺四乙酸二钠）上（具体操作方法是取 EDTA37.3g，$FeSO_4 \cdot 7H_2O$（硫酸亚铁）27.8g 分别溶在 450ml 蒸馏水中，加热使其充分溶解，然后将两种溶液混合，定容到 1 000mL，做原液，应用时取原液 35～40mL 加水 10kg 喷雾，一个标准塑料温室（600～700m²）可喷药 90～100kg。

喷螯合铁最好在早晚散射光时进行，喷后 1～2 小时，要用清水冲洗。注意不冲洗或用药过量叶片将会产生黑斑。喷药可进行 2～3 次，每次间隔 7 天。

第二，缺氮叶片变浅。整个植株的所有叶片颜色为淡绿色。这在将开花时更明显。植株细长，花芽变少。切花瓶插的叶片很快变黄脱落。

此为缺氮所致，针对病因，追施尿素等速效氮肥即可。

6.6.2 真菌性病害

（1）百合鳞茎青霉病

症状　鳞茎贮藏期间的主要病害。鳞茎上首先出现暗褐色的凹陷病斑，病斑上长白色菌丝，最后长出绒毛状绿蓝色的霉层。受病鳞茎只要根盘完好，对以后的生长影响不太大，但根盘腐烂，鳞茎失去应用价值。

病原及发病条件　病原为圆弧毒霉菌和丛花青霉菌。主要通过鳞茎上的伤口侵入并在整个贮藏期间传染，在 5～10℃左右温度，多湿、透风不良的条件下发病重，但 0℃以下的低温时，侵染慢，直至－2℃的低温时，青霉仍有微弱的侵染能力。种植后，青霉对茎杆无侵染能力，也不从土壤中侵染其它鳞茎。

防治方法　预防措施有①起球时尽量避免伤鳞茎；②鳞茎入库贮藏前消毒（消毒方法见鳞茎的贮藏与分级中的有关论述；③鳞茎混合物尽量应用较干燥的锯末；④鳞茎入库后要保留通风道并尽快降低温度至贮藏最低温度；⑤经常检查贮藏库，尽快种植被浸染的鳞茎。一旦发病又不能及时栽种时治疗措施有①掰掉受害鳞片，重新用 47.2%抑霉唑乳油拌种球消毒后再贮藏。

（2）百合鳞茎软腐病

症状　鳞茎贮藏或运输期间的常见病害。鳞片上首先出现水渍状斑点，以后变为暗褐色，鳞茎逐渐变软、腐烂，表面产生灰白色霉层和黑褐色粉状物，并散发辛辣气味。

病原及发病条件　病原为匍枝根霉（黑根霉）。病菌仅能从伤口侵入鳞片，菌丝体由鳞片伸展到基盘，再由基盘侵害其它鳞片，在温暖潮湿的条件下，2天之内鳞片即被破坏。

防治方法　预防措施有：①鳞茎挖掘时避免损伤；②鳞茎要充分消毒阴干后再贮藏；③贮藏及运输时尽量保持低湿、干燥。发病后则很难治疗。

(3) 基腐病（茎腐病）

症状　即危害贮藏期间的鳞茎又危害生长季节的鳞茎。受害鳞茎基盘及鳞片基部首先出现褐色腐烂，并沿鳞片向上发展。在生长季节除了鳞茎表现如上症状外，还表现在地上部位及地下茎部位。地上茎基部叶片黄化，生长极缓，植株矮小。地下茎部首先出现褐色斑点，以后逐渐扩大并深入到茎内部，使地下茎腐烂。最后植株枯死。

病原及发病条件　此病是由尖孢镰刀菌(百合尖镰孢)茄镰孢以及自毁柱盘孢菌等复合侵染的结果。带病球根和污染土壤是病害的主要侵染来源。病菌通过伤口或寄生昆虫侵染。高温条件下发病加重。

防治方法　预防措施有：①土壤和种球严格消毒；②夏季栽培时，温室及土壤尽量保持较低温度；③销毁严重的病害种球，并对轻度感染种球消毒后尽快种植，消毒可采用50%福美双500～800倍液浸种30分钟或用80%代森锌1 000倍液浸种30分钟。生长季节发病可采用根灌和喷雾结合治疗，但一般也只是控制病情发展和扩大，很难治愈。

(4) 灰霉病

症状　茎、叶和花朵都可受害。病叶上首先出现圆形或椭圆形水渍状斑点，2～10mm 大小，而后变为浅黄至浅褐色，空气潮湿时，病斑上会出现灰色霉层，干燥时病斑变成纸质半透明状，灰色。

病原及发病条件　该病病原为椭圆葡萄孢和灰葡萄孢，有时单独发生，有时二者同时存在。低温、高湿发病重。7天之内将造成毁灭性灾害。

防治方法　预防措施有：①提高冬季百合栽培温室的温度，降低空气相对湿度至75%以下；②百合生长季每隔10～15天喷预防药一次，可用75%百菌清600倍液或灰霉净600～800倍液。发病后的治疗措施有：①及时摘除病叶销毁；②喷施50%扑海因800～1 000倍液；③灰霉净600～800倍液。上面两种药液要5～7天一次，连喷3次。

(5) 疫病

症状　茎、叶、花和鳞茎都可受害，受害部位首先出现水渍状小斑并迅速扩大后腐烂，并产生白色霉层。

病原及发病条件　该病原为恶疫霉和寄生疫霉。在夏季的高温(20℃以上)，多湿条件下发病重。目前，此病不仅见于中国南方，也见于中国北方，但在北方未见造成严重危害。

防治方法　预防措施：①严格土壤消毒；②避免百合重茬，如前茬作物为非洲菊或番茄则此病菌更多，所以也不要同这类作物相随种植；③降低夏季栽培温度及湿度。发病后的治疗措施有：①25%甲霜灵（瑞毒霉）500～700倍液喷雾，10～14天一次，连喷3次；②60%百菌通400～600倍液喷雾，7～10天一次，连喷3次。③80%三乙磷铝500～600倍液喷雾，每7～10天一次药，连续喷3次。

6.6.3　细菌性病害

主要是软腐病，引致贮藏期鳞茎变

软腐烂。防治措施:起球后用甲氧乙氯四汞或农用链霉素消毒。

6.6.4 病毒性病害

主要有百合花叶病、百合丛簇病和百合环斑病。防治措施:(1)土壤消毒;(2)消除病株;(3)用脱毒组培苗繁殖;(4)防除蚜虫等传毒昆虫;(5)用菌毒清、病毒A、植病灵等药剂防治。

6.6.5 线虫病

个别地区有根结线虫发生,防治措施参见唐菖蒲线虫病。

6.6.6 主要虫害

主要是蚜虫为害,防治方法参见唐菖蒲蚜虫的防治。

6.7 切花采收、处理与上市

6.7.1 采收

百合采收一般在清晨进行,10朵花以上者要求有3个花蕾着色,5~10朵者有2个花蕾着色,5朵以下者有1个花蕾着色方可采收。地栽兼营收球时要保留根颈以上5~10cm剪切,下部应有5~10片叶供地下鳞茎生长之用,消耗性栽培可从茎部剪切,留下的种球几日后即可掘出,小球可用做繁殖球,大球令其休眠做种球,但这种种球花茎矮,花数少。

为了供应附近花市,百合的采收可推迟到下部1~2朵花开放时进行,但要及时摘除已开放花朵的花药(保留花丝),以免花粉污染花瓣。

6.7.2 采后处理

因百合品种差异过大,没有明确的切花分级标准,一般麝香百合杂种3朵花以上者即为一级品,其它种类需5朵花以上才有较高的商品价值。

花茎剪下后立即去掉下部10cm茎上的叶子,插入与栽培地同温的温水中,然后根据品种、花色、花朵数目、茎干长度分别包扎成束、每束10支,剪齐花束基部,最后放入冷库中的冷水中吸水(见图6-20)。

亚洲杂种百合可进行预处理,其配方如下:2mg/L 硫代硫酸银 + GA_3 30mg/L,但硫代硫酸银对其它杂种百合有害,故不能应用。

6.7.3 贮藏

百合的贮藏温度为2~3℃,温度过低会影响以后花蕾的开放,但东方杂种Star Gazer贮藏温度以4℃为宜,否则其花瓣易出现褐色斑点。

花茎吸水4~48小时后,每束外包以塑料干贮或仍在清水中湿贮,冷藏时间以不超过7天为佳(见图6-21)。若为干贮,待其叶片和花朵略萎蔫后要重新放入水桶中吸水4~10小时再继续贮藏。

6.7.4 上市

百合切花上市时应装在带孔的特制纸箱里,防止已开放的花朵产生高浓度乙烯促使其它花朵开放。长距离运输要用冷藏集装箱,保持温度2~3℃,包装盒要预冷,并要剪掉已开放的花朵。转到零售商手中后,应再次剪去茎基5cm,去掉部分叶片,插入清水中,置低温环境中出售。

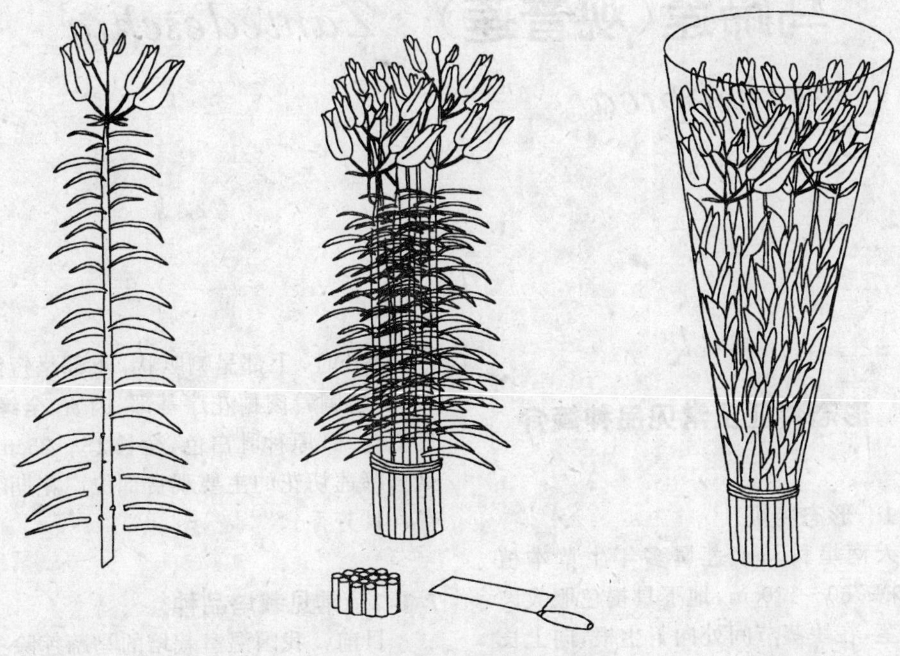

图 6-20 切花修剪及包装

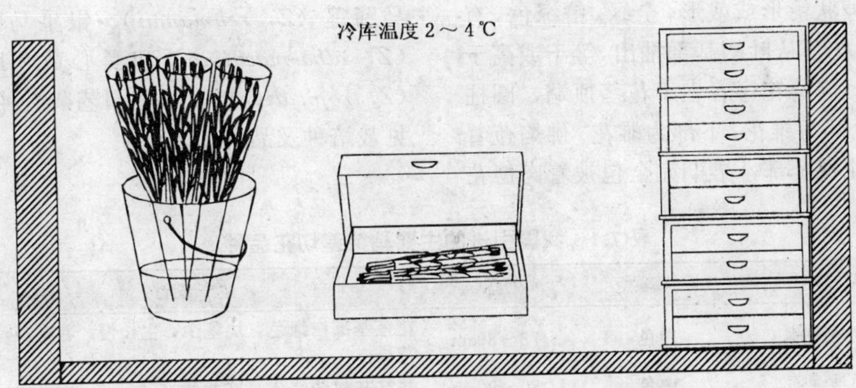

图 6-21 切花贮藏

7 马蹄莲(观音莲) *Zantedeschia aethiopica*

7.1 形态特征及常见品种简介

7.1.1 形态特征

天南星科马蹄莲属多年生草本植物，株高60～120cm，地下具褐色肥大肉质块茎，在块茎节间处向下生根，向上长茎。叶基生，具长柄，一般为叶长的2倍；上部具棱，下部呈鞘状折叠，抱茎生长；叶片卵状箭形或戟形，全绿，鲜绿色，有光泽。花茎从叶柄基部抽出，等于或高于叶丛，肉穗花序着生于花茎顶端，圆柱形，上部为雄花，下部为雌花。佛焰苞着生于花穗基部，早期完全包被着肉穗花序；展开时，上部呈喇叭状，下部呈短筒状，仍包围着肉穗花序基部，肉质，全缘，形似马蹄，原种乳白色，全长15～25cm，是马蹄莲切花的主要观赏部位。花期冬春，具芳香。

7.1.2 常见栽培品种

目前，我国温室栽培的马蹄莲除上述种外，还有近年从国外引进的马蹄莲属的黄花马蹄莲（*Z. elliottiana*）、红花马蹄莲（*Z. rehmannii*）、银星马蹄莲（*Z. alba-maculata*）和黑心黄马蹄莲（*Z. tropicalis*）以及一些园艺杂交种。常见栽培种及品种如表7-1。

表7-1 我国引进的主要马蹄莲切花品种

品名	花苞颜色	花茎长	生长特性
白梗马蹄莲	白色	78～80cm	花茎基部白绿色，块茎少，生长慢，着花多，开花早
红梗马蹄莲	白色	80～90cm	花茎基部紫绿色，开花较晚
绿梗马蹄莲	白色微黄	80～100cm	花茎基部绿色，植株高大，块茎大，开花晚
黄花马蹄莲	黄色	60～70cm	佛焰苞大型，长18cm，叶上有少量白色半透明斑点，花期7～8月，冬季休眠。略耐干旱
红花马蹄莲	红色	30～40cm	佛焰苞小，长12cm；中上有白色或半透明斑纹。花期5～7月，冬季休眠，略耐干旱
银星马蹄莲	白色或淡黄（基部具紫红色斑）	60～70cm	叶片大，具白色斑块。花期7～8月，冬季休眠
黑心黄马蹄莲	各种黄色（喉部有黑斑点）	60～80cm	叶上有白色斑点

(续)

品 名	花苞颜色	花茎长	生长特性
Black Magic	黄色	70～80cm	花较多，色艳，开花时间中等
Florex Gold	金黄色	70～80cm	生长一致，产量较高。开花时间中等
Pot of Gold	金黄色	60～70cm	产量特别高，开花时间中等
Hazel Marie	杏黄色	70～80cm	种球产量高，开花时间较早
Fireglow	橙色	70～80cm	抗病性好，开花时间中、长
Hot Shot	亮橙色	65～75cm	产量较高，开花时间较早
Fandango	深橙色	70～80cm	花型好，开花时间中等
Sunrise	浅橙色	65～75cm	产量高，开花时间中等
Cameo	粉红色	70～80cm	产量较高，开花时间长
Crystal	粉色	65～75cm	产量较高，开花时间长
Pink Persuasion	深粉色	55～65cm	产量高、开花时间早
Soft Glow	浅粉色	70～80cm	产量较高，花大，开花时间中等
Pacific Pink	深粉色	70～80cm	花强壮，开花时间中等
Majestic Red	红色	55～65cm	正浓红色，开花时间中等
Lilac mist	紫红色	70～80cm	产量较高，开花时间中、长
Chianti	紫红色	65～75cm	产量较高，花型好，开花时间中、长

7.2 习性

7.2.1 生长习性

马蹄莲原产南非，现世界各地广为栽培的新品种不断涌现。它既怕寒冷，又畏严热和高温，高温季节地上部分枯萎，地下部分根茎进入休眠，而彩色马蹄莲多数冬季低温期休眠。若温度适宜，马蹄莲可周年开花，但以休眠后再种植的种球开花繁茂。北方做温室花卉栽培花期自11月至翌年5月。切花耐水养，观赏期冬天15～20天，夏季7～10天。

7.2.2 生态习性

(1) 温度　性喜温暖，不耐寒，忌高热。生长期适温12～25℃，高于25℃或低于12℃生长缓慢，切花产量及茎的长度都会降低，高温、低温时间略久，挺叶半休眠，高于30℃低于9℃地上部分逐渐枯萎休眠。0℃时，根茎会受冻死亡。

(2) 水分　马蹄莲喜湿，不耐干旱，但彩色马蹄莲喜略干的土壤。休眠期根茎不耐水湿。

(3) 光　马蹄莲对日照长短的反映不敏感，属日中性植物。但对光照强度有一定要求，较喜光，也略耐荫，冬季如光线不足，则着花少或完全无花并且植株的抗性降低。

(4) 土壤　喜疏松肥沃、腐殖质含量丰富的沙质壤土或壤土。土壤pH值6～6.8为佳。

7.3 繁殖方法

7.3.1 分株繁殖

主花期过后或休眠期过后，将丛生的健壮母株的块茎掘起，根据原块茎大小及芽点多少，把一丛切分成2～3丛(每丛要带2～3个芽点如图7-1)，另行栽种，正常管理，3个月后即可开花。

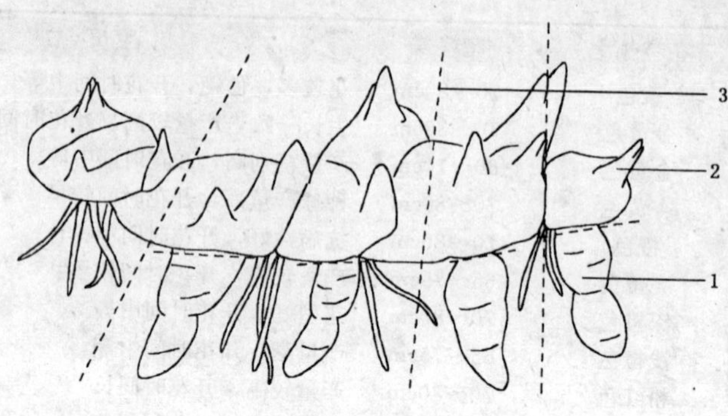

图 7-1 分大球繁殖
1. 子球 2. 芽点 3. 切割线

7.3.2 分子球繁殖

把休眠期块茎掘起，正常分株后，还会切下一些较小的块茎。这些小块茎要露地培养 1～2 年才能做开花球。

秋季封冰前，整地做床，用普通园土栽培子球，子球生长慢，如改用培养基质，则大部分子球当年即可形成开花球。培养基质用珍珠岩（或粗沙）1 份：腐殖土 1 份：泥炭 1 份。此外，种植子球时，每百平方米培养床要施入磷酸二铵 10kg，硫酸亚铁 1kg。做高床或低床均可。

早春，土壤解冻后，尽早栽植种球。1cm 以上子球栽种密度为 10cm × 10cm，深度为 5cm，小于 1cm 子球可撒播，密度在 5cm×5cm 左右即可，覆土深度为 2～3cm。

栽种后要及时灌水，保证充足的水分供应，当植株进入旺盛生长期要追施化肥，每 10～15 天一次，应用氮、磷、钾 1：1：1 比例的完全肥料配成 0.5%的水溶液。

子球亦有高温休眠习性，休眠期要减少甚至停止水肥供应。也可采用 30%～50%的遮阳网降温，或用松针和阔叶树落叶等覆盖物降低土温，保证较长的生长季，有利于子球长大。

生长期如有花茎出现，应及早除掉，使养分集中，供块茎生长。

至秋季或盛夏高热季，地上部分干枯时，起球分级贮藏。

7.3.3 组织培养繁殖

马蹄莲组培繁殖应用的外植体为嫩叶及带芽点块茎。培养条件：光照强度 1 000～1 500Lx，光照时间为 12～16 小时，温度 15～25℃。

诱导培养基：MS＋BA1mg/L＋NAA0.1mg/L

继代培养基：MS＋BA5～10mg/L＋NAA0.2～0.5mg/L

生根培养基：1/2MS＋IBA1～2mg/L

当组培苗根系长到 1～2cm 时，打开瓶口炼苗 2～3 天后上盆，基质用充分消毒过的珍珠岩和草炭土 1：1 混合物。然后将盆放在塑料棚下保湿（相对湿度

90%～100%）保温（温度20℃左右）7天后去覆盖物，正常养护，1年左右，小苗可开花。

7.3.4　播种繁殖

马蹄莲可播种繁殖，但因自然结实率较低，种子不易采到，如行播种繁殖，可选留健壮母株，人工辅助授粉，种子成熟后即可采收。采后即播，发芽适温20℃左右，4周左右幼芽出土，2～3片真叶时移植。在优良的栽培管理条件下，二年能养成开花球。

7.4　块茎的分级及贮藏

目前马蹄莲的块茎无统一的分级标准，一般做切花用种球要求块茎直径在3～4cm以上。但白梗马蹄莲1～2cm直径的小块茎就能开花，而绿梗马蹄莲，要直径在5～6cm以上才能做切花种球。彩色马蹄莲，直径在4cm以上为优等球。一般说来，每个种球要带1～3个芽点，但是，现生产上流行仅带一个芽点的种球。种球越大，生长势越旺，着花数也越多。

马蹄莲植株盛花期过后，六月份天气炎热时，开始枯黄，要减少浇水量，令其干燥，促其休眠。待叶片全部枯黄后，掘起块茎，去除衰老干瘪部分，用清水冲洗或用手清除种球上的泥土。一般不要将大小球切分，此时分球，会使伤面增多，增加了贮藏难度。清洗后将种球自然阴干，然后贮藏。但要避免种球过度干燥，过干，种球组织严重脱水会导致萌发力的丧失。

贮藏前，要进行种球消毒，可用70%代森锰锌可湿性粉剂拌种，用量为1kg70%代森锰锌拌种300～500kg；或用47.2%的抑霉唑乳油拌种，用量为8～10g拌种100kg。然后把种球薄层放在塑料盘或木箱中贮藏。避免堆积存放，如堆积存放，通风不良，易生病菌。

另外贮藏期间要注意温度控制，一般15～20℃的温度条件，80天左右能打破种球休眠，高温则需要时间更长。

如需较长时间贮藏块茎，要放在8～10℃的温度、相对湿度70%的冷库内。贮藏6个月再栽种，切花产量高。一般贮藏期不超过1年，贮藏时间过久，种球亦有大量营养因呼吸作用而被消耗掉，切花产量也会严重下降。

7.5　栽培管理

7.5.1　土壤准备

(1) 深翻　把土壤深翻20～30cm。

(2) 消毒　简易方法是土壤深翻后让太阳暴晒几日，也可用蒸气消毒或氯化苦、溴甲烷、五氯硝基苯等消毒。具体方法见唐菖蒲有关章节。

(3) 做床　一般采用高床，床宽80cm，步道40cm，或者床宽40cm，步道40cm。高出地面10cm，高出步道20cm左右（见图7-2）。

(4) 施基肥　基肥用量一般为每亩温室施膨化鸡粪400kg，磷酸二铵50kg。或消毒过的腐熟农家肥2 000～3 000kg，磷酸二铵50kg。

7.5.2　栽植

(1) 栽植时间　一般品种在立秋过后的8月末种植，11月份至5月份为产花期。各种彩色马蹄莲也可在3月份种植，6 月至 8 月为产花期。如温室条件较好，可春秋种植，四季产花。但四季产花型也仍要让植株在冬季或盛夏有个挺叶休眠期，以便植株得到营养补充和休整，更好地产花。栽植时间与花期日历见图 7-3。

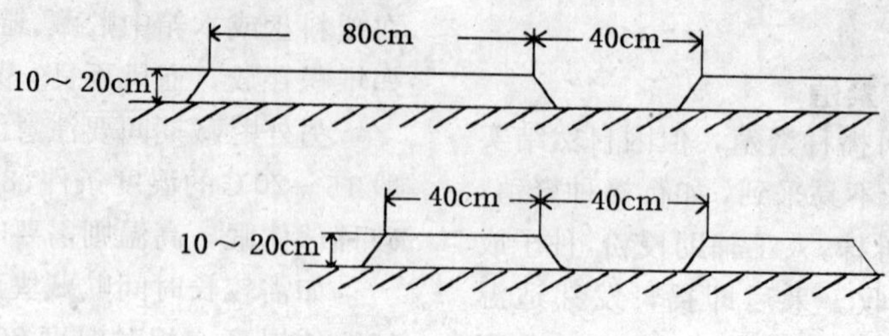

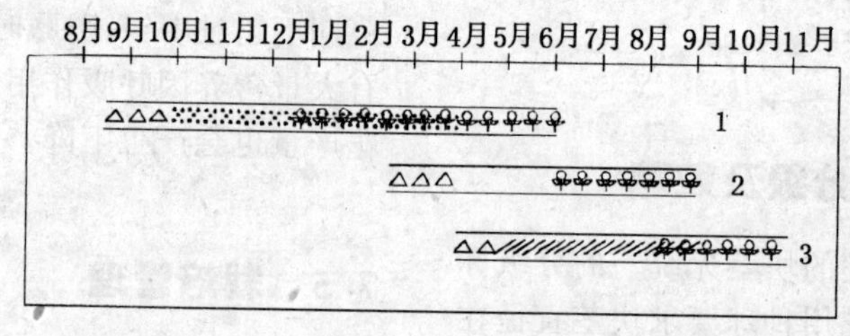

图 7-2　栽培床

8月 9月 10月 11月 12月 1月 2月 3月 4月 5月 6月 7月 8月 9月 10月 11月

1

2

3

△△ 种植　　开花　　遮荫　　加温生长

图 7-3　马蹄莲栽种与产花日历

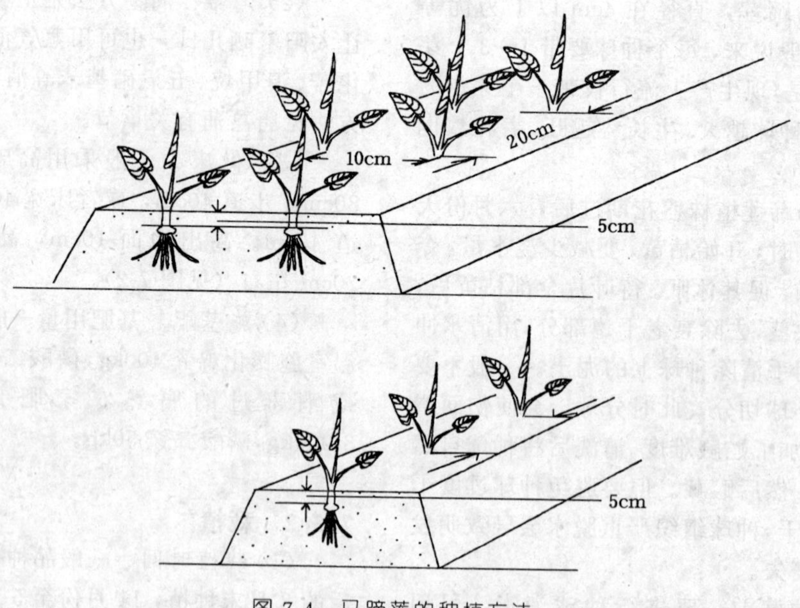

图 7-4　马蹄莲的种植方法

(2) 栽植密度　以4cm一个芽点的种球为例，宽80cm的床可植4行，行距20cm，株距12～20cm；宽40cm的床植2行，株距10cm，见图7-4。前者每平方米(不包括步道)种植约25～40株；后者每平方米（不包括步道）种植约50株。每亩温室约种球量为1.1万～1.7万棵。如果是多芽的种球或大于4cm的种球，要适当疏植。不能种植过密，过密通风透光性不良，易生病虫，产花量也下降。

(3) 栽植深度　冬季覆土深约5cm。夏季覆土深度要在8cm左右。

(4) 激素处理　马蹄莲开花种球种植前如能用赤霉素GA_3，GA_4，GA_7或细胞分裂素BA处理，则有利于花芽分化，促亩产，同时也能使种球发育的更好。赤霉素和细胞分裂素的浓度为50～100mg/L，浸种球10～30分钟，捞出阴干后种植。

7.5.3 植后管理

(1) 水分管理　马蹄莲喜湿，在旺盛生长季节，要经常浇水，使土壤经常湿润。生长环境中的空气湿度也要高，因此，四周地面也要经常喷水。但若用喷灌，则喷湿叶面即可，以防水分在叶鞘中积存，引起腐烂。盛花期过后；要减少水分，以促进其休眠。

(2) 营养管理　生长初期，追肥量要少，如土壤肥沃，可不追肥，但进入花期，要追肥，可无机化肥和有机肥交替施入。无机化肥采用氮、磷、钾1∶1∶1的比例混合，配成0.5%～1%的水溶液随水浇灌，每15天一次，每亩温室一次追入10～15kg，浇灌后马上用清水冲洗叶面和叶基部，以免肥水流入叶鞘引起“烧苗”现象。

无机肥可用腐熟猪粪、鸡粪等，每株下面距根颈5cm处挖坑施入，每株50g左右(一把)。整个生长季可追施2～3次有机肥。

盛花期过后停止追肥，促进休眠。

(3) 温度管理　四季如春的温度（12～25℃）可使马蹄莲周年开花，这在昆明等地很容易实现。可在北方冬季生产需加温，而南方夏季生产需降温。并且如需冬春开花，最好选用耐低温的白花马蹄莲。如盛夏需花，最好选用红花马蹄莲、黄花马蹄莲等较耐高热的彩色品种。

(4) 光照管理　夏季阳光过于强烈时，要适当遮荫，一般可采用30%～50%遮光度的遮阳网。而秋冬春需要较充足的阳光，不必遮光。北方冬季栽培，如能额外补充一部分灯光，生长开花更佳。采用下午放下草帘后连续光照3～5小时效果好。

(5) 剥老叶　在生长开花旺盛期，如叶片繁茂达到拥挤程度时，要及时剥去外部已抽过花茎的老叶片。要从基部剪除。目的是避免叶多影响采光和通风；促进花茎生长。提高产花量。如老叶不多，新叶过于旺盛，内部通风差，花茎少。还可以进行拉叶处理，将叶片轻轻压向四周，使株丛开展。这样再结合合理的水肥措施，就可提高产花量。

(6) 通风　整个温室必须有良好的通风措施，春秋季可采用开前底脚或后窗通风，冬季可采用温室顶部通风，而夏季则需要更强烈的对流通风措施。否则，病害严重，开花不良。

7.6 病虫害防治

7.6.1 真菌性病害

(1) 根腐病

症状　病害发生在根部，表现为腐烂状，地上部分表现出明显的病状。首先植株下部或外侧的叶片变为淡黄色，有时为淡黄色条纹。变色部分很快延至叶柄部，叶片随之萎蔫而下垂，终致整个叶片变褐而死亡。如花能开放，也多畸形或变褐色。如此时拔起病株，大多数根系腐烂。

病原及发病条件　该病原为立查氏疫霉菌，病菌可在土壤和病残体中越冬。连作、排水不良、高温多雨时发病重。

防治方法　发病前的预防措施有：①严格土壤消毒；②避免连作；③栽培土壤要排水良好；④块茎种植前用25%甲霜灵可湿性粉剂按1：500的比例拌种后种植。发病后的治疗措施有：①拔除病株销毁；②用40%三乙磷铝（疫霉灵）可湿性粉剂200倍液喷雾及浇灌挖除病株的根穴。③25%甲霜灵可湿性粉剂500～700倍液喷雾及灌根。④66.5%普力克水剂400～600倍液喷药或灌根。以上三种药剂要连用2～3次，每次间隔10～14天。

(2) 叶霉病（叶斑病）

症状　主要为害叶片。病斑多分布叶尖和叶缘。首先叶尖，叶缘失绿变黄，沿叶脉蔓延形成不规则形的大斑，后期叶背产生墨绿色霉层。

病原及发病条件　该病原为球孢枝孢菌。为弱寄生菌，多侵染衰老叶、花等部位。病菌在病株上越冬。

防治方法　预防措施有：①从无病地收块茎，或块茎用50%多菌灵可湿性粉剂200倍液浸泡30分钟后再种植；②注意排水和合理施肥使植株生长健壮，提高抗病力。发病后的治疗措施有：①摘除病叶，减少病原；②用70%甲基托布津可湿性粉剂1 000～1 400倍液喷雾，7～10天一次，连喷2～3次。

7.6.2 细菌性病害

(1) 细菌性软腐病

症状　叶柄、叶和块茎都会受到侵染。首先叶柄地际部分受害，然后向上侵染叶片，向下侵染块茎。受侵染叶片先端变成暗绿色，进而呈水浸状变黑，有时发生斑点，然后全叶失绿，软化脱落。受侵染块茎变褐色，软化而腐败。最终导致全株死亡。

病原及发病条件　该病病原为欧文式软腐杆菌。病菌在土壤的病残体上越冬，连作、排水不良，高温多湿时发病重。

防治方法　预防措施有：①避免连作；严格土壤消毒；②改良土壤质地，用排水良好的沙质壤土栽培马蹄莲。发病后的治疗措施有：①拔除病株集中销毁；②用200倍液的福尔马林消毒土壤；③用1 000万单位的硫酸链霉素可溶性粉剂3 000～4 000倍液喷雾及浇灌病株根穴；④用77%可杀得可湿性粉剂800～1 000倍液喷雾。喷雾时要喷叶面和植株根际处。连喷3～5次，每隔7～10天一次。

7.6.3 病毒病

马蹄莲花叶病属病毒传染所致。受病毒侵染后叶脉间散布灰白色条纹或圆形斑，叶片变皱，后期坏死，马蹄莲易感的主要病毒有芋头花叶病毒、黄瓜花叶病毒和番茄斑点枯萎病毒。

防治方法　主要是预防为主，采用无毒种球栽培，栽培时注意蚜虫等刺吸式口器的昆虫为害，减少传播途径。如有病株，要及时拔除销毁，用具及手要用70%酒精擦洗消毒。拔除病株后用20%病毒A可湿性粉剂400～500倍液或者5%菌毒清水剂300～500倍液喷雾，连喷3～5次，7～10天一次。

此外，马蹄莲病害还有灰霉病，对花的危害尤其重，防治见百合灰霉病。

7.6.4　主要虫害

(1) 介壳虫

症状及发病条件　在潮湿、通风不良时易发生。成虫和若虫成批集聚于幼叶部及荫蔽、潮湿的茎叶叶背处取食主脉附近汁液。致使茎叶变软、枯萎。同时，介壳虫尤其是康氏粉蚧分泌大量的蜜露，导致煤污病发生，使叶片呈煤烟状。生长更弱。

防治方法　用40%氧化乐果1 000倍液或80%敌敌畏1 000倍液喷雾，尤其要喷及较隐蔽处。

(2) 红蜘蛛

症状及发病条件　在室内通风不良、高温干燥时易发生。栖息在叶背取食，植株受害叶片黄萎。

防治方法　用40%氧化乐果1 000倍液或40%三氯杀螨醇乳油1 500倍液喷杀。或5%唑螨酯（霸螨灵）悬浮液的2 000～3 000倍液或25%三唑锡可湿性粉剂1 000～15 000倍液。

此外还有蚜虫和蓟马，防治方法见唐菖蒲有关章节。

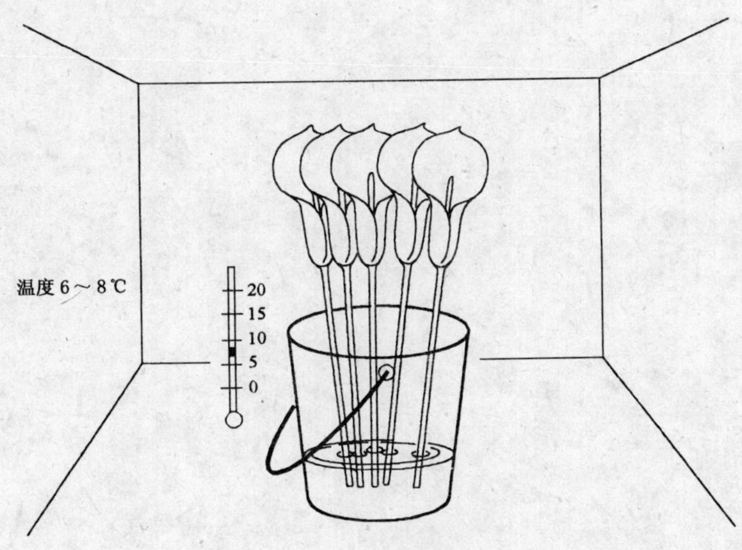

图7-5　切花马蹄莲贮藏

7.7 切花采收、处理与上市

当佛焰苞展开，先端向下倾，色泽已绿转白或露出品种色泽时采收，采收后放在与温室同温的清水桶中吸水 8～12 小时（图 7-5）。

马蹄莲无特效保鲜液，一般仅在水中加杀菌剂即可。在 6～8℃的条件湿贮，或相对湿度 80%的条件下干贮，可保持 7 天。但要经常给冷藏室消毒，以防病菌危害，因为 6～8℃，80%的湿度可使多种真菌生长。

马蹄莲切花运输要把切花分枝包好，然后固定在保湿包装箱内，在 4℃的条件下以干运形式进行。

8 月季 *Rosa hybrida*

8.1 形态特征及常见品种简介

8.1.1 形态特征

蔷薇科蔷微属灌木或藤本植物，落叶或常绿。株高30～400cm，茎上具弯曲的尖刺，个别种类近无刺。奇数羽状复叶互生，小叶3～7枚，卵圆至阔披针形、锯齿缘，托叶较大且与叶柄合生，花生新枝茎顶，单生、丛生或为伞房花序，单瓣花5瓣或为半重瓣及重瓣花，多数种类花具香气。花色有紫、红、玫瑰红、粉、白、黄、绿及复色，花期春秋或四季常开。

8.1.2 常见切花品种

现代月季已非月季原种，而是由蔷薇属十多个原种杂交而成的一个相当大的栽培品系，品种已逾万，主要品系有杂种茶香月季，丰花月季、大花月季、微型月季及藤蔓月季。用做切花的月季品种多出于茶香月季系和丰花月季系，目前世界上切花用月季品种约300余种。做切花用品种要具备以下特征：一是花形优美，初开放时表现为高心卷边状和平头型两类，花瓣数量在25枚以上，花开时直径大于4cm，至花谢时不露心（雌雄蕊部）；二是花色鲜明，花色纯正、明快，瓣质要硬，一般把切花月季分白色、黄色、粉色、红色（包括鲜红、朱红、玫瑰红）和其它（包括蓝紫色和复色系）5个色系；三是切花枝长度要在40cm以上，微型及藤蔓类不能做切花，一些盆栽品种也不适合；四是耐修剪、抗性强，修剪后芽的萌发力要强，产花量要高，每株年产花量要在20枚以上，病虫害要少。常见切花月季品种如表8-1。

表8-1 常见切花月季品种

中名	英名	花径(cm)	花色	切枝长(cm)	年产量(支/m²)	备 注
红柏林	Red Berlin	12	鲜红	50～60	120～140	抗病力强
萨莎	Sacha	9	鲜红	50～60	240～260	生长快，产量高
赛尔斯	Salsa	12	鲜红	55～65	180～200	生长快，抗性强
红胜利	Madelon	11	朱红	50～60	100～120	抗性强，优秀种
第一红	First red	11	深红	60～70	120～140	抗病性较强

（续）

中名	英名	花径（cm）	花色	切枝长（cm）	年产量（支/m^2）	备注
红丝绒	Red velvet	12	深红	60～70	140～160	长势旺，抗病力中等
萨曼莎	Samantha	13	深红	50～60	100～120	抗热
红衣主教	Kardinal	11	鲜红	40～50	100～120	抗病力强
红默西德斯	Red Mercedes	10	鲜朱红	40～50	180～200	少刺，生长旺
玛丽娜	Marina	10	朱红	50～60	160～180	抗热，抗病
卡尔红	Carl Red	12	深红	60～70	130～150	抗热
索菲亚	Saphir	12	粉红	60～80	160～180	长势旺，抗病力中等
索尼亚	Sonia	13	粉红	50～60	120～150	抗病，耐低温
奥塞娜	Osiana	13	柔粉	55～65	150～160	抗病
婚礼粉	Bridalpink	12	粉红	45～50	140～150	长势旺，抗病力中等
女主角	Leading Lady	14	粉红	50～60	140～150	抗病，长势旺
得克萨斯	Texas	12	黄	60～80	150～170	长势旺
波比伦	Popillon	11	黄	60～80	120～140	长势旺，抗病力中等
黄金时代	Golden Time	9	金黄	40～50	140～160	抗病，抗热
阿班斯	Ambiance	11	纯黄带红边	60～70	120～140	长势旺
卡布兰奇	Carte Blanche	11	白	50～60	150～160	抗病
坦尼克	Tineke	14	白	60～70	120～150	抗病，刺少
雅典娜	Athena	12	白带红晕	50～60	120～130	抗病，刺少
桑格拉	Sandora	11	深红	60～80	130～140	生长快

8.2　习性

8.2.1　生长习性

切花月季为四季开花的灌木型花卉，温度适宜无明显休眠期，温度不适宜时呈挺叶半休眠或落叶休眠状态。在长江流域的自然条件下，2月下旬到3月初陆续绽出新芽，从萌芽到开花约需50～70天，5月上旬为第一次开花高峰，如管理得法，可反复开花至7月初，在7月中至8月末高温盛暑期内呈挺叶半休眠状态，9月份温度下降，植株再次形成大量花蕾，10月上旬出现第二次开花高峰，花期可持续到11月初霜，12月份温度下降到5℃以下时月季进入半休眠状态，1月份气温下降到0℃以下则休眠。

尽管月季为多年生木本，但做温室切花栽培时生长4～5年后，植株变高，生长衰弱，切花产量明显下降，因此必须更新。

8.2.2　生态习性

（1）温度　月季喜温暖气候，最适生育温度白天20～27℃，夜间12～18℃，超过27℃则花小，花瓣少，超过

30℃高温，若环境湿度大则易患病害，若环境干旱则易进入半休眠状态；温度超过35℃，即使在高湿环境下也进入休眠态。5～15℃的气温下月季也能开花，但生长极慢，且易形成多瓣的大头花。5℃以下半休眠，0℃以下则落叶休眠，大多数品种休眠期能耐－15℃左右的低温。

(2)光照　本品为喜光中日性植物，不耐荫，对光照强度较敏感，开花对日照长度无严格要求，但如每天光照少于6小时，则生长不良。光饱合点为 3.7×10^4～5.0×10^4Lx。

(3) 水分　生长最适空气相对湿度65%～80%，湿度过大易感病害。喜土壤湿润，怕积水和干旱，积水造成烂根死亡，干旱则落叶休眠。

(4)土壤　月季喜深厚、肥沃、排水良好的壤土，pH5.6～6.5的微酸环境最佳，在沙土和强酸性土壤中生长不良。因其周年生产切花，营养消耗特大，故需不断补肥。

(5) 气体　在空气流通环境中生长良好，温室通风差时易患多种病。因其为喜光植物，当光照充足时加施 CO_2 气体能明显提高光合速率，加速其生长。月季不耐大气污染，大气中的有害气体、烟尘、酸雨均妨碍生长发育。

8.3 繁殖方法

8.3.1 扦插繁殖

为切花月季的主要繁殖方法之一，发根良好的扦插苗完全可以同嫁接苗媲美。

(1) 扦插时间　只要能保证18～28℃的温度条件，一年四季均可扦插，故可根据当地的气温和人为控温条件决定扦插时间。

(2) 扦插床　在温室内或荫棚下用砖、石或木板等垒成30cm高，100cm左右宽的插床，扦插床不能太宽，以从床外伸手够到床中央为度，否则不方便扦插作业，床长度依环境条件而定。床底垫12～15cm厚的碎石、煤灰渣等做渗水层，上面再铺15cm厚扦插基质，即成为透气性良好的扦插床。若冬季扦插，可在床中部、碎石排水层之上铺设电热线，然后再加扦插基质。冬季利用电热温床扦插效果极佳(见图8-1)。也可用花盆、木箱、塑料箱等代替插床，装上基质后利用。

(3) 扦插基质　用纯净细河沙、蛭石、珍珠岩、炭化稻壳或泥炭等做基质，

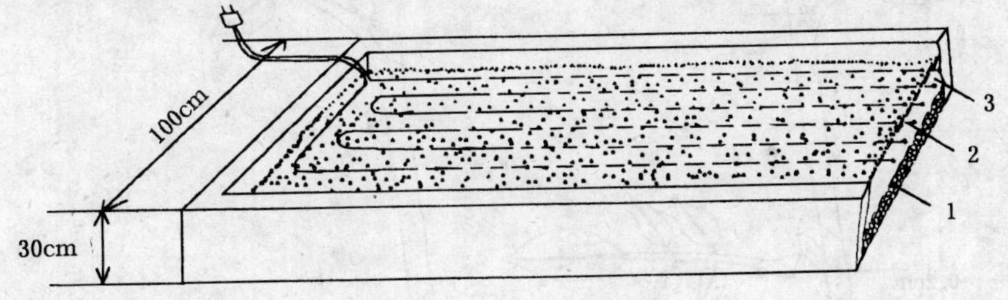

图8-1　扦插床的设置

1. 砾石排水层　2. 地热线　3. 扦插基质15cm

可单用，也可混用，还可加部分壤土。新采购的珍珠岩单用效果不理想，因为很多厂家直接出厂的珍珠岩带有SO_2，要用清水淋洗后再用，如在其中加上1/3～1/2的草炭土，效果更佳。

（4）基质消毒 如采用未使用过的新鲜河沙、蛭石、珍珠岩、岩化稻壳做基质，可不必消毒。如为使用过的基质或基质中加草炭、壤土则必须消毒后再用。消毒药剂一般采用50%福美双可湿性粉剂，用量为1g药处理0.5～1kg基质。把药剂均匀地拌入基质中即可扦插用，福美双对扦插苗生长无不良影响。

（5）插穗制备 接近开花或花朵刚开放几日后的半木质化枝条是最理想的插穗，枝条先端的嫩尖（一般从3小叶复叶处开始至花蕾处）不能做插穗，幼嫩顶尖，扦插成活率极低。长度一般以2节为好，上剪口在第一个芽上0.5cm左右处，剪成平口，下剪口在第二芽下0.2cm左右处，要剪成斜面，用手掰掉下部整片复叶即可（见图8-2）。如果扦插环境条件好，可采用单芽插穗，即插穗上仅有上部芽及一片复叶而无下部芽。若复叶上小叶片过大还可剪掉最先端的小叶片（见图8-3）。

（6）生根激素处理 以IBA（吲哚丁酸）或NAA（α-萘乙酸）50～100mg/L浓度的溶液浸泡插穗基部10～20小时后扦插或以300～500mg/L浓度的溶液浸插穗基部1～2秒后扦插能使插穗提前7～10天生根，同时生根数量多，成活率高。IBA和NAA均难溶于水，所以在配制溶液时要先溶于95%浓度的酒精中，待激素完全溶解后才能加水稀释成所需的浓度。

（7）扦插方法 做好插床，选定扦插时间后再剪插穗，如不用生根激素处理，最好是随剪随插，存放10分钟以上时就要将插穗基部浸在清水中，扦插基质要预先喷水湿润。扦插时要先用木棍在基质上打孔，然后再放入插穗，如基质疏松也可直接扦插。扦插深度为插穗长度的1/3～1/2，密度为3cm×3cm，以插穗上的叶片相互不严密覆盖即可。插后立即浇透水。

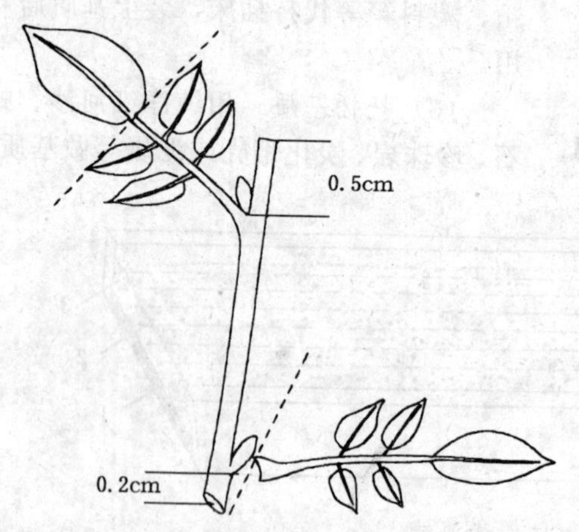

图8-2 双芽插穗

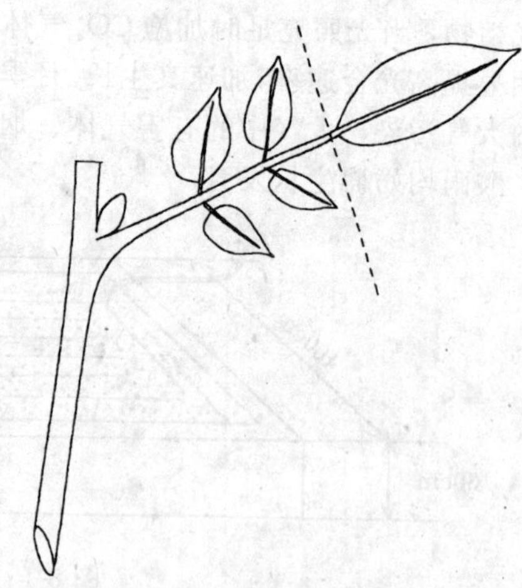
图8-3 单芽插穗

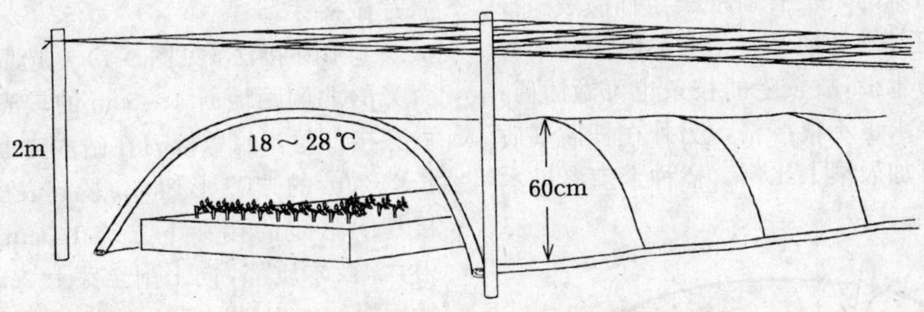

图 8-4　扦插床上方塑料小拱棚及荫棚设置

(8) 插后管理　插后的管理工作主要是保湿和控温。如有喷雾装置可采用间歇喷雾法控湿，否则要在苗床上设塑料小拱棚保湿。方法是用钢筋或竹片沿苗床支起 50～60cm 高的拱架，其上覆盖塑料膜将苗床遮严保湿。棚内空气湿度要保持在 85%以上，基质以不积水，经常湿润为度（见图 8-4）。

小拱棚内温度要控制在 18～28℃，温度过低，生根慢，并且易产生大量的愈伤组织，影响进一步生根，定植后也生长不良。温度过高，插穗叶片很容易萎蔫，造成插穗死亡。

扦插 3～4 周后绝大部分插穗都可生根，此时要渐增日照强度，降低空气湿度，使苗床环境逐渐接近移栽环境。40 天左右时可行移栽。若不及时移栽，插床内营养不良会造成扦插苗根系老化，影响移栽成活率和以后的生长速度。移栽后第一周适当遮荫，经常喷水防止叶片萎蔫，一周后可行正常管理。

如用花盆扦插（见图 8-5），插穗沿盆边以紧密排列为好，间距 1cm。花盆内部则以 3cm×3cm 为好。花盆、扦插箱都要放在温室内的塑料保湿小拱棚内养护。

图 8-5　花盆扦插法

8.3.2　嫁接繁殖

嫁接苗也是切花月季生产的主要苗源，因为嫁接苗承袭了野生砧木抗性强和根系发育好两大优点，因此，生产上应用较多。

但嫁接要求较扦插要高，要求操作人员技术熟练，动作迅速准确，否则成活率低。现将其技术要点介绍如下。

(1) 砧木的准备　蔷薇属的野蔷薇、无刺狗蔷薇等均可用作砧木，尤其是后者既无刺便于操作，又抗白粉病，是理想的嫁接砧木。

砧木的繁殖有播种法和扦插法。扦插法与月季扦插基本相同。因为砧木材料更易生根，故较老的枝条也可做插穗；保湿要求也不很严格，另外在扦插基质中还可加大壤土比例。播种繁殖参见本章 3.4。

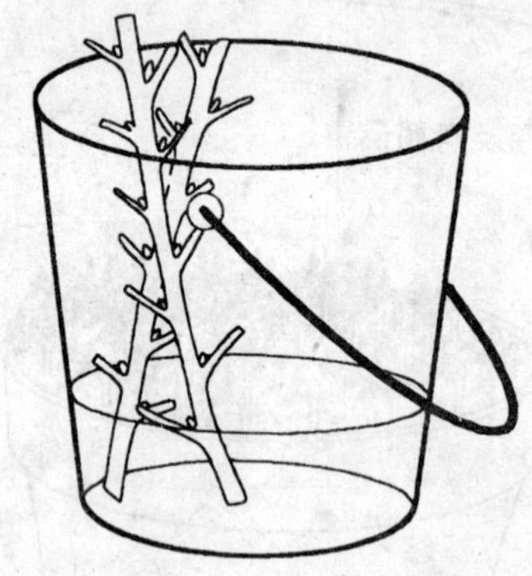

图 8-6　接穗的剪取

(2) 嫁接方法　月季嫁接常用方法是 T 形芽接和芽片嵌接，在旺盛生长季节都可进行。砧木圃地要经常浇水，保持湿润，这样皮层易于剥离，成活率也高。砧木规格以直径 0.8～2.5cm 为宜；接穗选当年萌发的刚开过花的充实枝条，在嫁接前剪取，先剪掉枝端幼嫩部分（3 小叶复叶部分），再去叶片留叶柄，然后将枝条浸在水中或包在湿布中保湿待用（见图 8-6），用时取其中部发育饱满的腋芽做接芽。

T 形芽接法（见图 8-7）　选取砧木背光的北侧距地面 4～5cm 的较光滑处做芽接部位，用嫁接刀在砧木皮上划一长约 2cm 的“T”形切口，撬起表皮，在接穗上选定的接芽下方约 1.3cm 处下刀，深及木质部，向上削至芽上 2cm 处，然后横切一刀，取下上平下尖的舌状芽片，剔除木质部，将芽片插入砧木的“T”形切口内，使二者的上切口对齐，砧木与接芽紧密贴合，然后用塑料条绑紧结合部位，保证牢固和密封，但要露出叶芽和叶柄。约一周后，接芽叶柄脱落，若皮色正常说明已接活，否则可能未活，若时间来得及可以补接。成活后接芽长出 3～5cm 即可去除塑料条，剪去 1/2 砧木，并且随时注意抹去砧木上萌出的枝条，待接芽发育成较充实的枝条时，将接口以上砧木完全剪除，3～5 个月后即可成苗定植。

芽片嵌接法（见图 8-8）先在砧木上自上向下斜切一刀，深及木质部 1～2mm，长 15～20mm，在其下端横切一刀，撬下皮片在砧木上形成一个上尖下平的舌状切口，然后在接穗上接同样的方法切下一大小相同的芽片，芽片要略带木质部，芽位居中部略靠下侧，将芽片紧密贴合在砧木的切口上，用塑料条绑

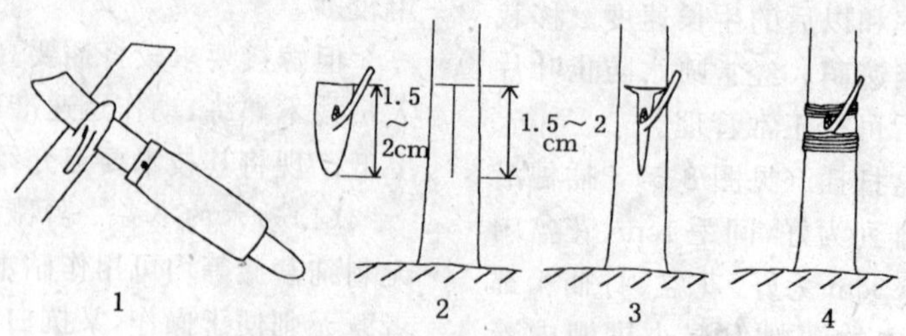

图 8-7　“T”字形芽接法

1. 取接芽　2. 切砧木　3. 接芽嵌入砧木　4. 捆扎

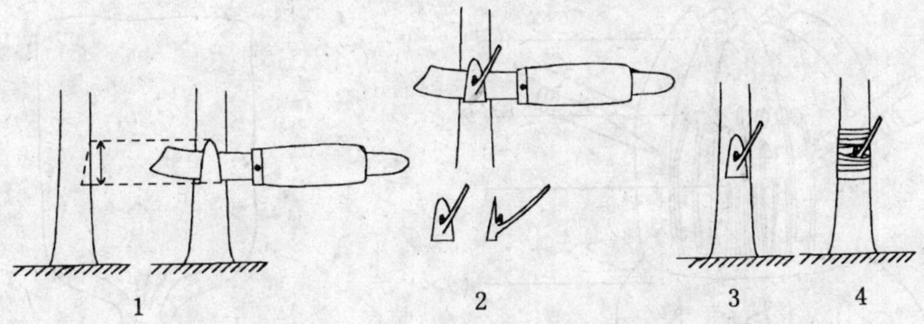

图 8-8 芽片嵌接法

1. 切砧木 2. 取接芽 3. 接芽嵌入砧木 4. 绑扎

紧。余同“T”形芽接。

最近几年有人采取一个砧木上接多个芽，先接后插的方法，其成活率高，效果好。此法砧木要粗，径 1.5cm 以上，长势要好，除在砧木下部接一芽外，在其上每隔 1～2 节再接 3～5 芽，翌春接芽成活后留基部一芽，其余接芽分段剪下扦插。

8.3.3 组培繁殖

月季切花生产中组培苗的应用日渐增多，此法具有繁殖系数大，成本低，栽植后长势好的优点。组培应用的外植体以当年生健壮枝条带一个未萌发侧芽的节段为最佳，枝端嫩芽不易成活。不同品种对培养基的要求有一定差异，但基本上在一定范围内。

诱导培养基：MS＋BA2mg/L（光照 10～12 小时），光强 800～1 200Lx，温度 21℃）。

继代培养基：MS＋BA1mg/L＋NAA0.1mg/L（光照 12～16 小时，光强 800～2 000Lx，温度 21℃）。

壮苗培养基：MS＋BA0.3～0.5mg/L＋IBA0.3mg/L（培养条件同继代培养）。

生根培养基：1/2MS＋IAA1.0mg/L 或 IBA0.5mg/L＋活性炭 300mg/L（培养条件同上）

一般月季壮苗在生根培养基上培养 3 周后可生出 10 余条 1cm 长以上的根，此时可打开瓶盖练苗 2～3 天后入口径 3cm 的塑料育苗杯中，以蛭石或炭化稻壳为基质，用扦插育苗的管理方法进行培育，每周喷施一次 0.1%百菌清杀菌保苗，3～4 周后移入 10cm 口径的塑料育苗杯中，以壤土为基质精心培育，再过 3～4 周即可做定植苗。

8.3.4 种子繁殖

此法用于培育切花月季新品种和砧木。

培育新品种时，先选定父母本。将母本上 3～5 个花朵在花蕾早期（在瓣未显出花朵色泽时）去掉全部花瓣（使子房得到充分养分，有利于子房发育）和全部雄蕊（见图 8-9），然后套上硫酸纸袋（见图 8-10）。过 10 天左右，要每天打开硫酸纸袋观察，当见到子房先端的花柱头上产生粘液时，便可用收集的父本花粉授粉。

收集父本花粉，一般选择即将开放

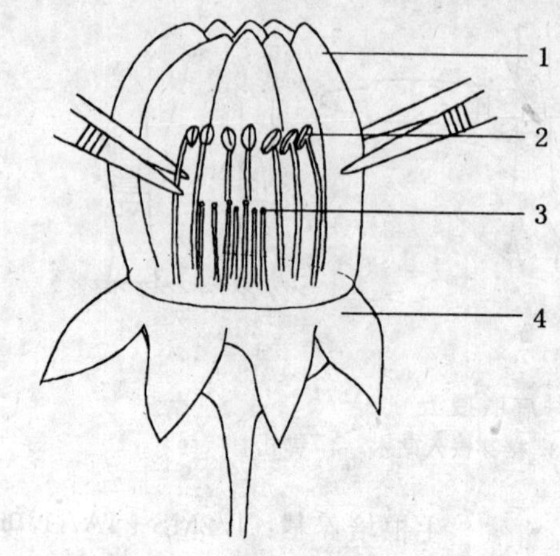

图 8-9　去雄和去花瓣

1. 花瓣　2. 雄蕊群　3. 雌蕊群　4. 萼片

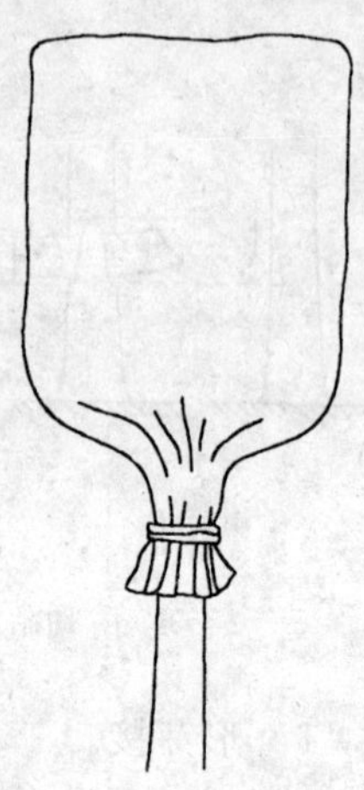

图 8-10　套袋

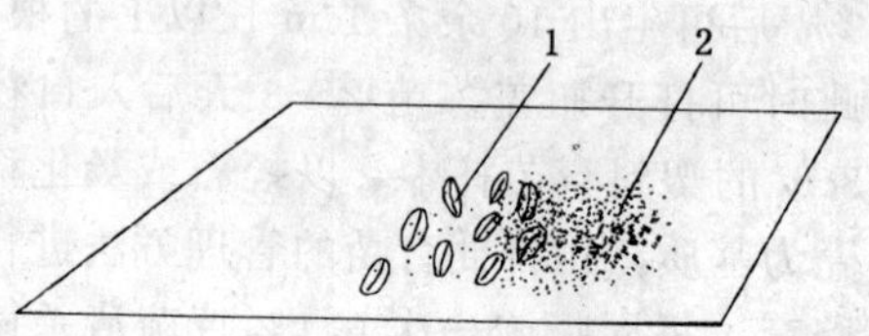

图 8-11　花粉收集

1. 花药　2. 花粉

的花朵，掰开花瓣，用镊子把花药采集到干净的培养皿里或硫酸纸上（见图 8-11），第二天花药会自动开裂散出花粉。8：00～10：00 打开母本硫酸纸袋，用毛笔醮散落的花粉或用镊子夹取花粉（上面仍带有许多花粉）涂抹母本柱头(见图 8-12)，直到见到柱头上有黄色的花粉为

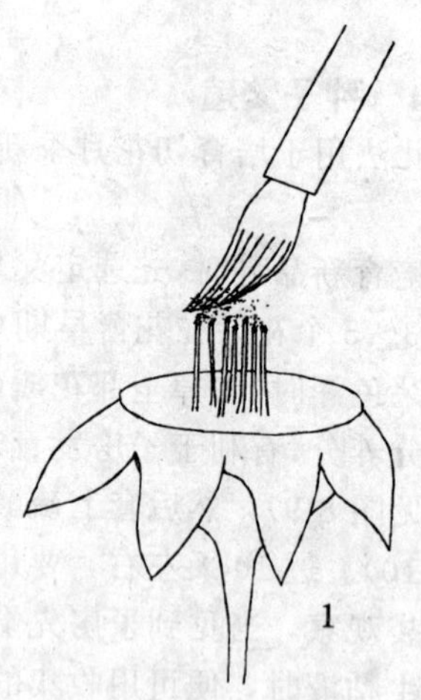

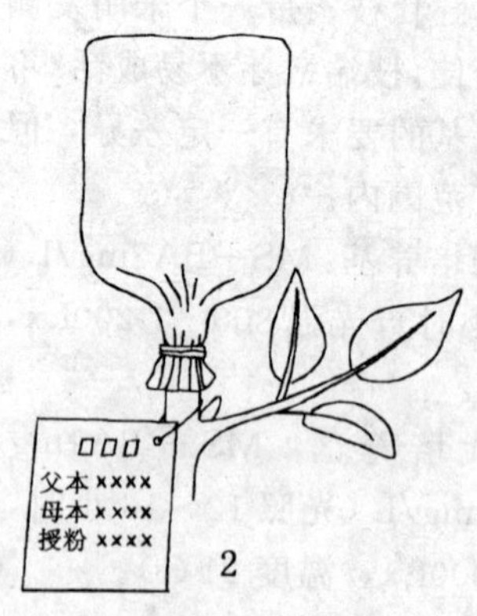

图 8-12　杂交授粉

1. 授粉　2. 套袋、挂牌

止。罩上纸袋，挂上标签，标上母本授粉日期，父母本名称。为提高授粉成功率，可在第二天，第三天再重复授粉1～2次。

授粉后10天左右，柱头干缩，可摘去纸袋，如子房膨大，说明授粉成功。此时更要加强母本水肥管理，多施磷钾肥。如母本上再生出新花蕾均应摘除，使养分集中供给杂交果实生长，至秋末果实呈红色或黄色且上部开裂时即可采收，剥出种子（实为瘦果），严格水选，去掉浮粒，层积在容器内的湿沙中（见图8-13），置1～4℃低温环境下，约2个月后取出室内盆播，幼苗2～3枚真叶时移植培育，一般3～5年可开花，从中选出优良新品种。

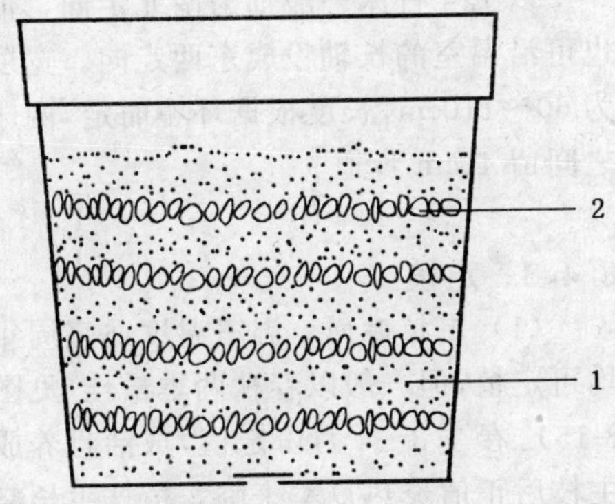

图8-13 月季种子沙藏

1. 湿沙层 2. 种子层

繁殖砧木时，处理可粗放些。花期人工辅助授粉，即将花粉涂抹在子房上。秋天采成熟果实堆放数日后，捣碎果实，洗出种子，用湿沙（以手握成团但不出水为度）3份，种子1份混匀后堆放在1～4℃的室内，也可室外挖沟堆藏，注意通风保湿，至翌年早春播种，南方可采后清洗出种子即播于地床中。

8.4 栽培管理

我国地域辽阔，气候差异较大，各地区生态条件不同，在南方切花月季栽培一般为秋、冬、春生产型，炎热的夏季为月季的休眠或半休眠季节；北方则多为春、夏、秋生产型，寒冷的冬季为其休眠季节。无论南北方多以温室栽培为主。

8.4.1 土壤准备

切花月季一旦栽植，即要维持4～5年，其根系在土壤中扩展的深而广，能达80cm甚至100cm深。因此对土壤的要求较高。国外多采用带底栽培槽栽植，槽内装严格消过毒的营养土，或清除地表40cm左右土壤，铺设绝缘层后再放置营养土。目前我国除一些大公司外，很难实施此种措施，多采用深翻土壤，多施有机肥，严格土壤消毒三大措施来准备切花月季栽培用土。一般在定植前1个月改良土壤备用。

根据原土壤的肥沃程度和结构决定土壤改良措施，改良后达到深厚（至少30cm）、肥沃（硝态氮20～30mg/100g干土）、微酸（pH5.5～6.5），达切花月季用土标准。

以一般壤土为例，要求每100m^{2}施入膨化鸡粪60kg，草炭1m^3；或者充分腐熟的牛粪、猪粪等100kg。有条件者还可加入适量的锯末子、稻壳子等。

如果土壤偏粘，除了上述肥料外，还要加河沙、珍珠岩等改良土壤结构。

将上述物质均匀地撒在做床土壤表面，然后深翻30cm，使它们与表土充分混合后备用。

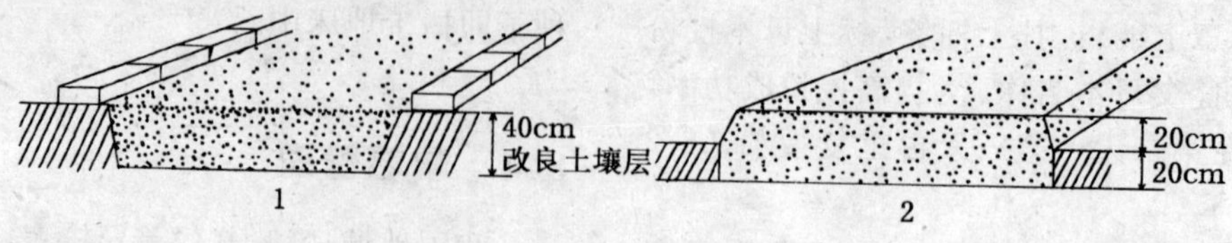

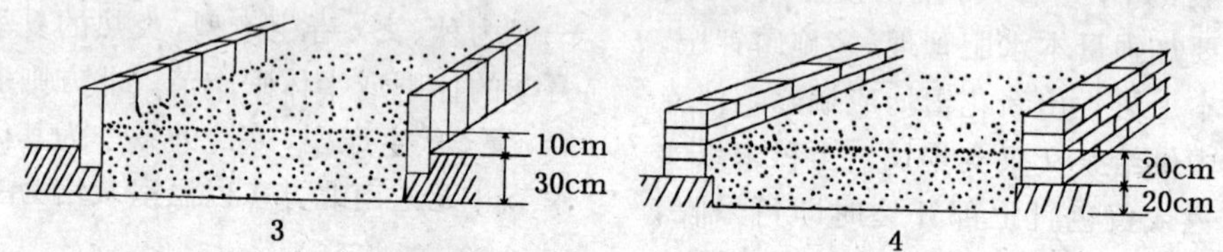

图 8-14 月季栽培床

1. 低床 2. 高床 3. 半高床 4. 槽式床

8.4.2 栽培床的建造

切花月季的栽植床一般有如下 4 种（见图 8-14）。

(1)低床 又叫低畦，优点是浇水方便，占用空间少，这对高度较低的日光温室来说，是很重要的。但是地温较低，排水不良。

(2)高床 又叫高土畦，优点是排水方便，地温较高。

(3)半高床 又叫简易槽式床，优点是具有槽式栽培特点，又简单易行。

(4) 槽式床 用砖在地面之上砌成槽（不必抹水泥，否则通透性差），槽上设低位喷灌。它具有高床的特点，管理又方便。

以上 4 种床一般都为南北走向，但也可沿温室的长轴设成东西走向。宽度为 60～110cm，长度根据环境而定，两床之间留 40cm 步道。

8.4.3 定植

(1) 定植时间 温室温度适宜周年均可定植，但一般以春秋两季最佳（见图 8-15）。春季 3～4 月份定植，成活且养成主枝后正值炎热夏季来临，植株生长略

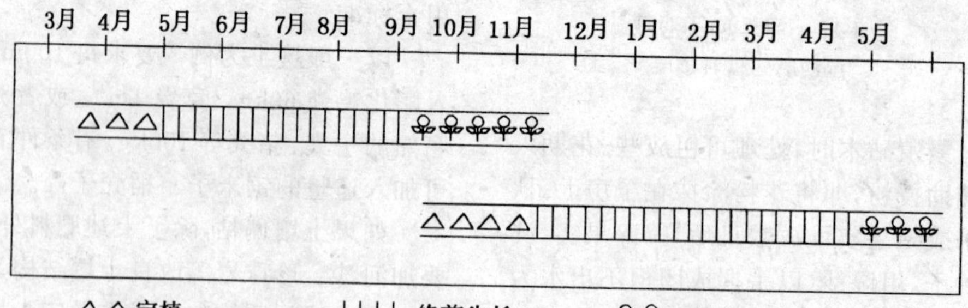

图 8-15 定植时间与供花时间的关系

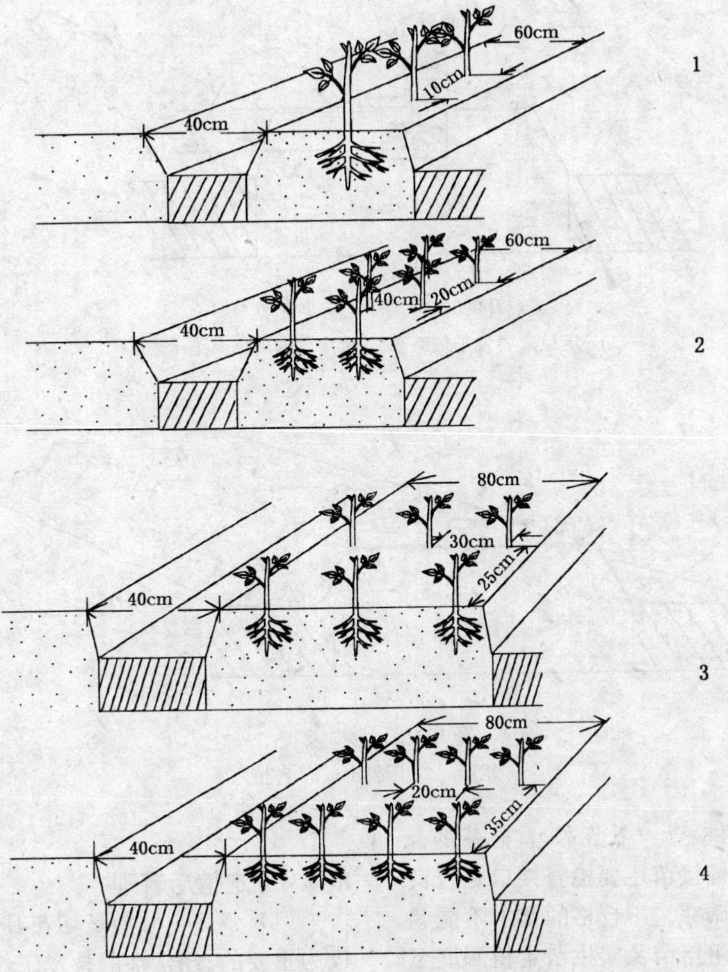

图 8-16 定植密度

慢，可不令其产花，维持营养生长，至 8 月末天气渐凉时，令植株孕花枝开花。秋季定植，在寒冬到来之前幼苗根系充分发育后能养出粗壮主枝，冬季让其休眠，温室不必加温，可扣塑料膜，其上加盖草帘不必揭开，加稻草等覆盖落叶幼苗，使地面温度保持在 0～－10℃，翌春二月中下旬开始加温，至 4 月末 5 月初可批量采收切花。

（2）定植密度 根据栽培床的宽度可选用双行式、三行式或者四行式。行距 30～40cm，株距要根据品种的开张程度及行距的大小可选用 20～40cm（见图 8-16），这样可以使直立型品种密度达 10 株/m^2，开张型品种 6～8 株/m^2。一个标准塑料温室（6 至 7m 宽，100m 长），植苗 4 500～5 500 株。

（3）定植方法 按设计好的株行距拉线定点，然后挖种植穴栽苗，种植穴要大于根系，以免"窝根"（即苗木根系卷

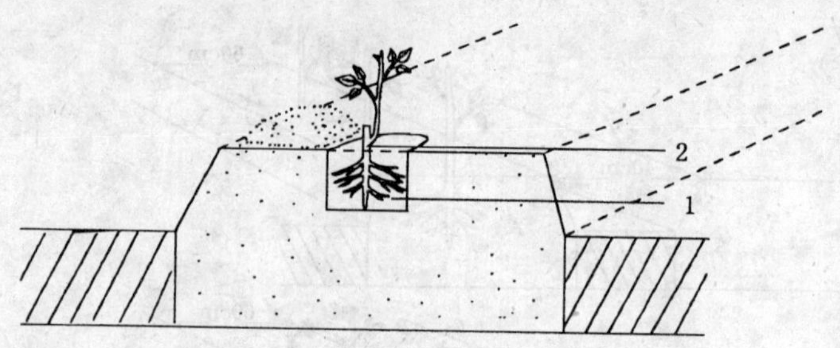

图 8-17 嫁接苗定植法

1. 定植穴要大于根系 2. 嫁接点露出床面 1～2cm

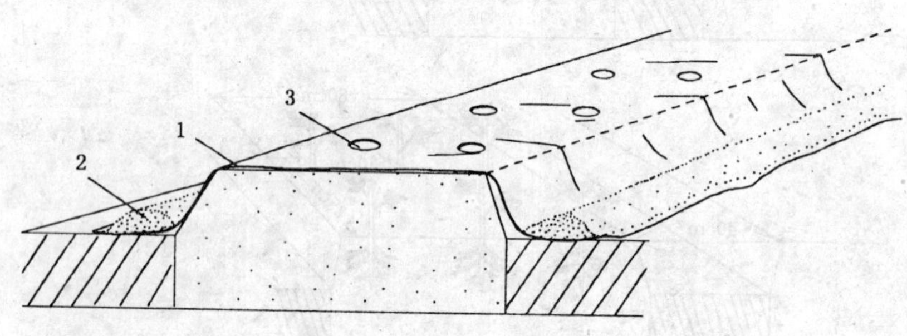

图 8-18 地膜栽植

1. 地膜 2. 压膜土 3. 种植穴

曲)”，栽植时检查一下苗木，看根系是否良好，如为嫁接苗还要检查接口是否良好，并去除砧芽。不合格的苗木不能栽植。扦插苗、组培苗及实生苗定植深度至原露土根颈之上，嫁接苗应将嫁接部位露出土表 1～2cm，并略培土至嫁接口处，防止接穗产生自生根（见图 8-17）。定植后马上浇透水一次。

如为冬季或早春定植，定植床上还可以覆盖农用地膜，地膜能保温保湿，还能防止杂草滋生。在整地做床消毒之后即覆盖地膜，然后在其上定点打孔种植(见图 8-18)。定植初期控制温度，温度在 5～15℃，有利于根系发育，一个月后再使温度上升到 20℃以上。

8.4.4 定植后管理

(1) 修剪 修剪是切花月季生产中极为重要的、经常性的技术工作。通过修剪养成主枝、花枝，并调节树势，改善通风透光条件，保证月季植株旺盛生长并可切取大量切花（与月季修剪有关的一些专业名词见图 8-19)。修剪工作主要从以下几个方面进行。

一年生幼苗的整枝与修剪 即主枝的养护。幼苗定植后，为使其根系发达，多发旺枝，扩大树冠，先不要让其开花，而以养枝为主。实际操作是：当由接穗直接生出的枝条现蕾时，摘除花蕾及其全部的 3 小叶复叶节间，令下部的叶腋发

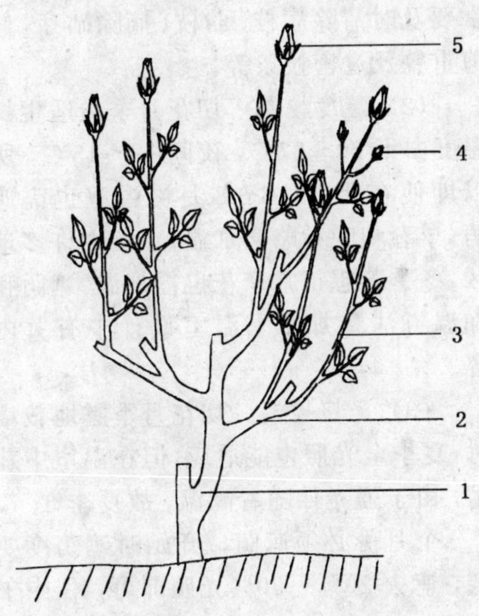

图 8-19 切花各部位名称
1. 母枝 2. 主枝 3. 切花枝
4. 侧蕾 5. 顶蕾

出新枝，从中选留 3～5 个粗壮枝条做主枝。如第一次摘心不能选出足够的主枝（多数品种仅发 2 个枝），可第二次摘心补选，个别品种甚至需 3 次摘心才能选育出 3～5 个主枝。选做主枝的枝条亦不让其枝顶开花，待其现蕾时再摘心，即去掉花蕾及其下部的全部 3 小叶节间，使主枝中下部的叶腋萌发抽枝成为开花枝或称切花枝。

切花枝的养护与修剪　切花枝越大质量越好，因此主枝上抽生切花枝后要经常检查，及时去除其正萌发的侧芽与侧蕾，保证花枝健壮生长与顶蕾的发育。剪取花枝时，一方面要尽量长剪，使切花枝有足够的长度；另一方面也要考虑再次发枝的需要，所以一般要在花枝基部 3～4 节之上剪取，留下的几节可再发新枝。但若开花枝偏短，而原有主枝较长，主枝上又有较旺盛的花枝或叶芽，则此较短花枝可从基部剪取，若其着生在主枝顶端，还可略剪下一段主枝。一个植株上同时留多少开花枝要根据植株大小、长势和种植密度而定，最多可留 10～12 枝，一般情况下留 3～8 枝。

辅养枝的修剪　由接穗上直接长出的枝条常有弱枝，其直径不足 0.4cm，不能做主枝。由主枝上长出的较弱封顶枝，如果整个植株长得很健壮，则可将它们从基部去除，否则，就摘除其顶芽和侧芽，只保留叶片使其为植株供养，这些枝条即为辅养枝。

二至多年生植株的修剪　二至多年生植株除了正常的切花枝养护外，还存在特殊的修剪方式，亦即休眠更新修剪。盛夏切花用量小，价格低廉，由于高温，即使产花，切花花朵亦小，品质也差，如果温度高于 35℃，植株自动进入挺叶半休眠状态。因此，有必要对植株进行休眠修剪，使其产好秋冬季节切花。

盛夏休眠修剪，一般不采用剪去大部分枝条的短截法，这样容易造成植株严重地生理失调，易发生根部萎缩，基部新芽生长的极慢，也较弱，甚至会造成植株枯死。现多采用折枝法（见图 8-20），具体操作方法如下：在距地面 50～60cm 高度需要短截处不截断枝条，而做弯曲

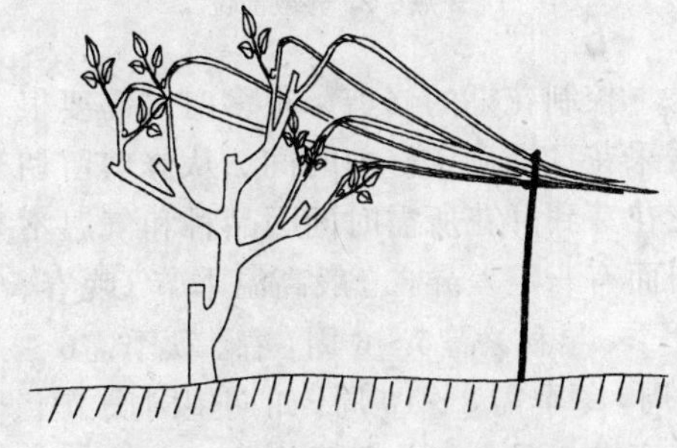

图 8-20 月季越夏的折枝修剪

或折枝处理，即扭伤其木质部，然后将枝条压向地面，但要注意勿扭断皮部。这样能最大限度地保留叶片数量，并能从伤枝基部再发新枝，此新枝可做更新主枝，亦可养成花枝。

冬季如果温室不能加温，可在落叶休眠前进行一次重度修剪，亦称之为回缩。其方法是：选定 3～4 个生长强健的主枝，从基部 20～50cm 处短截，截口要在向外生长的叶芽上方 0.5～1cm 处，其余枝条全部剪除（见图 8-21），这样翌年早春即可发出许多粗枝，在其中选留主枝和花枝。

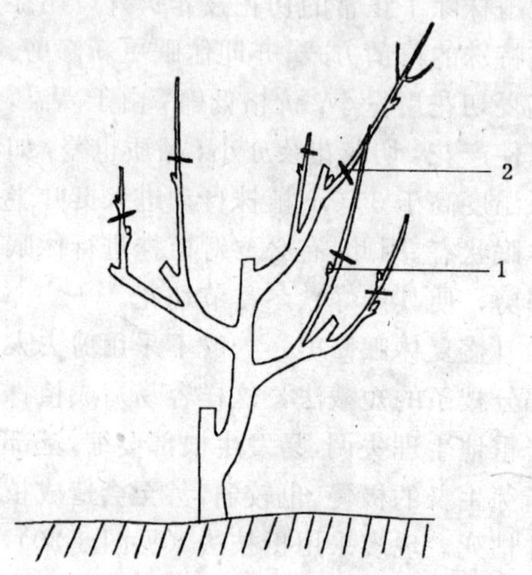

图 8-21 月季冬季休眠修剪（回缩）
1. 芽点 2. 剪截部位

控制花期的修剪 很多时候需要根据采花日期确定修剪时间。从修剪留切花花芽到开花所需时间因品种和气温不同而有一定差异，一般高温季节（晚春、夏季、早秋）需 5～6 周，春、秋季需6～7 周，冬季需 8～10 周。如期望国庆节上市应在 8 月中旬前几天修剪。

除上述几个主要时期的修剪外，日常要及时清除病枝、弱枝、摘除砧芽，修剪重叠及过密枝条等。

（2）温度控制 切花月季最适生长温度白天 20～27℃，夜间 12～15℃，所以即使在北方，6～8 月份温室也需遮荫，早春和晚秋略微加温；在南方许多地区，冬季若想正常产花也需加温。遮荫和加温方法参加本书温室设计中有关内容。

（3）光照控制 切花月季露地栽培时，夏季全光照也能适应，但在温室中栽培，由于强光伴随着高温，故夏季 6、7、8 三个月份必须遮荫，开始时遮荫度要低，遮去 20%～30%光照即可，仅中午遮 2～3 小时光，避免短时间内光强的骤然变化，此后，则可遮去 30%～40%的光照，从上午 11 点到下午 3 点遮光。

冬季栽培因日照时间短，加之防寒物的重重覆盖，受光量明显减少，此时如在南方月季仍能开花，北方则明显光照不足，开花量减小，如要提高花枝质量和单位面积产量；可在温室中补光，如完全满足月季光照需求，可用 400 瓦高压钠灯加光，按每平方米 5.6 瓦计算，600～700m^2 的温度需高压钠灯 9～10 个。这从成本合算的角度看，不够经济。现多采用 40 瓦白炽灯（见图 8-22），每个温室加 15～20 个，灯管距植株顶部 80cm 高。从下午放草帘开始加光至 21：00 停。补光约 6 小时。

（4）水分控制 定植后马上透浇一次水，此后至第一次摘心，要保持湿湿干干，以促发新枝，使根系迅速扩大；在培养主枝的营养生长阶段要充分供应水分，使植株抽出粗壮的枝条，进入花枝养护阶段，因其枝叶较多，属旺盛生长期，水分供应亦应充足，以见表土微干下层

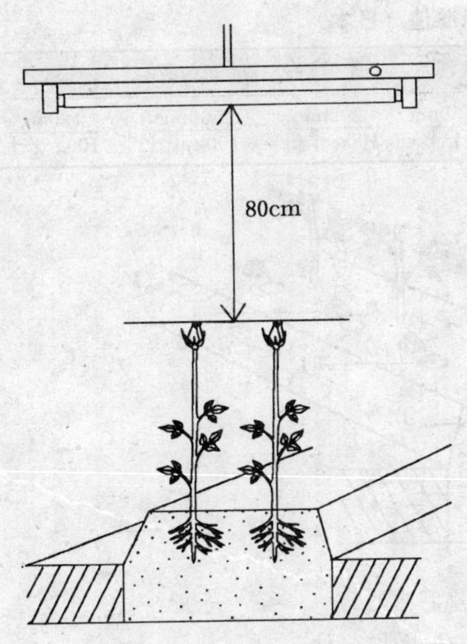

图 8-22 月季冬季补光

仍湿润时即浇为宜；在炎夏半休眠期保持半干状态；冬季进入休眠前控水；完全休眠时免于浇水。此外，生长季要经常喷洗叶面，以保证旺盛的光合作用，冬季生产时，浇水水温要与土温相等或略高。

(5) 气体调控 温室内切花月季栽培，空气流通极为重要，通风的作用一是降温降湿，降低湿度能防止多种病害发生。二是及时补充室内CO_2。高光强植物在光照充足时空气中有足够的CO_2生长才能更快，而在冬季温室补光加温时通风口几乎全部封闭，植物又进行着光合作用，因此，温室中CO_2含量远远低于正常大气中的CO_2含量（0.03%），此时补充CO_2实为重要的高产栽培措施之一。国内外研究表明，增施CO_2会使切花产量提高7%～60%。

施用CO_2的浓度一般达0.05%～0.2%即可，浓度过高会使人感到不舒服，超过8%甚至使人窒息。同时，植物也不能完全利用高浓度的CO_2，反而造成一种浪费。

目前，荷兰、北美等一些切花生产技术较先进的国家多采用CO_2发生器补充CO_2，国内也有引用，但价格略显昂贵。因此可采用下列方法增施CO_2。

利用沼气燃烧产生CO_2 其原理如下：有机物发酵产生甲烷（CH_4），甲烷燃烧产生CO_2和水。因此可把沼气管引入大棚内，接上能使沼气完全燃烧的沼气炉或沼气灯，在日出半小时后点燃沼气炉或灯，一个沼气炉平均施放CO_2的速度约为1m^3/小时，因此，一个600～700m^2，平均高度2.8m的塑料温室只要点燃沼气炉2个小时，大棚内CO_2浓度即可达0.1%左右，保持大棚不与外界强烈对流，则可足够1天之用。但棚内温度达30℃以上时，还是需要通风降温，只要通风前高浓度的CO_2能维持2个小时左右，切花产量、质量即可明显提高。

(6)施肥 月季为喜肥植物，因其几乎常年采花，营养消耗较大，所以肥料一定要跟上。国际上较为发达国家采用的是叶片营养成分分析和土壤肥分标准值法，如表8-2、表8-3所示，当叶片营养成分低于下限或土壤中缺乏某种成分

表 8-2 月季叶片营养成分正常值（日本）

元素种类	氮（N）	磷（P）	钾（K）	钙（Ca）	镁（Mg）
正常含量（%）	3.0～5.0	0.2～0.3	1.8～3.1	1.0～1.5	0.25～0.35

表 8-3　土壤肥分标准值（日本）

项目	pH 值	电导度	硝态氮	速效磷	速效钾	速效钙	速效镁
标准	5.5～6.5	50～120 万西门子	20～30mg/100g 干土	100～150mg/100g 干土	200mg/100g 干土	500mg/100g 干土	120mg/100g 干土

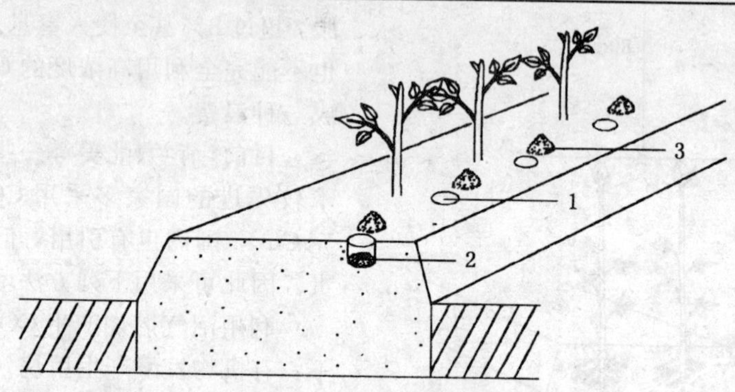

图 8-23　有机肥施肥方法

1. 挖穴　2. 施肥　3. 覆土

时，则用无机肥补充。

目前我国绝大部分地区还不能实施营养成分分析法，只是根据经验施肥。月季常用肥料的种类及营养成分见附录Ⅰ。其施肥量一般为每年每 1 000m² 施纯氮 60～80kg，纯磷 40～60kg，纯钾 40～60kg。

施肥的一般原则是：①有机肥在温室较冷凉的冬季不容易发挥作用，应多施无机化肥，夏季地温升高，有机肥能充分发挥作用时，要多施有机农家肥。②有机农家肥必须堆放 1～2 年充分腐熟后再用。③休眠、半休眠季节不能施肥；④新植幼苗根系还未恢复生长时不能施肥；⑤剪过花后增施氮和钾肥，快进入蕾期及休眠期前多施磷、钾肥；⑥速效肥要少施、勤施。⑦叶面喷肥在早晚阳光不直射时进行，使肥料膜在叶面上停留 1 个小时以上，以利叶面吸收。叶面喷肥，叶背比叶面吸收快，幼叶比老叶吸收快，故要注意喷布叶背及幼叶。

现以 600～700m² 标准塑料温室，5 000株 2 年生月季为例说明其施肥方法。

2 至多年生月季，其定植时的有机基肥已消耗过半甚至是大半。因此每年春秋两季可各施 2 次有机肥。在每株月季苗的根颈外侧 3～5cm 处挖 5～10cm 的小坑，然后施入一把（约 50g）有机肥（见图 8-23）。这样，每个温室每年可加施有机肥 1 000kg。

每年追施化肥量尿素 40～50kg，磷

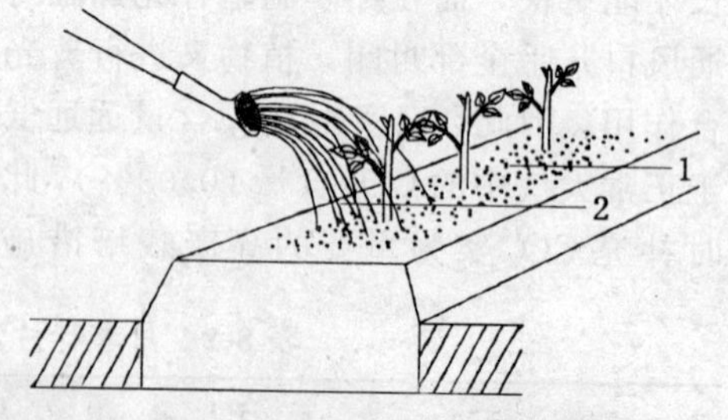

图 8-24　无机化肥撒施法

1. 撒肥　2. 浇水

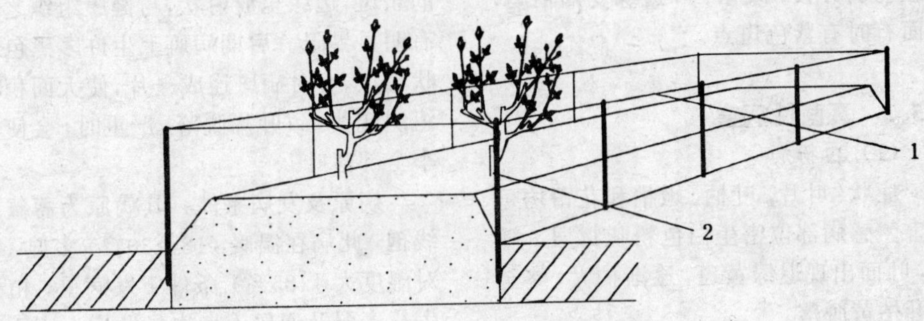

图 8-25 月季植株的支撑

1. 8号铁线 2. 10mm 钢筋

酸铵40～60kg，硝酸钾 40～50kg。分6～10次施用，每次施用时，把三种肥料各取5～8kg，同时溶于水中，配成1%的水溶液浇溉。或把三种化肥混均，用手把肥均匀地散在畦面上（见图 8-24）或在植株外侧挖坑穴施入穴内，然后浇透水一次。

其余微量元素可用叶面喷肥方式进行。叶面施肥一定要用雾化程度高的喷头，并使肥料充分溶解后再用。有时还可把大量元素氮磷钾作为叶面追肥；如通过叶面补充大量元素，追施大量元素的量即可减少。

如果某种元素缺乏，植株会表现出缺素症状，关于月季缺素症，参见本章 8.1.1 生理性病害有关内容。可对症施肥。

(7) 立支架 当月季苗长到一定高度时，要沿种植床的长轴设立支架，在植床的四角设四根支柱，长轴两侧每隔3～5m 立一根木或钢筋支柱，然后在 1～1.5m 高度处围粗铁线（见图 8-25）。这样使植床上的月季外侧都有铁丝支撑，一是便于管理操作，二是整齐、美观，三是通风透光性好，防止病害发生。

8.5 病虫害防治

8.5.1 主要生理性病害

(1) 牛头蕾病 花瓣变短，数量变多，形成超大花蕾。病因不明，但往往在长势特旺的枝条上出现，冬季低温季节容易出现。

(2) 落叶病 由于夏季休眠前过度修剪，生长过速，枝条打顶引致生长速度剧变，使用农药不当，或大气 SO_2 等污染所引起的短期内大量落叶现象。

(3) 缺素症 缺氮：叶色浅绿，叶片细小，植株矮小；缺磷：叶色暗绿，生长缓慢，叶柄带紫色；缺钾：茎杆细弱，老叶尖端和边缘变黄枯死；缺钙：嫩叶先端弯曲，顶芽死亡；缺镁：下部叶脉间黄化坏死，叶边缘褶皱；缺铁：新叶黄化，但大叶脉仍保持绿色；缺硫：叶片先端变黄，而后全部黄化；缺锰：叶肉黄化，萎缩，大小叶脉都保持青绿成网状；缺铜：嫩叶尖萎缩黄化，而后干枯，茎尖枯萎；缺硼：嫩茎尖及花蕾干枯，已开放的花瓣变褐损坏；缺锌：嫩叶尖黄化干枯，形成成丛的弱分枝；缺钼：叶边缘变褐枯萎，叶面有时有紫色斑点。

8.5.2 真菌性病害

(1) 白粉病

症状：叶片、叶柄、嫩梢和花蕾均可受害。感病部位密生白色粉状霉层，随后，叶面出现退绿黄斑，逐渐扩大，终至全叶枯黄脱落。

病原及发病条件：其病原为毡毛单囊壳和蔷薇单囊壳。此病温室栽培条件下全年都有发生，露地月季在晚春至初夏以及初秋时节发病严重，温室阳光不足，通风不良时发病严重。湿度30%～99%都能发病，最适宜的发病温度为17～25℃，但在5℃温室也可发病，30℃以上时白粉病受抑。

防治方法：预防措施有：①温室栽培时注意通风透光；②缺钾和氮肥过量易患病，所以平日要注意施肥比例；③尽量选择抗白粉病品种栽植；④月季冬季休眠期喷施波美3～5度石硫合剂，杀死越冬病原，生长季则用波美0.2～0.3度石硫合剂，每10天左右喷一次预防。发病后的治疗方法有①及早发现并摘除病叶、病芽，集中消毁；②15%粉锈宁800倍液（25%粉锈宁1 500倍液）喷叶面；③70%甲基托布津1 500倍液（50%甲基托布津1 000倍液）喷施；④40%福美胂600～800倍液喷施；⑤福星（新星）7 500倍液喷施。每种药剂都需每7天一次，连喷3次。

(2) 黑斑病

症状：该病主要危害叶片，也侵染嫩枝、叶柄、花梗和花。感病部位淡褐色至黑褐色、圆形或椭圆形3～12mm（或更大）的斑点，有的品种会出现沿主脉发展的条斑，边缘呈放射状，与健康组织之间有明显界限。后期病斑上生许多黑色粒状霉点。有时病斑连成一片，使大面积叶组织变黄，致叶片脱落，严重时，会使月季全部落叶。

病原及发病条件：其病原为蔷薇放线孢，此病在温暖（18～30℃）多湿（相对湿度大于85%）条件下发病重，植株生长衰弱及通风不良也易发病。病原孢子主要随水滴飞散传播。18℃以下温度病害减轻，33℃以上高温，分生孢子易死亡。

防治方法：黑斑病预防基本同白粉病。发病防治的药剂略有不同，可用甲基托布津，此外还可用75%百菌清1 000倍液或50%代森锌1 000倍液，每隔10～15天一次，连喷3～4次。

(3) 霜霉病

症状：叶、嫩梢、花梗、花萼和花瓣均可受害，受害叶表面出现紫红色至暗褐色且不规则的病斑，病斑与健康组织之间无明显界限，高湿时病斑处叶背面可以看到灰白色霉层。病叶容易萎缩脱落。此病发病急，传播快，经常在几天之内使月季全部落叶。

病原及发病条件：其病原为蔷薇霜霉。此病在气温低、湿度较高时易发病，发病温度为1～25℃，最适温度18℃，21℃发病率低，26℃以上温度24小时，病原孢子死亡。湿度低于85%不发病。氮肥过多通风不良易发病。

防治方法：霜霉病预防基本同白粉病，但同时要控制湿度在85%以下。发病后的药剂防治①25%瑞毒霉素（即甲霜灵）1 000倍液；②代森锌800倍液；③75%百菌清1 000倍液；每10～15天一次，并注意喷打叶背。

(4) 灰霉病

症状：叶片、花朵和嫩梢都可受害。受害部位密生灰色至黑色霉状物（长毛状），叶片及顶梢感病易引起枯萎，花瓣受害则出现红褐色小斑点，进而扩大成黑褐色腐败斑块。切花贮藏及运输期间，也会感病，造成严重的花腐。

病原及发病条件：其病原为灰葡萄孢。发病温度2～21℃，15℃是其最适温度，温室透风不良，湿度大有利于发病。

防治方法：预防措施是通风透光，提高温室温度，发病后要及时摘除病花、病叶及枯萎枝条销毁，药剂治疗有①50%苯来特1 000倍液；②65%代森锌800倍液；③75%百菌清1 000倍液；④50%甲基托布基800倍液；⑥50%扑海因可湿性粉剂800倍液。每7～10天一次，连喷3次。

(5) 锈病

症状：新芽及叶片受害。新芽受害后，其上布满鲜黄色的粉堆，似一朵黄花。叶受害后，叶片下表皮出现黄色或黑褐色疱状突起，并能散出黄色粉末。病叶易枯黄早落，新芽受害处略肿大。

病原及发病条件：其病原为短尖多孢锈菌、蔷薇多孢锈菌和玫瑰多孢锈菌3种。温暖多湿发病重，发病的适宜温度范围为10～23℃，超过27℃则停止侵染。孢子易随风传播。

防治方法：预防措施有①控制氮肥用量，多施磷、钾、钙、镁肥，提高植株抗病力；②冬季休眠期清除枯枝落叶，放叶前喷0.3～0.5波美度石硫合剂；③生长季每隔半月喷一次15%粉锈宁1 000倍液预防。发病后药剂治疗方法有①15%粉锈宁1 000倍液；②70%甲基托布津800倍液；③50%萎锈灵600倍液；④新星（福星）7 500倍液。每7天一次，连喷3次，并一定要喷打叶背面。

8.5.3 细菌性病害

(1) 根癌病

症状：多在月季根颈处发病，偶在侧根上和枝干上发病。受害部位发生大小不等的肿瘤，初期肿瘤为灰白色或略带肉色，最后变为棕褐色并粗糙干裂。病株地上部分生长缓慢，叶片变小，失绿并早落。

病原及发病条件：其病原为根癌土壤杆菌。主要借灌水和雨水从伤口侵染。土壤湿度大、碱性、粘重土壤易发病。

防治方法：预防措施有①严格检疫，进苗时发现带根瘤者要捡出烧毁，可疑者用1%硫酸铜消毒5分钟，用清水冲洗后再用；②嫁接刀具要用70%酒精消毒5～10分钟；③扦插基质要用无污染的新基质或用蒸气消毒。发病后的治疗方法，首先用刀切除癌瘤，然后用药处理，药剂有①甲冰碘液（甲醇50份、冰醋酸25份、碘片12份配制而成），用其涂抹伤口后种植；②二硝基甲酚钠和木醇（20：80）混合液涂抹；③0.1%～0.2%农用链霉素浸泡30分钟。

关于月季线虫病和病毒病及其防治措施参见唐菖蒲病害防治有关内容。

8.5.4 主要害虫

为害月季的害虫有蚜虫、螨类和蓟马类，螨类可进行药物防治，常用药剂有三氯杀螨砜、三氯杀螨醇、氧化乐果、克螨特等，按其使用说明施用，每5～7天一次，连喷2次。蚜虫和蓟马的防治可参见唐菖蒲害虫防治部分。

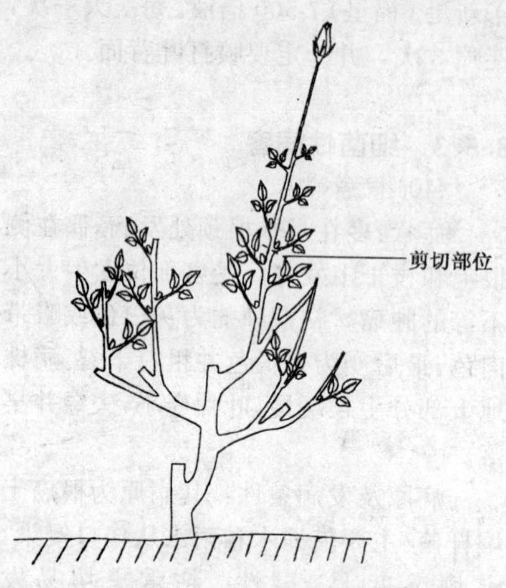

图 8-26 切花枝的剪取

8.6 切花采收、处理与上市

8.6.1 采收

月季切花要适时采收、采收过早花梗易下弯，过迟则不耐贮运，瓶插寿命短。一般说来如果在当地销售，并为当时应用，可在3～5个外花瓣开放或盛开时采收。若冷藏或长距离运输，对于大多数红色和粉红色品种，应在萼片反折至水平位置，外部1～2片花瓣开始松动时采收；黄色品种要略早一些；白色系品种则要花开得大些再采。

剪花长度视花枝长短和树势而定，一般要从花枝基部2～4节以上部位剪取，以便留下的腋芽再生花枝（见图8-26）。

剪切时间以清晨为好，剪下后立即将其基部20cm左右高度浸入与室温一致的清水中，并尽快将其转入比较冷凉的工作室内处理分级。

8.6.2 分级与冷藏

切下的花枝在清水中浸4小时后，取出去下部叶和刺，可用皮手套或去刺夹去刺及叶，然后对同一花色，同一品种进行分级。根据中华人民共和国农业行业标准NY/T321—1997，月季切花分级标准如表8-4。

表 8-4 月季切花产品质量分级标准

评价项目		等级			
		一 级	二 级	三 级	四 级
1	整体感	整体感、新鲜程度极好	整体感、新鲜程度好	整体感、新鲜程度好	整体感、新鲜程度一般
2	花 形	完整优美，花朵饱满，外层花瓣整齐，无损伤	花形完整，花朵饱满，外层花瓣整齐，无损伤	花形完整，花朵饱满，有轻微损伤	花瓣有轻微损伤
3	花 色	花色鲜艳，无焦边、变色	花色好，无褪色失水，无焦边	花色良好，不失水，略有焦边	花色良好，略有褪色，有焦边
4	花 枝	①枝条均匀、挺直 ②花茎长度65cm以上，无弯颈 ③重量40g以上	①枝条均匀、挺直 ②花茎长度55cm以上，无弯颈 ③重量30g以上	①枝条挺直 ②花茎长度50cm以上，无弯颈 ③重量25g以上	①枝条稍有弯曲 ②花茎长度40cm以上，无弯颈 ③重量20g以上

（续）

评价项目		等级			
		一 级	二 级	三 级	四 级
5	叶	①叶片大小均匀，分布均匀 ②叶色鲜绿有光泽，无褪绿叶片 ③叶面清洁，平整	①叶片大小均匀，分布均匀 ②叶色鲜绿，无褪绿叶片 ③叶面清洁，平整	①叶片分布较均匀 ②无褪绿叶片 ③叶面较清洁，稍有污点	①叶片分布不均匀 ②叶片有轻微褪色 ③叶面有少量残留物
6	病虫害	无购入国家或地区检疫的病虫害	无购入国家或地区检疫的病虫害，无明显病虫害斑点	无购入国家或地区检疫的病虫害，有轻微病虫害斑点	无购入国家或地区检疫的病虫害，有轻微病虫害斑点
7	损 伤	无药害，冷害，机械损伤	基本无药害，冷害，机械损伤	有极轻度药害，冷害，机械损伤	有轻度药害，冷害，机械损伤
8	采切标准	适用开花指数[1]1～3	适用开花指数1～3	适用开花指数2～4	适用开花指数3～4
9	采后处理	①立即入水保鲜剂处理 ②依品种12支捆绑成扎，每扎中花枝长度最长与最短的差别不可超过3cm ③切口以上15cm去叶、去刺	①保鲜剂处理 ②依品种20支捆绑成扎，每扎中花枝长度最长与最短的差别不可超过3cm ③切口以上15cm去叶、去刺	①依品种20支捆绑成扎，每扎中花枝长度最长与最短的差别不可超过5cm ②切口以上15cm去叶、去刺	①依品种30支捆绑成扎，每扎中花枝长度的差别不可超过10cm ②切口以上15cm去叶、去刺

1）开花指数1：花萼略有松散，适合于远距离运输和贮藏；
开花指数2：花瓣伸出萼片，可以兼作远距离和近距离运输；
开花指数3：外层花瓣开始松散，适合于近距离运输和就近批发出售；
开花指数4：内层花瓣开始松散，必须就近很快出售。

分级后按级包扎，用薄塑料小袋将每支花头罩好，每束再以高密度聚乙烯塑料袋包装（见图8-27）。预冷后入0.5～1℃，相对湿度90%～95%的冷库中贮藏。

冷库贮藏分干贮和湿贮，前者是把花束放在预冷后的特制纸板箱内存放，后者是把花束插在保鲜液中，短时间贮放则插在冷水中。切花月季的冷藏时间可达3～4周。

8.6.3 保鲜

可采用下列配方：

催花液：10%～20%蔗糖＋高锰酸钾300mg/L

瓶插液：3.5%蔗糖＋青鲜素250mg/L＋8-羟基喹啉柠檬酸盐200mg/L

8.6.4 装运上市

月季的理想贮运温度为1～2℃，一

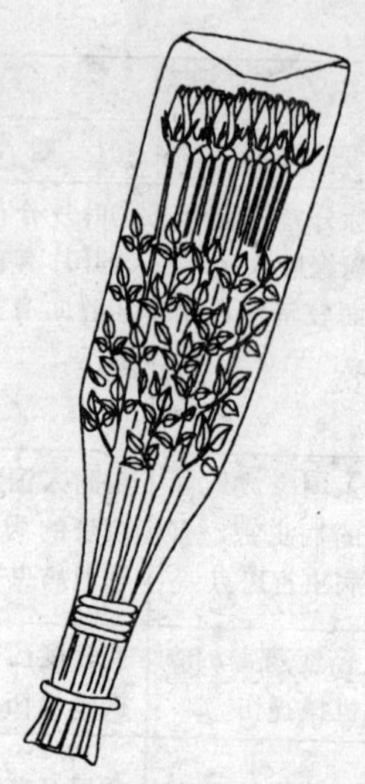

图 8-27 切花包扎
（上部封口）

些发达国家多采用冷藏集装箱，可控温在 1℃左右。现在我国空运时温度管理比较粗放，舱内常温 17℃左右，已有研究表明低温结合聚乙烯膜包装可减少切花运输中水分的损失，贮运效果较好，具体做法是：包扎好的花束预冷后用 0.04～0.06mm 厚的聚乙烯膜包裹，袋内放入氧吸收剂和蓄冷剂，每 5 捆首尾交错地放在预冷过的特制纸箱内，各层之间加隔板以免挤压。纸箱大小 100cm×50cm×30.5cm，每箱可装 500 支特级或一级花，或 1 000 支 2 级花。纸箱内衬为泡沫、玻璃纤维等可起绝热作用的材料，故几小时内箱内的温度不会升高。需做较远距离的转站运输时，箱内温度若超过 2℃时要在中途降温处理。

货物到达零售商手中后，零售商应把月季切花枝基部剪截 3～5cm，然后再插入清水或保鲜液中销售。

9 菊花 *Dendranthema morifolium*

9.1 形态特征及常见品种简介

9.1.1 形态特征

为菊科菊属宿根多年生草本，株高15～150cm，茎基部半木质化。单叶互生，卵形至披针形，羽状浅裂或深裂，边缘有锯齿，叶背有绒毛。头状花序（栽培上视为一朵花）单生或数个聚生茎顶，花序直径2～30cm，边缘的舌状花仅一轮时称单瓣花，舌状花多轮时为重瓣花。舌状花花色有白、粉、雪青、玫红、紫红、墨红、黄、棕、淡绿及复色等，中心管状花多为黄绿色。舌状花平瓣(从基部到先端是扁平的)、管瓣（从基部到先端均为管状的)，或匙瓣（基部管状，先端开展呈舟状)。花期一般在9～12月，但也有春季、夏季、多季或四季开放的品种。

9.1.2 常见切花菊品种

目前，菊花品种已有2万余个，其中一些干长颈短、粗壮坚韧、叶片肥厚，花瓣平瓣内曲的半球形中花菊品种和个别多头小菊品种已用作切花栽培。为栽培管理方便起见，一般将切花菊按自然花期分为三类，即夏菊类：自然花期4～7月；秋菊类：花期8～11月；寒菊类：花期12～翌年2月。国内常见栽培品种‘四季菊’实为夏菊类。常见切花菊品种见表9-1。

表9-1 常见切花菊品种

		名称	花色	始花期
大花型	秋菊品种	菊娘	红色	9月
		大绯玉	红	9月
		四季之光	红	10月
		Tompeale	橙红	8月
		新女神	粉	9月
		都	粉	9月
		Rivalry	金黄	9月
		新东亚	白	10月
		秋晴水	白	9月
		香芳之镜	白	9月

（续）

		名称	花色	始花期
大花型	夏菊品种	常夏	红	6月
		足极锦	红	5月
		有明	粉	6月
		Lilac Eleonore	粉	5月
		Golden Pingpong	黄	4月
		黄屏风	黄	5月
		秀黄冠	黄	5月
		筑学	白	5月
		银香	白	6月
		Ping Pong	白	4月
		森之泉	白	7月
	寒菊品种	岛小町	红	12月
		寒樱	红	12月
		春姬	红	1月
		乙女樱	粉	11月
		黄矢家园	黄	12月
		春之光	黄	1月
		金御园	黄	12月
		岩之霜	白	12月
		寒小雪	白	1月
		银正月	白	2月
多头小花型	秋菊类	Reagen Red	红	9月
		Klondike	红	9月
		Reagen Dark spendid	暗粉	9月
		Royalty	粉	8月
		Reagen sunny	黄	9月
		Reagen white	白	9月
	夏菊类	Beil	粉	全年
		Delilah	粉	全年
		Yellow Fatima	黄	全年
		Cassa Sunny	黄	全年
		Falima	白	全年
		Anita	白	全年

9.2 习性

9.2.1 生长习性

(1) 休眠期 花后在低温、弱光、短日照情况下，菊花地上部枯死进入休眠状态，根颈处形成莲座状冬至芽，此时即使再给予适宜的光照和温度条件，冬至芽也不能生长，只有经过一定时间的低温，休眠才能解除。老株解除休眠后虽能生长，但长势弱，开花差，故只能用做母株，采穗扦插或分株繁殖用。

(2) 幼苗期 解除休眠后以冬至芽为插穗进行扦插，插穗萌动生长至花芽分化前为幼苗期。对于秋菊、寒菊来说，此期需高温长日照及良好的水肥条件，以满足幼苗旺盛生长需求，否则易造成植株矮小的现象，这个时期如给予适宜条件能诱导花芽分化。对于夏菊来说，无论给予怎样的适宜条件也不能诱导花芽分化。

(3) 感光期 从花芽分化开始直到不受日照长短影响这段时间为感光期，此期需短日照。秋菊类品种直到花着色止才结束感光期，夏菊类只要幼苗期过后，即使在长日照条件下仍可进行花芽分化。感光期后进入成熟期。

(4) 成熟期 从花蕾着色始至种子成熟这段时间为成熟期，也称花果期，此期间过度的高温与低温都会影响切花的质量。

9.2.2 生态习性

(1)温度 菊花喜凉爽气候，适应性强，从华北到华南都有露地栽培种，具一定的耐寒能力，但品种间有差异，多数种类休眠期能耐－10℃左右低温，个别种类可耐－30℃低温。休眠期过后，温度达5℃以上时开始萌动，多数种类生长适温白天为20～30℃，夜间10～15℃，但在华南地区35℃左右高温亦能进行正常的营养生长而不休眠。

(2) 光照 秋菊和寒菊为典型的短日照植物，长日照下仅进行营养生长。秋菊日照短于13小时花芽开始分化，短于12小时花蕾生长开花。夏菊日中性，对日照长度不敏感，只要达到一定的生长时数，叶片16～17片时即可开花。也有一部分中间类型，如8～9月份开花的早秋菊，其花芽分化为日中性，花蕾生长短日性。菊花喜光不耐荫，但遮去盛夏中午的强烈阳光生长更佳。

(3) 水分 较耐干旱，不耐水湿，更忌低洼积水。

(4) 土壤 宜在深厚、肥沃、排水良好的沙质壤土上生长，pH6.7～7.2最佳，忌重茬，连作易发生病虫害和土壤养分缺乏症。

(5)气体 喜空气流通环境，通风不良易患病。

9.3 繁殖方法

9.3.1 扦插繁殖

此法为切花菊的主要繁殖方式，技术要点分述如下。

(1) 种株保存 花朵刚开放而未采收时，挑选花色纯正，生长健壮，无病虫害的优良植株做母株挂牌管理，加强水肥管理，最好不从其上剪取切花，至11月份左右花枯后将母株平茬，仅留10cm地上茎为休眠种株（图9-1)。入冬将休眠种株掘起，在南方地区可在室外挖阳畦堆码贮藏，囤好后浇一次透水，其上用土覆盖，再盖以塑料膜保温，使温度保持在白天不超过8℃，夜间不结冻。一般母株休眠期0℃为30天左右，5℃约为40～50天。休眠期过后至翌春3月前随时可挖出种株定植于温室，给予良好的肥水条件，冬至芽萌发即为第一批插穗，以后可多次从种株上采穗扦插。

(2) 插穗采取　定植母株上的冬至芽约经20～30天可长成10～20cm的粗壮芽，剪取其上7～8cm的顶芽为插穗，余下部位可待其再生侧芽，取侧芽作插穗，取下的插穗要去掉下部1/3的叶片，然后20～30个一束(用皮套捆缚)放入清水中或30mg/L的吲哚丁酸溶液中备用。插穗要避免从瘦弱枝条上采取，且要当天采条当天用完（图9-2)。

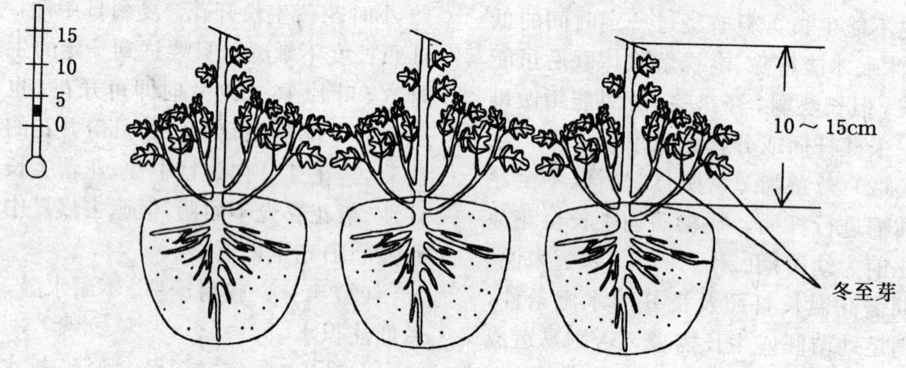

图9-1　种株挖起保存

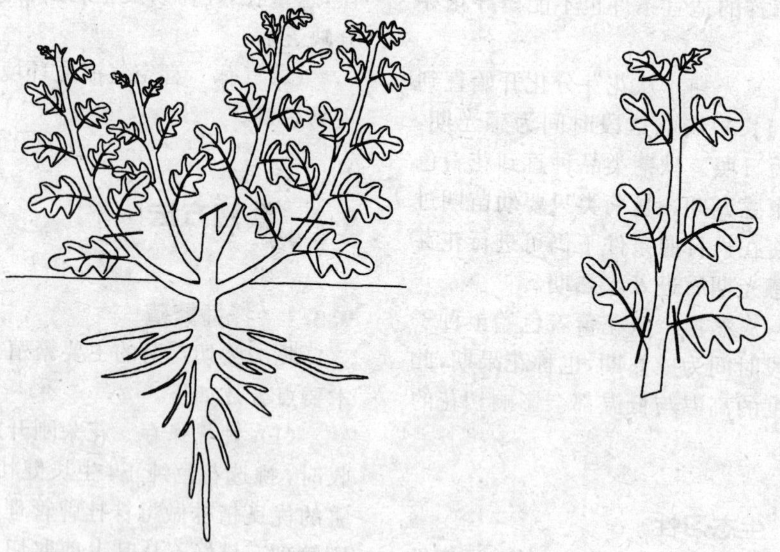
图9-2　菊花插穗的类型和采取

扦插后 40～50 天，扦插苗长到 15cm 以上时又可剪取其顶端 7～8cm 顶梢作插穗，其基部又可发新梢并继续用来做插穗，直至需定植为止。

(3)扦插基质　菊花扦插易活，对基质要求不严，蛭石、珍珠岩、河沙、煤渣等大粒基质与壤土以 1∶1 比例混合后均可用，扦插前要对基质消毒。

(4) 扦插床　插床的设置见月季繁殖。也可在较深的育苗盘中扦插。

(5) 扦插与插后管理　扦插时用木棍在基质上开洞，然后将插穗插入，深度以插穗的 1/3 为宜，插后将土按实，浇透水，并加盖塑料小拱棚保湿，如光照过强，温度高于 20℃，还需遮荫（图 9-3）。

插穗 4℃以上即可发根，但最佳温度为 15～20℃，温度太低生根所需时间长，温度过高，插穗易霉烂。插后每天检查床内温、湿情况，约 2 周左右大部分插穗生根，此时可经常打开塑料通风，并逐渐撤去遮荫物，约 20 天左右扦插苗即可正常养护，或做定植苗，或继续扦插。注意：应用于定植的苗最好是扦插 15～20 天后，根的长短为 1cm 左右的扦插苗。根长 1cm 以上时要剪根定植。定植老化苗，生长不良，还容易提早现花。

(6) 扦插苗及插穗冷藏　扦插生根苗最好及时定植，如不能及时定植，可在 0～1℃下贮 40 天。许多品种的插穗在 0.5℃条件下可贮 1～2 个月。但贮藏期间要严格防病。

菊花生育适温为 15～25℃，小苗在 5℃以上可继续生长而不休眠。之所以要冷藏目的有二：一是为了使同一批植株生长开花一致；二是为了错开或统一扦插时间以及生根苗的定植时间。同时经冷藏的小苗抗寒性强，适于低温条件下生长。具体操作办法：将苗或穗整齐捆扎成束，立放在消过毒的纸盒内，苗上下各放一层报纸，盒外包塑料薄膜，敞口置冷库或冷藏柜内贮放（图 9-4）。

9.3.2　组培繁殖

菊花组培花在切花生产上的应用量仅次于扦插苗，就其质量讲，即使不脱毒也优于扦插苗，组培脱毒苗则更优。

外植体可用茎尖、茎段、叶、花序梗、花序轴、花瓣等，但切花用苗以茎尖为好。

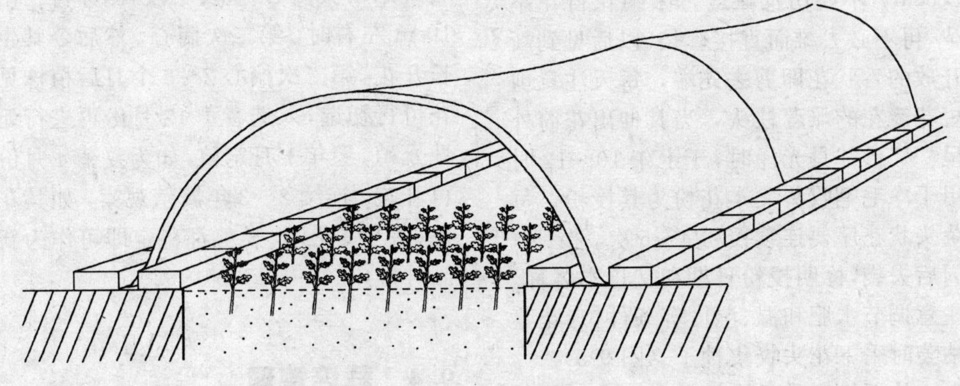

图 9-3　菊花扦插（3cm×3cm 或 3cm×4cm）

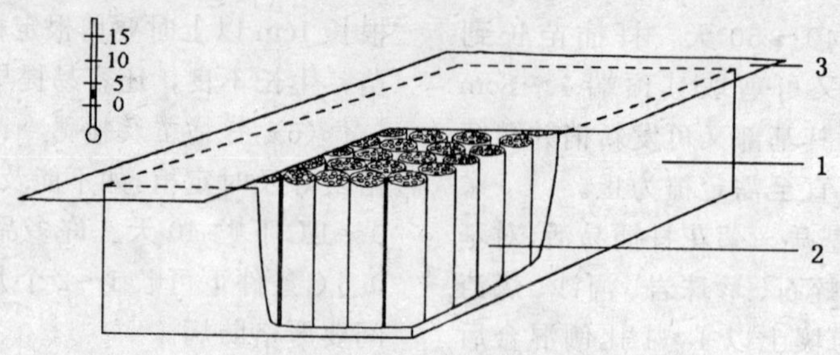

图 9-4 插穗或生根苗冷藏

1. 消毒纸板箱 2. 插穗或苗 3. 报纸

诱导培养基：MS＋BA2～3mg/L＋NAA0.02～0.2mg/L（温度 24～26℃，光照 12～16 小时，光强 2 000～4 000Lx）。

继代培养基及培养条件同上。

生根培养基：MS＋NAA1～2mg/L

9.3.3 种子繁殖

目前国内应用的切花菊种子多从国外引进，且缺乏优秀的夏菊切花种子。我国菊花品种颇多，可用来培育新种，尤其是生产上急需的对光照不敏感的夏菊新品种。

育种时选定父、母本后，待母本外轮舌状花微开时将其先端剪掉，保留基部 1.5cm，不要伤及雌蕊，因菊花自花不孕，可不必去雄而直接套袋。以后见到新开放的舌状花即剪去先端，每天注意剪短花瓣花的雌蕊柱头，当其伸出花筒外呈“V”形并具光泽时，于上午 10～12 时用干净毛笔收集父本花粉为其授粉，每朵头状花序要连续授粉 4～5 次。授粉 1 周后去袋，标明授粉日期和父母本名称。注意调节水肥和温、湿度等条件，当花茎枯萎时采下花头收集种子（图 9-5）。

图 9-5 菊花杂交授粉

1. 外轮舌状花 2. 花瓣剪切部位
3. 可接受花粉的“V”形雌蕊柱头

从授粉至种子成熟约需 40～60 天。翌春 3 月于播种盘内播种，1 周后种子出芽，待 4 片真叶时移栽，苗高 10cm 左右时第一次摘心，生长一段，侧芽再长出 10cm 左右时，第二次摘心。然后令其生长开花，第二次摘心 2～3 个月后植株见花可行初选，入选者于 12 月份再进行无性繁殖，翌年 1 月定植，如为夏菊 4 月份可开花，连续 2～3 年繁殖观察，如其花色、花型、花期、长势都稳定即可作为新品种推广。

9.4 栽培管理

切花菊可周年生产，四季均有相应

的品种类群。如3～7月应用夏菊类，8～9月应用早秋菊，10～11月用秋菊，12至翌年2月用寒菊。但一些发达国家的菊花生产主要还是使用秋菊品种，因秋菊种类繁多，花型好，花色全，产值高。其它品系均不如秋菊理想，只用作切花生产的辅助品种。所以在尚无更多更好的夏菊品种问世前，应用秋菊进行促控栽培仍然是切花菊生产的重点。

9.4.1 秋菊的周年生产供应技术

（1）秋菊露地栽培

土壤准备　参照唐菖蒲露地栽培的方法进行整地、施基肥及土壤消毒，然后做宽1～1.2m的高床或宽30～40cm的大垅，每隔3垅留一宽30cm的步道（图9-6）。

定植　定植时间依菊花修剪方式而定，1株多支花的栽培以及1株1支花茎但多头花的多本菊以5月初至6月初为定植适期；1株1支花的独本菊及多头小菊的栽培于6月初至7月初定植，如为早秋菊（8～9月份开花者）要再提前1个月时间定植。露地秋菊的生育期与花期见图9-7。垅植时定植密度，每株1支的独本菊株距8～10cm，多头小菊及多本菊株距10～12cm，国内目前流行的由普通独头菊整枝而成的5～6支花的多支菊株距25～30cm；床植时，独本菊密度12.5cm×12.5cm，多头小菊及多本菊为12.5cm×15cm，多支菊30cm×20cm。生产上可根据品种、花朵大小

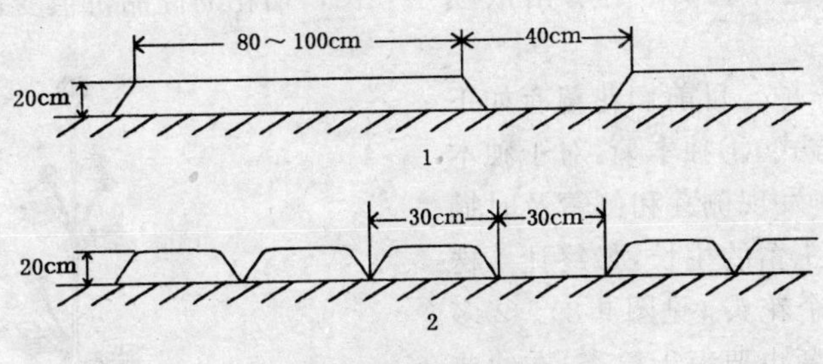

图9-6　定植床和大垅

1. 定植床　2. 大垅

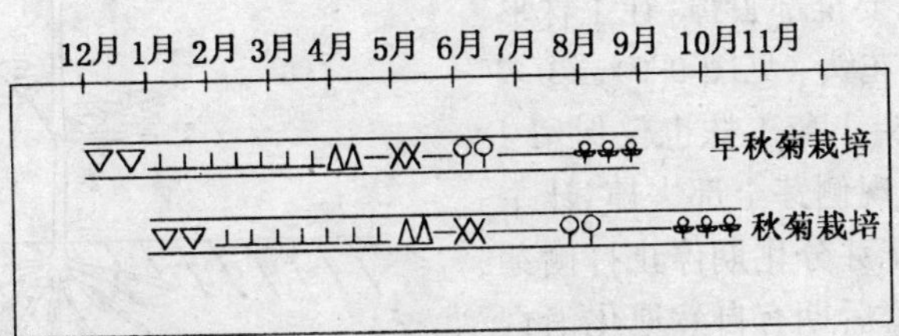

图9-7　露地栽培秋菊日历

对密度做适当调整，大花种株行距加大些。菊花属浅根性植物，定植深度以入土深度略超过原幼苗的根颈处即可。

植后管理　①水分管理：定植后立即浇透水，有条件的地区最好采用滴灌与喷灌相结合的方式，无条件时可采用漫灌与喷灌相结合的方式，每5～7天漫灌一次，平时喷水保持土壤湿润。小苗缓苗后要适当控水，“蹲苗”2～3周，以后经常保持湿润即可，菊花地积水易造成菊花烂根死亡，故雨季要注意排水。②营养管理：当其根系发育完好进入旺盛生长时，开始追肥，每10天1次，氮、磷、钾肥比例控制在1∶1∶1，浓度为0.5%～1%，至孕蕾期减少氮肥用量。菊花根外追肥效果也很好，根外追施应用0.1%的磷酸二氢钾或硝酸钾等溶液喷施。

切花枝的养护　目前切花菊有如下几种整形修剪方式。①独本菊：对于独本菊要每天检查，发现侧芽和侧蕾及时摘除，以保证主枝主蕾的生长，最终让1株形成1支花，1个花头（见图9-8）。②多本菊：对于多本菊也要每天检查，在幼苗期要及时去掉侧芽，仅让主枝生长，待到花芽分化期，去掉顶蕾。让3～5个侧蕾生长，其余花蕾也要全部去掉，让1株形成1支但3～5个花头（见图9-9）。③多头小菊：对于多头小菊1株也仅保留1个主枝，幼苗期发现侧芽全部去掉，让主枝充分生长，至花芽分化期停止打侧芽工作。其顶芽成蕾后期有自然退化消亡现象或开花极小。近顶端第一级侧分枝分化成花芽后，二级直至多级，侧分枝上还会再成蕾，直至形成多头的伞房花序。此时可保留全部侧蕾，形成1株1支的多头小菊，也可保留近顶芽的5～6个较长较整齐的侧分枝，余者去掉（见图9-10）。④多枝菊：当定植苗长至5～6片叶时（一般为定植10～15天）用摄子打开较紧密的叶丛，去掉茎尖。幼苗过长时摘心，因其侧枝不易萌发或萌发先后不一，侧枝的均匀性变差，长短、粗细不一。苗小摘心，易发侧枝，侧枝也整齐。当侧枝发出后，及时摘去侧枝上的二次侧枝，让5～6个侧枝发育成花枝，当花枝高20～25cm左右时整枝，去掉细弱的及长势过旺的枝条，以后随时去侧芽和侧蕾，让1个侧枝发育成1支花，这即为1株多枝花（见图9-11）。

注意，去侧蕾工作一定要早、晚进行，残留的伤口大，并且主蕾花颈易伸长，切花的商品价值变低。

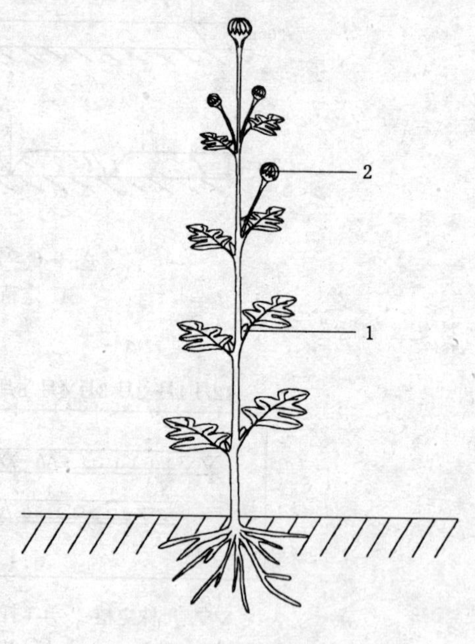

图9-8　独本菊修剪

1. 侧芽（去掉）　2. 侧蕾（去掉）

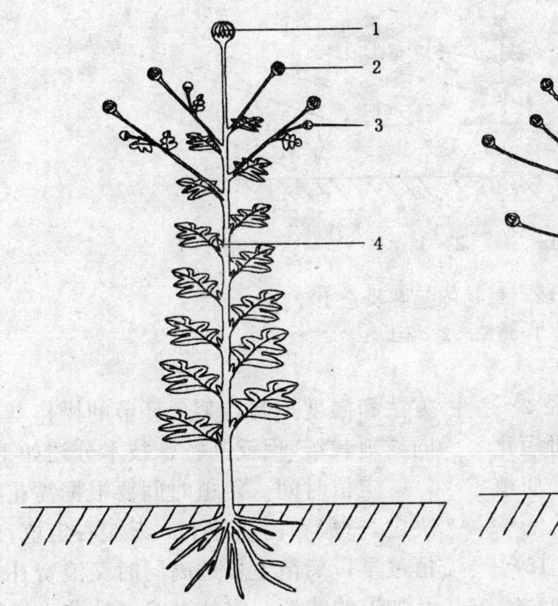

图 9-9 多本菊修剪

1. 主蕾（去掉） 2. 侧蕾（保留）
3. 次级侧蕾（去掉） 4. 侧芽（去掉）

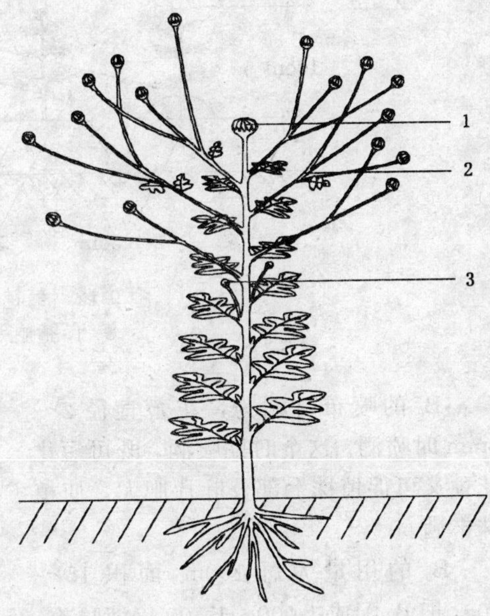

图 9-10 多头小菊的修剪

1. 主蕾（可去可留） 2. 上部侧蕾（保留）
3. 下部侧蕾（去掉） 4. 侧芽（去掉）

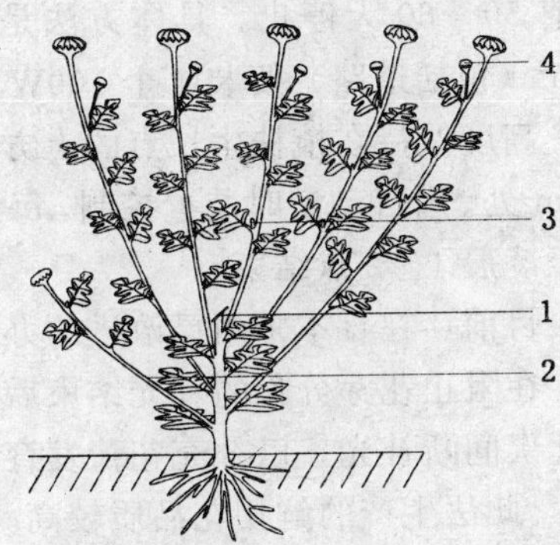

图 9-11 多枝菊的修剪

1. 顶芽（去掉） 2. 弱枝（去掉）
3. 花枝上侧芽（去掉）
4. 花枝上侧蕾（去掉）

中耕除草培土 当苗高 10cm 左右时，要及时中耕，中耕时除掉杂草并且在苗基部培土。此时还可适时追肥，追施无机化肥或有机农家肥都可，但肥料不要施在苗根颈处，应离开根颈 2～3cm。有机肥每株 50g 左右，化肥每株 1～2g，切不可过量，造成烧苗，追肥后再培土（见图 9-12）。垅植及床植的多枝菊可在苗高 25～30cm 时再中耕培土一次，而床植的独本菊、多本菊及多头小菊，因密度大且已上网不能进行第二次中耕培土工作。

上网 第一次中耕后，对于床植的菊花要拉尼龙网，网眼的大小可根据密度决定。床的四周立直径 1cm 的钢筋，然后将网固定其上。露地栽培一般上一层网即可，较高大的品种可上二层网，大垅栽培者如培土得当可不拉网支撑。

花颈长短的调节 除多头小菊外，多可喷施 B_9 缩短花颈，提高切花质量，延长瓶插寿命。

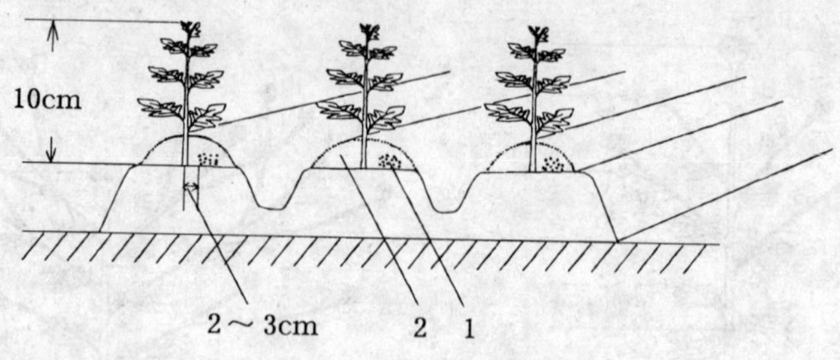

图 9-12　菊花的追肥及培土

1. 追肥　2. 培土

B_9 的喷布时期为，花蕾直径 2～3mm 时喷洒。这个时期喷洒，既可短化花颈又可促植株上部分叶片肥大，使植株丰满。

B_9 的用量为每 $100m^2$ 面积 15～20g，把 B_9 配成 1 000～1 500 倍液喷施。

B_9 的施用浓度不可过大，过大抑制生长。不能用铜器盛装。不能与波尔多液和酸性农药混施，以免分解失效。

防寒棚的设置　露地栽培秋菊，在黄河流域及以南地区可不要设防寒棚，而北方栽培则根据当地的晚霜期及时设立塑料大棚防寒，保证完成切花采收工作。

至花蕾露色，外层舌状花展开时即可采取切花。采取切花的老株处理方式有三：①掘起弃之不用；②留做扦插繁殖母株；③如果原来就植在温室的棚架内，可平茬令其在 0℃左右的温度下休眠 30～40 天，然后给温室加温补光，按下述的秋菊温室补光栽培技术处理，使其在 4 月份产第二茬花，然后废弃。

(2) 秋菊温室补光栽培　此法适用于 12 月、1 月、2 月、3 月和 4 月用花的切花栽培，通过菊花幼苗期人工补充光照变自然短日照为长日照，使秋菊不能形成花芽而延迟花期。主要技术为补光方法和温度控制，其余环节的操作基本同露地栽培，现就其特殊技术分述如下。

定植时间　定植时间要根据需花期决定，一般在需花前 120 天左右定植。定植过早，菊苗生长过高同时又浪费补光及加温的能源；定植过晚，幼苗生长期短，使菊苗生长过矮，达不到优良切花标准，一般在需花前 120 天定植。

补光方法　定植后马上补光直至需花前 50～60 天停止。具体方法是，每 $10m^2$（包括道路）要装 1 个 100W 的灯泡，高度保持在植株生长点的上方70～80cm 处。用自动定时装置控制，每天 23 点至凌晨 1～2 点结束。

目前，在日本采用已改进的办法补光。在阻止花芽分化的补光结束后再进行几次间断补光，以补充花蕾发育期的营养。此法生产的鲜切花品质较高。其方法是：第一次长时间补光结束后，让植株发育花萼及外围小花，12～14 天后进行为期 5 天的第二次补光，以暂停花芽分化，使植株进行营养生长，以免冬季生长缺少养分而导致花朵变态；随后停止补光 4 天，让花芽接着分化；接着再进行第三次补光，4 天后终止补光，花芽继续分化至完成。

温度控制　当进入 12 月、1 月和 2

月时，要注意控制温室的温度，温度低于12℃时，即使有短于12小时合理的短日照，花芽也不会分化。因此，此时要加温，使温室温度保持在18℃以上。进入3月和4月份，温室温度偏高，如果温度超过28℃，花芽也不会分化。因此，要及时降温，保证花芽顺利分化。使其在预计的日子里开花上市。

拉网 温室栽培菊花，因其受紫外线影响较小，容易倒伏，尤其是进入花期时。所以一定要拉网支撑，并且一般要拉2～3层网。

(3) 秋菊温室遮光栽培 此法适用于5～9月开花上市的切花栽培。通过人工遮光变自然长日照为短日照，促使秋菊形成花芽而使花期提前。特殊技术要点如下。

定植时间 定植时间在花前110天左右，遮光的定植期生育期及花期见图9-13。

遮光方法 以聚丙烯遮光网替代过去应用的聚乙烯黑色塑料薄膜，以克服塑料薄膜所致的温室内湿度大、温度高，易发生病虫害的弊端。遮光网要求阻挡80%以上的自然光，还要注意城市夜晚高亮度的路灯、交通灯光、工地及娱乐场所强光等对遮光效果的影响。遮光网拉在铁丝上组成窗帘式，可手工收卷和铺开，也可配套设计自动控制开关装置。从预定花期的前50～60天开始遮光，每天17:00时至凌晨7:00时为遮光时间，使菊花白天见光时间保持在9～11小时，遮光10天后花芽分化，约40天左右花芽分化完成，花蕾稍微显色，此时即可停止遮光，10天以后可进入采花期。

温度控制 此季节正值炎热夏天，要注意控制温室温度，白天也要适当遮去一部分日光，使温室温度降低。温度超过28℃，花芽亦不分化。

9.4.2 夏菊的周年生产供应技术

夏菊类自然花期4～7月份，属日中性植物，只要具备一定的温度条件完成其营养生长，无论长日照或短日照周年都可开花。因此夏菊亦称“四季菊”，也有人称为“135菊”，其意为自小苗定植到开花只需135天即可。据此，可确定其定植日期。利用夏菊培育切花，很容易形成一个周年生产体系。以北京地区为例，6～10月上市者都可在露地栽培；11月

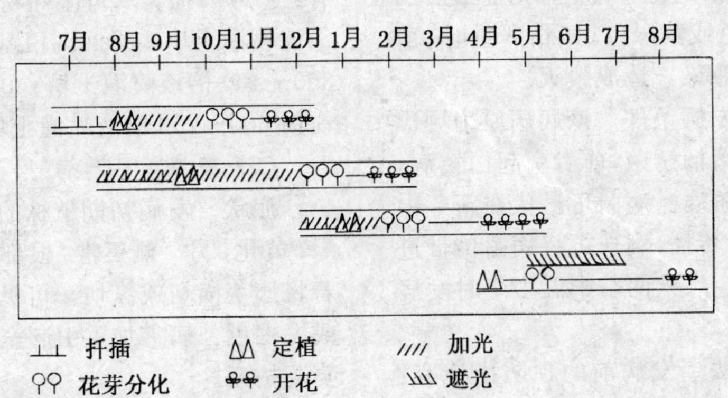

图9-13 秋菊的控制栽培

和5月上市者，可利用保温塑料大棚；12月至翌年4月上市者可利用加温温室。其余各项栽培管理措施同秋菊露地栽培。此外，4～7月份采收上市的采花残株还可平茬，给予良好的水肥条件使继续开一茬花。

9.4.3 寒菊的利用

寒菊在北方不能露地栽培，只能在温室内培育。一般7月份扦插，8月份定植，此时要注意控制温度，防治病虫危害。其余管理方法参见秋菊有关内容。12月至次年1月，寒菊可采收上市。年平均气温在15℃以上的华南等地区可采用露地及不加温大棚栽培。

9.5 病虫害防治

9.5.1 真菌性病害

(1) 锈病

症状　主要危害叶片，偶尔危害茎。初期叶正面出现淡黄色斑点或深绿色增厚现象，叶背随之隆起呈疣状物，疣状物变为黄褐色（褐锈病）或灰白色（白锈病）。此为病菌的孢子堆，叶正面最后凹陷，呈淡黄色或黄绿色。病情严重时，所有叶片都会感染，造成毁灭。

病原及发病条件　该病病原为堀氏菊柄锈菌或菊柄锈菌，前者引起白锈病，后者引起褐锈病。病菌可潜伏在新芽中越冬，随菊苗传播。病株可将病菌传带进温室。该病在春、秋两季中温多湿时发病重。

防治方法　发病前的预防措施有：①从无病株取插穗做繁殖材料或用组培方法繁殖菊苗；②菊花忌连作；③注意温室通风，经常保持干燥；④喷15%粉锈宁可湿性粉剂1 000倍液预防，从扦插时即要预防，每7～10天一次。发病后的治疗措施有：①摘除病叶，减少病原；②25%粉锈宁可湿性粉剂1 500倍液喷雾；③福星800～1 000倍液喷雾；④80%代森锌可湿性粉剂500～700倍液喷雾。以上各种药剂都要3～5天喷一次，并要注意使药液喷到叶背上。

(2) 立枯病（茎腐病）

症状　主要为害扦插幼苗及刚定植不久的幼苗。感病幼苗最初表现为生长势衰弱，进而叶片失水、萎蔫下垂，夜间可恢复，最后枯死，如为木质化苗，则呈现立枯型；如为未木质化苗，则呈倒伏型。拔起病株，则会看到根系腐烂，根茎处变细，腐烂或环状剥皮。

病原及发病条件　该病病原为立枯丝核菌和腐霉菌。能在土壤及病残体上长期存活。温度过高、土壤板结、湿度大及氮肥过量时发病重。

防治方法　发病前的预防措施有：①育苗基质及栽培基质要疏松并严格消毒；②控制水肥及温度；③种植密度要大，加大通风透光量。发病后的治疗措施有：①50%福美双可湿性粉剂500～800倍液喷灌土壤；②20%甲基立枯磷乳油300～400倍液喷灌土壤；③50%敌克松粉剂600～700倍液喷灌土壤。

(3) 镰刀菌枯萎病

症状　发病初期植株的一侧叶片失绿、黄化，另一侧正常，根部变黑，腐烂。若将病茎横切或纵切，可见维管束变褐或黑褐色。病害加重引起全株叶片变褐萎蔫枯死。

病原及发病条件　该病病原为菊花尖镰孢菌，为土壤传播病害，而且以无性繁殖材料扩大传播。气温高，湿度大时，发病重。最适宜的温度为27～32℃，温室21℃以下趋于缓和，15℃以下不再发病。

防治方法　预防措施有：①用蒸气消毒法或用氯化苦、五氯硝基苯等药剂严格土壤消毒，②选用组培苗或无病扦插苗等无病繁殖材料，③盛夏要注意控温控湿。发病后的治疗措施有①拔除病株集中销毁，减少病原菌；②50%多菌灵可湿性粉剂400倍液喷灌土壤；③45%代森铵水剂800倍液喷灌土壤；④50%福美双可湿性粉剂500～800倍液喷灌土壤。

(4) 轮枝菌枯萎病

症状　最初植株基部叶片受害，叶片边缘出现失绿及枯萎症状，然后扩展到整个叶片，致使整叶枯死，症状从植株基部向上扩展，直至全株叶片枯黄。

病原及发病条件　该病病原为黄萎轮枝霉和大理菊花轮枝霉。温室及露地栽培都可发生。

防治方法　见镰刀菌枯萎病。

(5) 白粉病

症状　为害叶片及茎部。叶片正反两面都会出现失绿的灰白色粉状霉斑，呈不规则形。严重受害时，叶变形、干枯。影响植株生长及开花，甚至引起植株枯死。

病原及发病条件　该病病原为二孢白粉菌，病菌以菌丝体在病株组织内越冬。春秋冷凉、高湿天气易发病，通风不良发病重。

防治方法　预防措施有：①选用无病繁殖材料；②避免重茬；③保持株间通风良好；④控制温室湿度。发病后的治疗措施有：①摘除病叶集中销毁；②用15%粉锈宁可湿性粉剂800倍液喷雾；70%甲基托布津可湿性粉剂1 000倍液喷雾；③40%福美砷可湿性粉剂800倍液喷雾。以上药剂要连喷3～5次；每次间隔3～5天。

(6) 褐斑病（黑斑病、斑枯病、叶斑病）

症状　主要为害叶片，并且从基部叶向上部叶扩展。初期叶面上出现较小的黄或黄褐色斑点，以后逐渐扩大呈圆形或不规则形的黑或灰褐色病斑，后期病斑上有不太明显的小黑点。严重时，病斑连成一片，造成大量叶片枯焦、脱落。轻则影响植株生长和开花，重则全株死亡。

病原及发病条件　该病病原主要为壳针孢属真菌菊花斑枯菌，有时还有同属的粗壮壳针孢菌等。该类真菌以菌丝或分生孢子器形式在病叶中越冬。春天产生分生孢子借风雨传播。高温多湿发病重，不同品种对黑斑病有一定抗性。

防治方法　预防措施有：①选用无病繁殖材料；②实行轮作；③合理疏植，注意通风通光；④控制温室温湿度。发病后的治疗措施有：①摘除病叶，集中销毁；②50%多菌灵可湿性粉剂500倍液喷雾；③75%百菌清可湿性粉剂500倍液喷雾；④50%甲基托布津1 000倍液喷雾；⑤80%敌菌丹可湿性粉剂500倍液喷雾，每7～10天一次。

(7) 小球壳黑斑病

症状　侵染叶、茎和花，最初侵染未展开的芽，逐渐变为黑褐色至黑色。叶部病斑亦为黑色，不规则形，直径可达2.5cm，病菌可通过叶柄侵染茎部，引起茎部出现黑色斑块，花受害后变褐枯萎。

病原及发病条件　该病病原为菊花

黑斑小球壳菌。夏季潮湿多雨天气易发生。

防治方法　见菊花褐斑病。

(8) 菊花斑点病

症状　主要侵染叶片。最初叶面上出现针头状退绿或浅褐色小点，不久，逐渐扩大成圆椭圆或不规则形褐色斑。后期病斑边缘呈紫色，中央色浅，并具有不明显的轮纹，上生褐色小点。

病原及发病条件　该病病原为菊花叶点霉，高温多湿，尤其是8月份发病重。

防治方法　见菊花褐斑病。

(9) 灰霉病（花腐病）

症状　主要为害花，其次为茎叶，外层花瓣首先受害，初为水渍状淡褐色病斑，随后扩大至整个花部，并呈褐色腐烂症状，上面有灰色的霉状物，茎中上部也形成褐色病斑。

病原及发病条件　该病病原为灰葡萄孢。在低温高湿时发病重，通风不良时，发病重；尤其是温室冬季栽培时。在切花贮运过程中继续侵染，造成严重损失。

防治方法　预防措施有：①加强温室通风，降低空气相对湿度至75%以下。②提高温室温度至20℃以上。发病后的治疗措施有：①及时摘除病花、病叶集中销毁；②喷施灰霉净600～800倍液；喷施65%代森锌可湿性粉剂600～800倍液；③喷施50%扑海因800～1 000倍液。以上药剂要5～7天喷一次，连喷3～4次。

9.5.2　细菌性病害

主要为细菌性枯萎病或称疫病。

症状　个别枝条或多个枝条首先变为淡灰色，随后变灰的分枝在阳光下呈萎蔫状态，但夜间可恢复原状。细菌继续侵染，茎尖变暗褐色而枯萎，最终干枯。菊花扦插时插穗也可受害，轻则中脉坏死，重则插穗萎蔫枯死。

病原及发病条件　该病病原为菊欧文氏细菌。此菌分多种致病型，引起菊花维管束萎缩或薄壁细胞坏死，最终导致全株枯死。病菌附在植株病残体上于土壤中越冬。高温（27℃以上）高湿（80%以上）发病重。病菌还可附着在工具及人手上，在修剪、搬运等作业时传播。

防治方法　预防措施有：①避免连作；②采用组培苗等无病苗栽培；③修剪工具等每次应用前用70%酒精或0.5%高锰酸钾浸泡10分钟灭菌；④扦插时，插穗先放入1 000万单位农用链霉素可湿性粉剂2 500～3 000倍液中浸泡4小时后扦插。⑤严格土壤消毒。发病后很难治疗。但可拔除病株集中销毁，用肥皂多次洗手后，再用1 000万单位农用链霉素2 500～3 000倍液灌根及喷雾，每7～10天施药一次，连施6～8次，有一定疗效。

9.5.3　病毒病

为害菊花的病毒种类很多，世界各地报道的已达20种之多，但在我国，常见报道的病毒病有如下5种。

(1) 花叶病　感毒植株在叶脉间形成明显的退绿发黄的斑块，严重时产生褐色枯斑。病原种类有菊花B病毒，黄瓜花叶病毒，烟草花叶病毒等。主要通过汁液和蚜虫传播。

(2) 斑枯病　在幼小植株叶片上出现退绿带和斑块，后期斑块枯萎，致使大量叶、茎枯死；在较老植株上出现三角形坏死斑，病株不能开花。病原为番茄斑萎病毒。主要通过蓟马传播，蚜虫、叶蝉和叶蜂等也能传播。

(3) 环斑病 感病植株叶片上出退绿的淡黄色环状斑，严重时叶片枯萎。其病原为烟草环斑病毒和菊花环斑病毒。前者通过蚜虫和汁液传播，后者由嫁接汁液传播。

(4)脉斑驳病 感病植株叶片上，沿叶脉出现退绿的黄色斑纹，使叶片生长衰弱，花朵小，甚至不能开放。病原为菊花脉斑驳病毒。主要通过汁液、嫁接，以及菊长管蚜传播。

(5)矮化病 感病植株极度矮化，有时比正常植株矮1/2。叶片变小，花朵变小，花期提早7～10天，有些品种有腋芽增多现象，有些品种有色花呈白化现象。病原为菊花矮化类病毒。主要通过汁液接触传染。刀具和人手为主要传播者。种子和菟丝子也能传毒。

病毒病以预防为主。

首先要严格检疫。防止无病区引入带毒植株体。

其次是应用无病毒繁殖材料，可采用茎尖脱毒培养无毒苗应用于生产，或把繁殖材料栽种到35～40℃之间的温室中3～4周，经热处理钝化去除病毒后再繁苗应用于生产。

第三要注意清洁卫生，在扦插、修剪等作业中，要注意刀具及人手的卫生处理，整理可疑植株后要多次用肥皂洗手以及用70%酒精浸泡刀具，30分钟以后再应用。要防治传毒昆虫，具体方法见虫害防治部分。

9.5.4 主要虫害

(1) 线虫

症状 主要为害叶片，也能为害幼芽和花。受害叶片首先出现浅黄色斑点，随后扩大，但线虫不能穿过较大叶脉，因而在大叶脉间形成较大块的坏死斑，最后叶片卷缩、下垂、枯死并落叶。幼芽受害后引起芽枯，花受害后花蕾干枯或畸形。

虫源及发生条件 由菊花幼芽线虫侵染所致。该虫很小，肉眼看不见，繁殖力极强。1年可发生10代，以成虫或幼虫在病残体、土壤或其它野生寄主上越冬。春季靠雨水和灌溉水的水膜从地上爬到叶片上，从叶片气孔侵入。中温(22～25℃)多湿条件下为害重，重茬条件下为害亦重。

防治方法 预防为主，措施有：①严格检疫；②从无虫植株上采穗扦插或应用茎顶芽组培繁苗；③在菊花栽植区消除苦荬菜、飞燕草及繁缕等菊幼芽线虫的野生寄主；④严格土壤消毒，可采用蒸汽消毒或氯化苦消毒，还可用铁灭克(涕灭威)或者呋喃丹消毒。

(2) 菊潜叶蝇

症状 主要为害叶片，幼虫潜入叶内，蛀食叶肉，在叶表面形成细小的灰白色蛇形虫道。

防治方法 发现虫道后应用40%氧化乐果1 000倍液喷雾或用20%灭扫利乳油4 000倍液喷雾，还可用5%来福灵乳油2 500～3 000倍液喷雾。

(3) 菊花蚜虫

主要有菊姬长管蚜、桃赤蚜和棉蚜。

症状 主要群集在叶腋和幼芽上刺吸植株汁液，造成植株生长衰弱，同时传播病毒病。

防治方法 ①用40%氧化乐果乳油1 500倍液喷雾；②用50%抗蚜威可

湿性粉剂 3 000 倍液喷雾；③50%马拉硫磷乳油 1 500 倍液喷雾；④5%二嗪农乳油 1 000 倍液喷雾；⑤敌敌畏或灭蚜灵烟剂熏蒸防治。

(4) 红蜘蛛

症状　主要为害叶片，在叶片背面主脉周围为害，受害叶片正面最初可见失绿的小白斑，逐渐变红。严重时，叶片呈褐色似火烧并脱落，叶背上有细丝网。

防治方法　①40%氧化乐果乳油 1 500倍液喷雾；②50%马拉硫磷乳油 1 500倍液喷雾；③40%三氯杀螨醇乳油 1 500倍液喷雾；④30%克螨特可湿性粉剂 400～500 倍液喷雾。

此外，菊花虫害还有白粉虱和蓟马，白粉虱的防治见非洲菊，蓟马的防治见唐菖蒲。

9.6　切花采收、处理与上市

9.6.1　采收

切花菊的采收时期依上市情况有所不同，供应本地花市时，花朵上 1/3 舌状花展开之际可采收；远距离运输或采后贮存一段时间再上市则在花朵未开放，瓣层依然紧凑之际采收，这时获得的切花贮藏时间可延长近 1 个月。采花一般在清晨或傍晚进行。为了保证尽可能的切花长度，一般可将花枝从根颈部剪下，距地面约 5cm 高，但因其略带木质化的老茎部，吸水性较差，若做瓶插寿命较短，故如果花枝有足够高度，切口可适当提高至距地 10～20cm 处，这样剪下的花枝瓶插寿命较长。

现国外较流行菊花蕾期采收，即当花蕾发育膨大，花瓣完全露色时采花，其优点是：①运输数量大，单位包装可容纳的花朵数量多；②花头受损减少；③露地栽培时间缩短，可早切 10 天左右，避免霜害，亦便于土地集约化使用；④减少贮存空间。

9.6.2　采后处理

花枝切下后去除花茎下部 1/3～1/2的叶片，分品种、花色和长度包扎。对切花菊国内已有统一的分级标准，根据中华人民共和国 1997 年 12 月发布的农业行业标准 NY/T323—1997，菊花切花分四级，具体标准见表 9-2。

蕾期采收菊花可在－0.5～0℃的冷库中贮藏 3～4 周，1℃的温度不超过 3 周。空气相对湿度要求 90%～95%，要选用 0.04～0.06mm 的聚乙烯薄膜包装。

对于非蕾期采收的很快上市的切花菊，采后立即置于与田内同温的清水中，使其茎基 10cm 左右浸水，然后放在 3℃左右的冷库中吸水，4 小时再去叶分级包装。包装时每一花头罩上一个塑料袋，12 支一束，装入侧壁开孔的特制包装箱内，各层切花反向叠放，花朵向外，距箱边 5cm，中间以绳索捆绑固定，然后入冷库贮藏（不超过 1 周）或直接上市。

大批量长距离运输用冷藏集装箱，温度在 2～4℃，最高不超过 8℃，空气湿度 85%～95%，干运即可。少量运输则充入保鲜气体即可（图 9-14）。

表 9-2 标准菊产品质量分级标准

评价项目		等级			
		一 级	二 级	三 级	四 级
1	整体感	整体感、新鲜程度极好	整体感好，新鲜程度好	整体感一般，新鲜程度好	整体感、新鲜程度一般
2	花 形	①花形完整优美，花朵饱满，外层花瓣整齐 ②最小花直径14cm	①花形完整，花朵饱满，外层花瓣整齐 ②最小花直径12cm	①花形完整，花朵饱满，外层花瓣有轻微损伤 ②最小花直径10cm	①花形完整，花朵饱满，外层花瓣有轻微损伤 ②最小花直径10cm
3	花 色	鲜艳，纯正，带有光泽	鲜艳，纯正	鲜艳，不失水，略有焦边	花色稍差，略有褪色，有焦边
4	花 枝	①坚硬、挺直，花颈长5cm以内，花头端正 ②长度85cm以上	①坚硬、挺直，花颈6cm以内，花头端正 ②长度75cm以上	①挺直 ②长度65cm以上	①挺直 ②长度60cm以上
5	叶	①厚实，分布匀称 ②叶色鲜绿有光泽	①厚实，分布匀称 ②叶色鲜绿	①叶片厚实，分布稍欠匀称 ②叶色绿	①叶片分布欠匀称 ②叶片稍有褪色
6	病虫害	无购入国家或地区检疫的病虫害	无购入国家或地区检疫的病虫害，有轻微病虫害症状	无购入国家或地区检疫的病虫害，有轻微病虫害症状	无购入国家或地区检疫的病虫害，有轻微病虫害症状
7	损伤等	无药害、冷害及机械损伤等	基本无药害、冷害及机械损伤等	有轻微的药害、冷害及机械损伤等	有轻微的药害、冷害及机械损伤等
8	采切标准	适用开花指数[1)]为1～3	适用开花指数为1～3	适用开花指数为2～4	适用开花指数为3～4
9	采后处理	①冷藏，保鲜剂处理 ②依品种每12支捆成一把，每把中花茎长度最长与最短的差别不可超过3cm ③切口以上10cm部去叶	①冷藏，保鲜剂处理 ②依品种每12支捆成一把，每把中花茎长度最长与最短的差别不可超过5cm ③切口以上10cm部去叶	①依品种每12支捆成一把，每把中花茎长度最长与最短的差别不可超过10cm ②切口以上10cm部去叶	①依品种每12支捆成一把，每把基部切齐 ②切口以上10cm部去叶

1）开花指数1：舌状花紧抱，其中有1～2个外层花瓣开始伸出，适合于远距离运输；
开花指数2：舌状花外层开始松散，可以兼作远距离和近距离运输；
开花指数3：舌状花最外两层都已开展，适合于就近批发出售；
开花指数4：舌状花大部开展，必须就近很快出售。

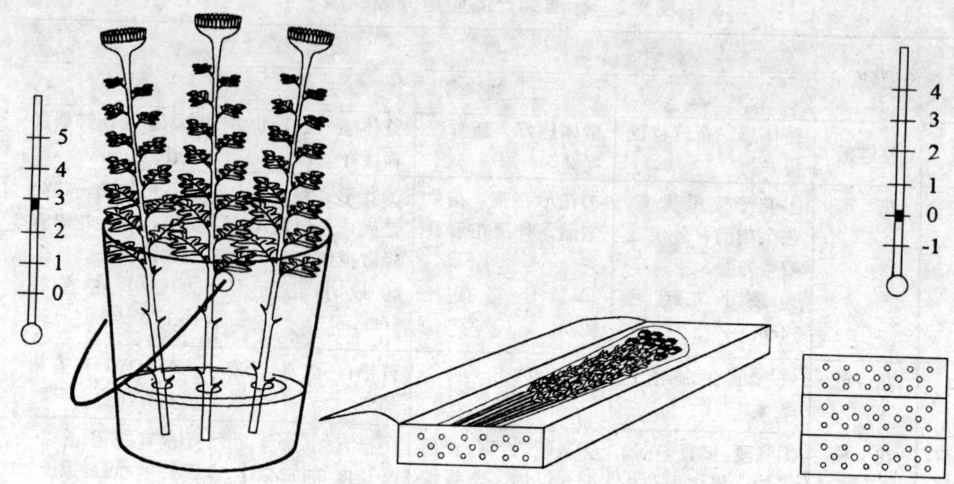

图 9-14 菊花采收与贮藏

蕾期采收的切花，在贮运到目的地后要进行催花处理。催花液配方如下：

(1)蔗糖 25g/L＋硝酸银 25mg/L＋柠檬酸 75mg/L。

(2) 蔗糖 2%＋8-羟基喹啉柠檬酸盐 100mg/L。

催花液不要放在金属容器内，可用玻璃、塑料或陶瓷容器盛装。在需花前 1～3 天将蕾状切花插在催花液中，置 18～20℃，相对湿度为 60%～80%，光强 1 000Lx 的散射光室内进行催花处理，可获得优于花初期采收的切花。

菊花瓶插液：蔗糖 1.5%＋250mg/L8-羟基喹啉柠檬酸盐。

菊花瓶插寿命较长，夏季可达 10～15 天，冬季 25 天，甚至 30 天。

10 郁金香 *Tulipa gesneriana*

10.1 形态特征及常见品种简介

10.1.1 形态特征

为百合科郁金香属多年生草本，高15～60cm，地下具肉质层状鳞茎，扁圆锥形，内有肉质鳞片2～5枚，外被淡黄至棕褐色皮膜。茎叶光滑，被白粉。叶3～5枚，带状披针形至卵状披针形，全缘并呈波状，基部2～3片叶较大，呈阔卵形，余者生茎上，长披针形，较小。花单生茎顶，大型，直立杯状，花被片6，离生，白天开放，傍晚或阴雨天闭合。花色有白、黄、橙、红、紫及复色，有重瓣种。自然花期3～5月。雄蕊6枚，雌蕊1枚，蒴果3室，内有200～300粒扁平种子。

10.1.2 常见品种

迄今为止，郁金香栽培品种已达8 000多个，它是由原产葡萄牙、地中海、希腊、伊朗等地的多种郁金香原种杂交而成。我国引入的常见栽培切花品种如表10-1所列。

表10-1 我国常见栽培的切花郁金香品种

名称	花色	名称	花色
Abba 阿巴	红重瓣	*Angelique* 天使	粉
Apeldoorn 阿普尔多	红	*Apricot Beauty* 美杏	粉
Abra 阿波拉	红带黄晕	*Christmas Marvel* 圣诞的惊奇	深粉
Ile de France 法国的埃尔	正红	*Primavera* 紫威木	粉
Capri 山羊	红	*Wonderful* 万得福	粉
Merry christmas 快乐的圣诞	红	*Pink Trophy* 粉奖杯	粉
Henry Dunant 亨利杜南	红	*up star* 高星	粉
Rococo 洛可可	红皱瓣	*First Lady* 第一夫人	紫
Dix Fanouoote 亲信	红	*Negrita* 内格里特	紫
Prominence 卓越	红	*Purple star* 紫星	紫
Parade 游行	红	*Recreado* 热可拉多	深紫

（续）

名称	花色	名称	花色
Attile 阿梯拉	紫	*Purple prince* 紫王子	紫
Bellone 贝洛纳	黄	*Drange wonder* 橙异	橙紫
Golden Age 黄金时代	黄	*Tommy* 汤米	橙
Golden Apeldoorn 黄阿普尔多	黄	*Flaming Parrot* 火焰鹦鹉	黄色带红边
Goldentarset 丰收	黄	*Arbian Mystery* 阿拉伯	紫色带白边
Mamase 玛曼沙	黄	*Apeldoorn's Elite* 阿普尔多的精华	黄色带红边
Sunray 日光	黄	*Aladdin* 阿拉第	红色带黄边
Hibernid 希伯尼	白	*Leen vander Mark* 李汪德商标	红色带白边
White Dream 白色的梦	白	*Rosario* 玫瑰经	红色瓣基部乳黄
Kansas 堪萨斯	白	*Up star* 高星	乳白带粉晕
Inzell 因在尔	白	*Kees Nelis* 凯斯尼利斯	红色带黄边
Casablanca 卡萨布兰卡	白带黄晕	*Monsella* 摩尔赛拉	黄重瓣中肋红色

10.2 习性

10.2.1 生长习性

郁金香为秋植球根花卉，春季开花，入夏休眠，为多年生植物，其生长发育可分为5个时期。

（1）萌发期 秋季鳞茎栽植后开始萌发，并出现第一次生长高峰，约30%的生长量在此期完成，根系萌发并发育完好，茎亦抽出但不出土。此期的生长是利用鳞茎内贮藏的营养进行的。如温室栽培条件适宜，郁金香可继续生长进入下一个发育阶段。但如为露地栽培，因寒冷的冬季的到来，进入被迫休眠阶段。

（2）生长与开花期 翌春，郁金香茎叶出土，迅速生长并开花，历时3～4周，一生中全部生长量的70%左右在此期完成。以茎叶出土至花前二周为茎叶旺盛生长期，直至开花茎叶停止生长。一般每朵花能开5～7天，如天气冷凉可延长到10～14天。

（3）新球、子球形成期 花后植株逐渐枯黄凋萎，历时1个月左右，此时为新球、子球形成期。花后母球的肥厚鳞片逐渐干枯变为膜质，而其最内一鳞片中的腋芽逐渐膨大形成新球，新球的大小与母球相仿，母球外侧各鳞片的腋芽膨大形成子球，最大的子球有时会同新球相仿。一般品种能形成3～5个子球，有些品种鳞片腋芽则不全部发育，因此仅形成1～2个子球，也有的品种一个鳞片腋中可产生几个芽且都能形成子球，故能产多个子球（见图10-1）。

（4）花芽分化期 植株枯黄至初秋的高温期为其花芽分化期，此时郁金香利用鳞茎自身营养进行花芽分化，至秋季，如将花后掘起贮藏或花后仍留在地下的新球切开，可见其中央已分化成花芽，花芽的6个花被片，6个雄蕊及雌蕊都已分化完成，所有的鳞片腋中都有幼芽，最内鳞片腋芽将来分化成新球，外方鳞片的所有腋芽形成子球（见图 10-2），此期约 6～8 周时期。

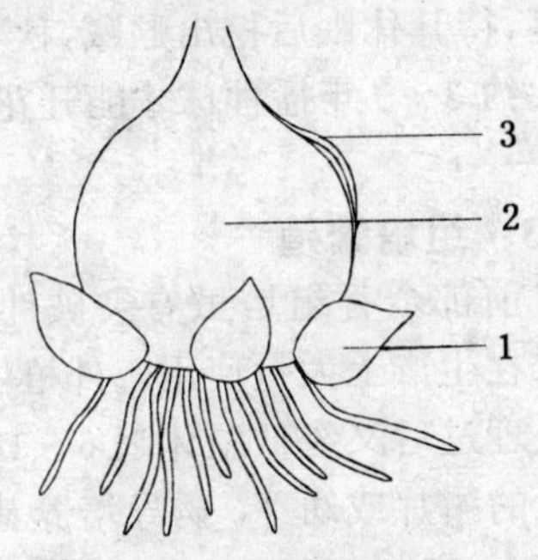

图 10-1 郁金香新球与子球的形成

1. 子球 2. 新球
3. 老球干枯形成膜质鳞片

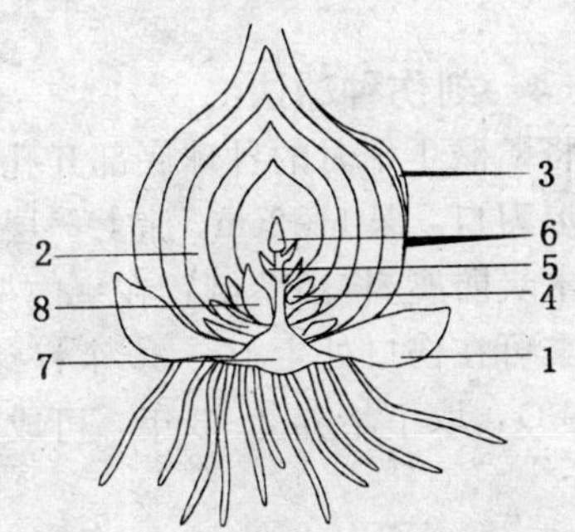

图 10-2 花芽分化后鳞茎纵剖图

1. 子球 2. 新球肉质鳞片 3. 老球干枯形成膜质鳞片 4. 第二年形成子球的幼芽 5. 幼叶 6. 幼花蕾 7. 基盘 8. 第二年形成新球的幼芽

(5) 休眠期 花芽分化之后，鳞茎进入休眠期，休眠期需要较低的温度(9℃以下)和一定的时间(约 9～16 周)。

10.2.2 生态习性

(1)温度 郁金香的耐寒性极强，冬季休眠期可耐－35℃的低温，但在冬季最低温度 9℃的地区也能露地栽培，9℃以下的低温持续 16 周以上就会打破种球休眠，使之正常生长发育。萌发期适宜温度为 9～13℃，5℃以下基本停止。生长和开花期最适温度为 15～20℃，超过 20℃，叶易徒长。新球子球形成期温度 20℃左右。花芽分化期最适温度为 20～30℃，超过 30℃花芽分化受抑，但不同品种之间对温度的要求略有差异。

(2)光照 郁金香属日中性植物，对日照长短要求不严，喜光，略耐半荫，但光强太低，光合作用减弱，生长不良。

(3) 水分 郁金香既不耐干旱也不耐水湿。过湿土壤透气差，容易发生灰霉病，如定植后过分干燥，则会使花芽早期干缩，形成“盲花”。

(4) 土壤 喜富含腐殖质的比较肥沃而排水通气良好的沙质壤土，在粘重土壤上生长不良。pH 值以 6.0～7.0 为适宜。

(5)气体 地栽品种要注意防风，因其茎杆比较细弱，温室栽培要注意通风，防止温、湿度过高生长不良，另外还可用通风法补充光合作用所需 CO_2。

10.3 繁殖方法

10.3.1 分球繁殖

(1) 新球复壮 郁金香开花鳞茎寿命为一年，母球花后枯死，产生 1～2 个新球，2～6 个子球，如发育良好的新球可直接用做开花球，但有时切花后因留下的叶片较少，或气候炎热等原因，因而不能充分地进行光合作用，故不能供球根生长发育所需的营养，所以新球逐年退化，不能直接用做切花球。可把这部分球弃之不用或地栽 1 年，复壮后再用做切花球。栽培管理方法同子球繁殖法，但若有花蕾出现应及早除去。

(2) 子球繁殖法 周径不足 10cm 的子球，要继续地栽 1～2 年，使其长成直径大于 10cm 的种球。子球亦有低温休眠习性，因此，种植前要经过冷藏处理，并要经过严格的种球消毒，消毒方法见本章 10.4.2。其土壤准备、土壤消毒，田间管理技术与唐菖蒲子球繁殖法同。只是郁金香子球需要秋天种植。沈阳地区一般在 9 月中旬栽植，寒地可提早，暖地可适当延迟。不能栽植过早，过早入冬前抽叶易受冻害，过迟会因根系生长不充分降低抗寒力并影响翌春的生长，不利于鳞茎增大。通常是以当地气温降低到 5℃之前一个月种植为最佳时间。

另外子球繁殖中应注意的问题是：入夏地上茎叶枯萎时及时收球。最好选晴朗不潮湿的天气进行，此时挖出的子球，表层泥土可自行脱落，洁净干净的种球贮藏期间不易生病。另外掘球及晒晾时要防止碰伤，切忌擦破膜状表皮。阳光曝晒也易造成鳞皮破裂，中午要给子球遮荫。表皮破裂的鳞茎贮藏期间极易感病。

10.3.2 播种繁殖

有一些郁金香能结种子，如能结实，结实量就很大，每个蒴果内有 200～300 粒种子，可用播种法大量繁殖郁金香。此外，杂交新品种的培育要用播种法。

授粉后 30 天左右，种子成熟，要随时观察，当蒴果皮变黄并略干时采下整个果实，过迟蒴果开裂，种子落地无法收集。种子有休眠习性，采后要放在 9℃以下的低温处 7～9 周左右，然后播种，才可出芽。但一般采取露地秋播法，越冬后种子萌发出土，至 6 月份地下部分已形成鳞茎，待其休眠后挖出贮藏，秋季再栽植，大约 3～5 年播种球才能开花。

10.3.3 组培繁殖

目前郁金香组培虽有突破性进展，但仍未在生产上大量使用。外植体选用高温处理过后又经低温休眠 6～10 周的鳞茎上的鳞片或幼芽。诱导培养基：MS＋BA 1mg/L＋CH 500mg/L（CH 水解酪蛋白），继代培养基：MS＋BA 1mg/L＋GA_3 0.5mg/L＋CH 500 mg/L，生根培养基：1/2MS＋NAA 1mg/L。

10.3.4 刻伤种球法

将贮藏 1 个月的种球底部开孔或打十字形刀口，深 1～2cm，涂上一层硫磺粉或木炭防腐，将鳞茎倒置在室内架上，至秋季可在伤口处生 10～30 个籽球（见图 10-3），取下培养 2～3 年，可成开花球。

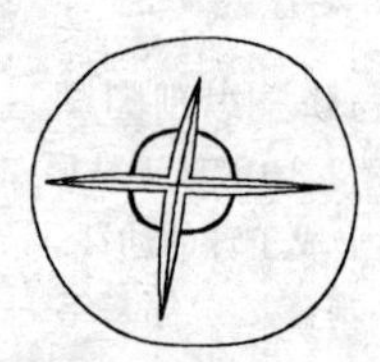
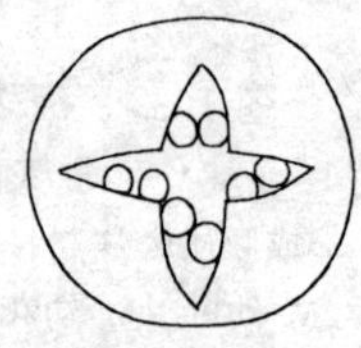

图 10-3 刻伤母球产子球的方法

10.4 鳞茎的分级与贮藏

10.4.1 分级

郁金香鳞茎一般按周长大小分 4 级。12cm 以上，11～12cm，10～11cm，小于 10cm，种球越大，开花质量越高，小于 10cm 径级，只能做子球。

10.4.2　贮藏

鳞茎一般在夏季植株枯后掘起，分级消毒后不能立即种植，立即种植也不能很快萌发生长，因为种球要进行花芽分化和休眠，切花种球花芽分化需要较高的温度，花芽分化后要有一定过度的中间温度，然后才可在较凉爽的秋季种植。让它在冷凉的冬季自然打破休眠，但若在正常冬季之前，先用较低温度处理郁金香鳞茎，打破其休眠，而后，可以使其提早开花。

(1) 鳞茎贮前消毒　球茎掘起后2天内消毒，可用70%甲基托布津可湿性粉剂1000倍液浸泡2分钟，或用50%扑海因可湿性粉剂500倍液浸泡1分钟，浸泡后充分阴干，不充分干燥的种球会因药害而妨碍发根。还可用50%福美双可湿性粉剂拌鳞茎消毒。比例为1∶400～500。

(2) 子球的贮藏　郁金香子球的贮藏温度因品种不同而略有差异，但一般情况下前二个月为20～25℃，以后渐冷至15℃左右，直至秋季种植时止。

贮藏期间子球应放在黑色塑料箱或纸板箱中，不必包装，也不必加盖，摊开成薄层，要加强通风，以防发热霉烂。

(3) 切花种球的贮藏　对于切花种球，因其在贮藏期间进行花芽分化，故贮藏温度要严格控制。不同品种在花芽形成阶段和中间阶段所需温度基本相同。花芽形成阶段的温度为20～23℃，最高不能高于25℃，需时为2个月左右。然后把种球转入中间温度处理，处理温度为17～20℃，处理时间一般为2～4周。

中间温度处理后，如需促成栽培，提早花期，可开始预冷处理，预冷处理时间至少为9～12周，最长可达19～20周。预冷处理后，种球打破休眠，因此，可以随时进温室栽植。中间温度处理后，如正常秋季地栽，不要预冷处理。如早春2月份开始温室种植，整个冬季需要把切花种球贮藏在2℃的低温处，降低呼吸效率，减少对种球营养的消耗。

切花种球的贮藏期一般不超过2月，2月底种植，花期为翌年5月，6月至11月为非供花期。但近几年由于冷冻郁金香的出现，可使郁金香花在9～11月份供花，但切花质量一般，效果不是十分理想。

对于绝大部分切花郁金香品种，可以在花芽分化温度及中间温度处理之后进行预冷处理，但预冷处理的温度可以不同。并且预冷处理的温度直接影响到预冷处理时间的长短及温室栽培周期的长短。如行5℃温度预冷处理，冷处理时期相对较短，最短为9周，温室周期相对较长，一般为50～60天。如行9℃预冷处理，预冷处理时间相对较长，一般为15～19周，温室周期较短，一般为28～35天。后者温室条件要求较高，故不能实行自动化控制的温室，以行5℃温度预处理为佳。

在生产上，把行5℃温度预冷处理的郁金香种球称之为5℃郁金香。而把行9℃温度预冷处理的郁金香种球称之为9℃郁金香。把自然低温贮藏，不特意进行预冷处理的郁金香种球称之为未预冷郁金香。对大多数切花郁金香品种来说，应根据栽培时间、温度条件等进行不同的预冷方式。

切花种球的贮藏湿度为70%～

80%，若湿度过大易产生青霉病，过干，最外层棕褐色膜质皮膜容易开裂，也易造成病菌危害。

此外，贮藏室需要较高的空气循环和通风条件。贮藏箱要离开地面至少10cm，离开墙面至少40cm，两种贮藏箱之间要有40cm间隔，贮藏箱距天花板也要有40cm的距离。这样堆放有利于通风及工作人员随时检查种球（见图10-4）。

良好的通风条件，可使鳞茎的代谢产物，如水分、CO_2、乙烯、热量等随通风系统排走，同时也控制病菌发生。尤其是预冷处理之前的高温处理及中间温度处理时期，此期如遇镰刀菌侵害加上发动机工作产生乙烯，如不及时排出，浓度过大会引起芽坏死，栽培后产生有叶无花枝的盲枝。因此，要及时除去病球，不要在贮藏室内贮藏水果和鲜花，不要让发动机废气积存。郁金香贮藏期间通风量见表10-2。

此外，要经常检查鳞茎，发现温度变化及病虫危害等情况及时处理，还要注意防止鼠害，因鳞茎含淀粉较多，老鼠喜食。

10.5　栽培管理

10.5.1　五摄氏度郁金香的温度促成栽培

（1）定植前的鳞茎冷处理　在5℃郁金香的栽培中，在鳞茎种植之前必须对干鳞茎进行充分的预冷处理。对于一般品种来说，有至少9周的预冷处理即完全可以打破种球休眠，但对达尔文杂交系来说，则必须有至少12周的预冷处理，才能打破种球休眠。

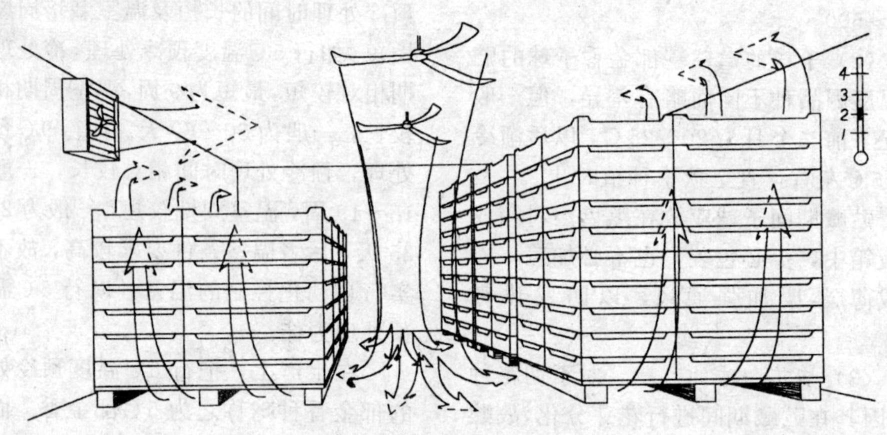

图10-4　郁金香种球的贮藏

表10-2　郁金香鳞茎贮藏期间所需通风量

贮藏温度（℃）	20	17	9	5	2
空气流量（m^3/小时）	10.0	6.0	0.5	0.5	0.5

(2)土壤准备　温室促成栽培所用土壤要求有良好的通气性及排水性能，因此，一般壤土要加珍珠岩或河沙改良，使之成为沙质壤土，然后深翻 20～30cm，如为较贫瘠土壤每亩温室施 300kg 左右膨化鸡粪或充分腐熟的农家肥 2 000kg，使其成为肥力中等偏高的土壤，如为腐殖质含量较高的肥沃土壤，可不必施肥。pH 值应在 6～7 之间，土壤应充分消毒。方法见唐菖蒲有关章节。

(3) 做床　郁金香的栽植床可做高床，也可做低床，高床排水性良好，地温高；低床能保持较低地温，对秋冬季节温度较高的地区较适用。床宽 80～100cm，中间留步道 40cm（见图 10-5）。

(4) 定植

定植时间　一般从 10 月中旬至 2 月 1 日都可以。但 11 月中、下旬以后定植的，可以使用未预冷处理郁金香。不同定植时间及供花期见图 10-6。

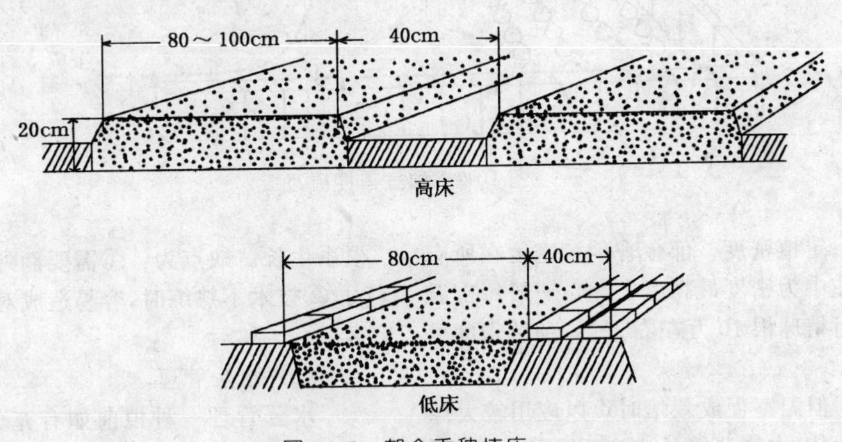

图 10-5　郁金香种植床

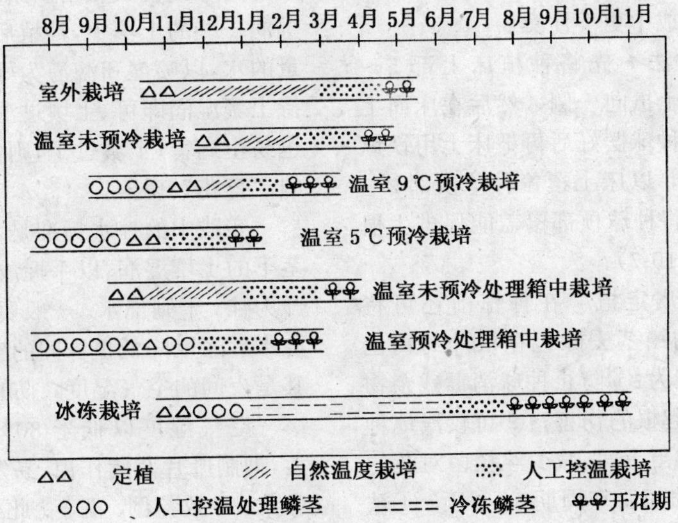

8月 9月 10月 11月 12月 1月 2月 3月 4月 5月 6月 7月 8月 9月 10月 11月

室外栽培

温室未预冷栽培

温室 9℃预冷栽培

温室 5℃预冷栽培

温室未预冷处理箱中栽培

温室预冷处理箱中栽培

冰冻栽培

△△ 定植　//// 自然温度栽培　⁚⁚⁚ 人工控温栽培

○○○ 人工控温处理鳞茎　==== 冷冻鳞茎　开花期

图 10-6　郁金香供花月历

表 10-3 5℃郁金香的种植密度

种植时间	鳞茎数/鳞茎大小（个/m²）（周径 cm）	种植时间	鳞茎数/鳞茎大小（个/m²）（周径 cm）
较早	230～250/11 以上	较早	250～270/10～11
中间	270～280/11 以上	中间	280～300/10～11
较晚	280/11 以上	较晚	300/10～11

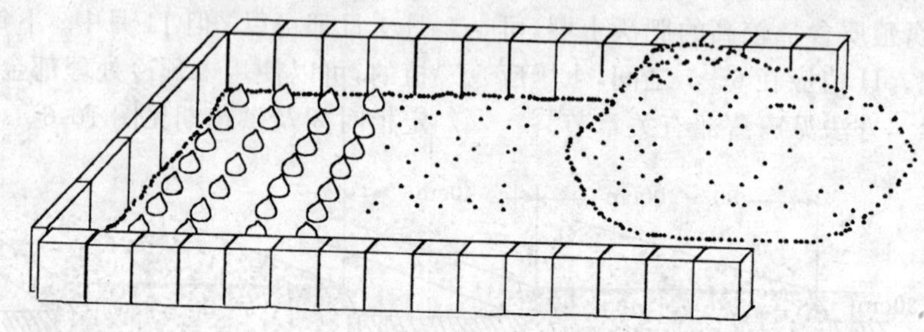

图 10-7 郁金香种植方法

定植密度 郁金香种植密度在所有切花中为密度最高者之一，一般每亩温室可植球根 10 万左右。具体种植密度见表 10-3。

但温室促成栽培时，以应用较大球茎为佳。大鳞茎能长出高质量的切花。鳞茎小，花较小，花颈较细长。这在早期促成和晚期促成中更要注意。

定植方法 先将种植床上部 5～6cm 厚的床土扒向一侧，然后在床面上摆种球，将种球摆好后再把床土用铁锹覆在种球上，以床土覆盖种球顶部 2～3cm 为止，将种球顶部覆盖能促进生根过程（见图 10-7）。

鳞茎去皮定植 在种植前还可将 5℃郁金香的鳞茎去除包在根外的褐色皮膜。其优点为：①防止种球消毒残余物与根接触引起根的伤害；②可较浅地种植，鳞茎尖露出土面，减少丝核菌对茎的侵害；③能缩短温室周期 3～4 天；④被感染的鳞茎能被分辨而被去除；⑤促进根系生长。缺点为：①需要额外的劳动力；②技术不熟练时，容易造成对根的伤害。

（5）植后管理

水分管理 种植前如有充分时间，可种植前浇水，降低土温，尤其是10～11 月份的早期促成栽培。鳞茎要种植在稍湿润一些的土壤中，种植后，再给予一定量的水，以喷灌和滴灌为好。以后经常保持土壤湿润即可。土壤过湿则通气性差，也易生病害；土壤过干，则发生花芽干枯的“盲花”现象。

实践中的控水标准是，经常保持鳞茎下的土壤湿润，以手握成团，一触可散开为佳，干则浇水。一般要在上午浇水，浇水后通风降低植株间的空气湿度，尤其是夜间的空气湿度，防止病菌滋生。

空气湿度以低于 80%为佳，湿度大，抑制叶片蒸腾作用，易发生生长失调现象，导致猝倒、凋萎。此外湿度大，灰霉病菌活动强。

温度管理　种植后，前两周要保持地温10℃或更低，这样能有效地防止腐霉菌所致的软腐病及尖镰孢菌所致的乙烯毒害。

在10～11月早期促成栽培时，这种低温较难维持，如果土壤温度高于17℃，最好推迟1～2周种植。

温室室温在种植初期要控制在9～13℃。因此早期种植可采用冷水浇灌温室土壤，地表覆盖稻草及遮荫网降温等措施。但遮阴后要加大通气量，使空气流通，防止荫湿环境病菌滋生。

当根系充分生长，芽也长到2～3cm时，开始升温，白天可升温至16～23℃，夜间10～15℃。出芽1个月左右，可见花。

调节光照　郁金香属日中性植物，但对光照强度仍有一定要求，在我国中部及南部冬季栽培不必补光。但北方冬季栽培时，因为层层保温覆盖，加之本来日照就短，光照亦弱。所以，温室内日照时间、光照都显不足，故补光对郁金香生长有利。否则，发育迟缓，温室周期长，植株细弱。补充光照亦可采用装有反光装置的高压钠灯。

春季3～5月份，秋季10～11月份光照较充足，致使温室温度过高，可考虑遮光以降温。

营养管理　如果栽培土壤肥沃，又为消耗性栽培，可不追肥。如肥力较差，或除正常切花外，还想保留新球与子球，那么要在幼苗出土3cm至开花前的1个月左右时间内追施2～3次化肥。每100m² 苗床追肥2kg硝酸钙，把硝酸钙溶于水中配成0.5%～1%水溶液浇灌，浇灌后再用清水喷淋植株，以免发生"烧苗"现象。

在植株高7～10cm时，用10mg/L的赤霉素0.5～1mL滴入郁金香的鞘状叶内，可使花期提早3～5天。一般处理一次即可，但为稳妥起见，可7～10天再重复一次。但这种处理必须在光照较充足，肥水条件较好时使用。不然，效果不佳。

10.5.2 9℃郁金香及未预冷处理郁金香的温室促成栽培

(1) 定植前及定植后鳞茎的冷处理　在9℃郁金香的栽培中，部分冷处理是在栽种之前对干鳞茎进行的，当温室温度达到9℃或更低时，把9℃郁金香栽培到温室内，栽培至温室后，继续在温室内进行冷处理至少6周，然后开始加温使其迅速生长。

未预冷处理郁金香在种植后进行全部的冷处理。

冷处理完成后，温室加温至18℃左右，9℃及未预冷郁金香的温室周期是从温室加温后开始计算的，一般在5～6周之间。最短者不足4周。

(2)定植时间及特殊注意事项　9℃郁金香和未预冷处理郁金香的栽培和管理基本同5℃郁金香。但以下事项要特别注意。

要在温室温度达到9℃以下时再开始种植，通常在沈阳地区是从11月中旬开始，如土温过高，可推迟种植时间，并继续对鳞茎进行预冷处理，预冷处理的温度要降低到8～2℃。

12月中旬以后不要种植9℃郁金香，继续种植，品质极差。

9℃及未预冷郁金香不要去鳞皮。

9℃及未预冷郁金香的温度处理，种植时间及花期见图10-6。

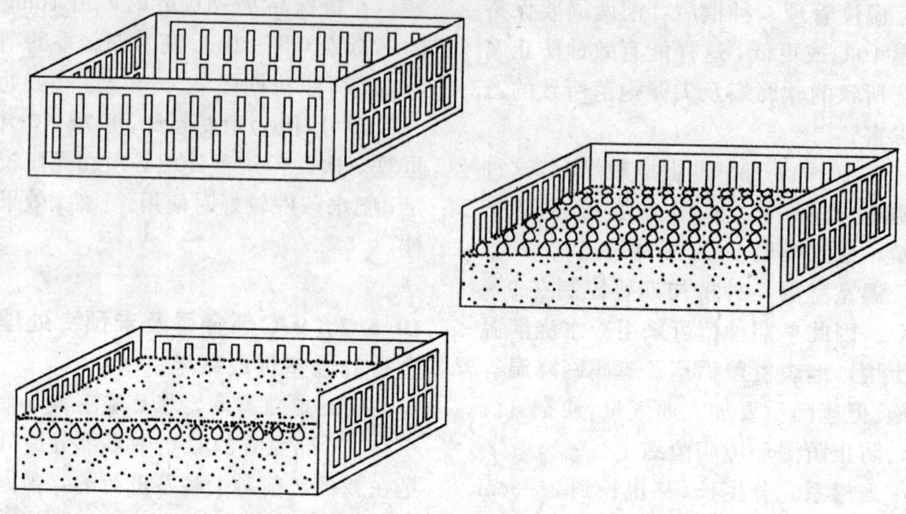

图 10-8　箱式栽培

10.5.3　9℃郁金香及未预冷郁金香温室箱中促成栽培及冷冻郁金香

(1) 定植前后鳞茎的冷处理及定植时间　箱植种球的冷处理方法基本同10.5.2中的9℃郁金香及未预冷处理郁金香的温室促成栽培，但可提早把9℃预冷处理或未预冷处理的郁金香鳞茎种植在箱内。然后将种植箱2～3层堆放在生根室内进行冷处理，在必要的冷处理完成后，栽培箱可放入温室栽培，提早开花，也可把栽培箱放在－2℃的冷库中冷冻，让其9～11月份供花，但此时切花品质不特别理想。

温室箱中栽培的温度处理，种植时间及花期见图10-6。

(2) 栽培箱及栽培基质　一般生产上多采用60cm×40cm×18～20cm的鳞茎塑料周转箱，箱的底板上有许多圆孔或长条孔隙，边缘可有孔或无孔(见图10-8)。

栽培基质比温室地栽要求高，基质必须质地适中疏松、肥沃，无病菌。在荷兰最常见的配方是60%黑泥炭加40%泥炭组成。在我国沈阳有人应用60%腐叶土加40%泥炭效果也较好。

(3) 栽植密度　箱植密度大于地栽密度，在荷兰可见最大的密度为每箱200株(60cm×40cm箱)。但一般情况下每箱100左右株为最佳。箱植密度与品种的叶片数目和栽植时期有关。荷兰国际球根花卉中心推荐的种植密度见表10-4。

(4)栽植方法　首先在箱底覆以6～8cm厚的栽培基质，然后把鳞茎摆放其上，第三，覆盖基质至接近鳞茎顶端2cm处，最后覆以2cm的较粗河沙至鳞茎顶端 (见图10-8)。

在荷兰，一些大型郁金香鲜切花生产公司对以上工作都实行机械化操作。

(5) 生根室冷处理阶段的环境控制

温度控制　采用箱促成栽培法时生

表 10-4　郁金香花在 60cm×40cm 的箱中的种植密度

	早期促成			较晚促成		
叶数	多	中	少	多	中	少
鳞茎大小（12cm）	85	100	115	75	85	100
鳞茎大小（11～12cm）	100	115	130	90	100	115
鳞茎大小（10～11cm）				100	115	130

根室的温度为 9℃，但生根室温度也不必自始至终都为 9℃。可随外界气温的变化适当调整，以最少的能源实现最佳的冷处理效果。如在 9 月到 10 月末之前控制温度在 9℃，从 10 月末到 11 月初控温为 7℃左右，11 月中旬到 11 月末控温 5℃左右，12 月初起控温为2～0℃。但如打算秋季观花，则必须在 2 月初开始把种植箱放在－2℃的冷库中冷冻起来，直到需花前的 1.5 个月左右慢慢解冻后，用中间温度过度 1～2 周后送入温室栽培。

湿度控制　栽培箱要适量浇水，使基质手握成团，但不能滴水。生根室相对温度保持在 90%左右，经常向地面喷水保湿。

通风控制　为保证生根室温度、湿度均匀并控制病害发生，要保证一定量的空气循环，生根室要安装风扇。

(6) 温室栽培阶段的管理

温度　当郁金香结束了生根室的冷处理后，要分期分批地进入 18～20℃的温室中。

湿度　经常用喷灌浇水保持其基质湿润，空气相对湿度保持在 80%以下。一般在上午浇水。

栽培箱摆放　我国目前箱植面积很少，一般都采用单层沿地摆放法。在荷兰箱植郁金香进入温室后，分 3 层摆放，温室内设 3 层铁架（见图 10-9）。最下一层见光量最少，为未长叶鳞茎，中层为不足 2 片叶的幼苗，最上层为 2 叶以上的大

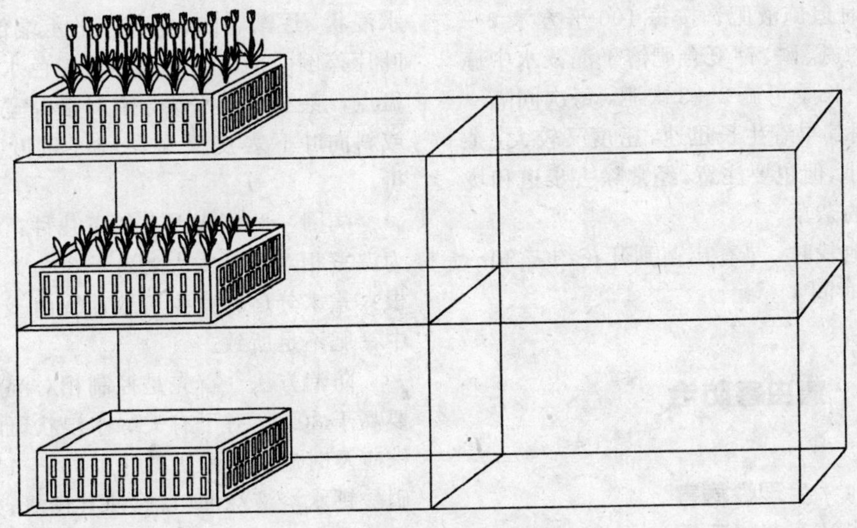

图 10-9　郁金香箱植层放法

苗，在最上层，光照充足，直至把大苗养成开花植株。

以上各项作业也都是机械化作业。

10.5.4 未预冷处理郁金香露地栽培

选择背风向阳或略荫蔽的地点及轻松肥沃的土壤，先深翻整地，再施足基肥，然后进行土壤消毒，最后做高床或大垅开沟种植（以上各项操作方法见唐菖蒲）。栽植行距10～15cm，株距视种球大小而定，约6～8cm，覆土厚度达球高的两倍即可。过深不易形成子球且常引致球根腐烂，过浅易受冻害和旱害。种植日期要根据当地温度决定，平均气温5℃到来的前一个月种植为最佳时间。根系在9～13℃条件下一个月左右就能发育完好。北方寒冷地区冬季适当加以覆盖有利于根系生长及翌年开花，多以草帘等覆盖，早春化冻前及早除去覆盖物。

定植后，充分浇水，以后见干即浇，经常保持土壤湿润。如土壤肥沃一般不需要追肥，否则要在早春植株长至3cm左右时追施液肥，按每100平方米2～3kg的氮、磷、钾复合肥溶于灌溉水中施入，生长季可施2～3次肥，每次间隔一周。因其早春生长迅速，密度又较大，杂草较小，但也要注意，经常除去步道和垅沟中的杂草。

地栽时，早春出苗到开花约需30～50天时间。

10.6 病虫害防治

10.6.1 生理性病害

（1）盲花（盲芽）

症状 花芽早期干缩，幼花蕾呈白色膜质状，或变成一小的卷缩的羽毛状；花芽中期干缩，芽失水，花瓣乃呈绿色，但不伸长，最终干缩，脱落；花芽晚期干缩，花瓣能长到快开放大小，有时花瓣边缘有缺刻，或其顶端干枯，但其中的雌雄蕊卷缩，不能开放，水养也不能开放。

病因 此病病因如下：①由于鳞茎太小；②鳞茎未完全冷处理；③鳞茎贮藏或转运过程中极度高热；④鳞茎中间温度处理时间太短；⑤贮藏期间及栽培期间病球释放乙烯的影响；⑥温室湿度太高；⑦不正确的浇水方法，造成根系窒息等等。

防治方法 此病只能预防，一旦发生无法挽回，对照以上各种可能的病因，在鳞茎贮藏及栽培过程中杜绝不正确的栽培管理方式及防治尖镰孢菌感染，避免机器产生乙烯积存造成的影响。

（2）猝倒病

症状 花茎及叶片自行倒折现象。花茎猝倒前，茎的上部首先呈现暗绿色水浸状，逐渐卷曲，最终茎的上端倒折。叶片猝倒前也出现暗绿色或黑色水浸状斑点，甚至分泌水珠，有时沿叶宽方向或斜向叶下表皮破裂。最终致叶片倒折。

病因 此病病因有如下几种：①因为温室相对湿度太大（高于80%）或生根太差水分运转减少所致；②由于土壤中钙肥不足所致。

防治方法 首先是控制相对湿度不要高于80%；对于有失绿水浸状斑的植株应及时施用硝酸钙；用0.5%～1%的硝酸钙水溶液浇灌植株，使其恢复；如已接近采花的植株，则把花切下放在1%硝酸钙水溶液中。

10.6.2 真菌性病害

(1) 郁金香基腐病

症状 主要是根和球茎受害，生长期及贮藏期都可发生。受害根部呈灰褐色，对鳞茎的侵染多发生在基部，病害初发时为具有暗褐色边缘的小灰斑，随后扩大为污白色或灰褐色软腐，有时会出现同心圆和明显的黄色边缘，并散发出酸臭味，最后变干，其上着生白色或粉红色霉层。感病重的鳞茎不能抽芽，轻者长出的叶片变红，当气温高时，叶片变黄，严重时，植株枯萎死亡。受侵染的鳞茎能释放乙烯，引起自身芽坏死及其邻近植株芽坏死并易受其他病害侵染。

病原及发病条件 该病病原为郁金香尖镰孢菌，有专主寄生性。高温（20～34℃）和高湿条件下发病重，孢子在感病球茎及土壤中越冬。氮肥过量植株间通风不良易发病。

防治方法 预防措施有：①适时收获鳞茎并避免机械损伤及晾晒过程中的机械损伤；②鳞茎掘起 2 天内消毒处理，具体方法见本章《鳞茎贮前消毒》；③鳞茎贮藏期间保持良好的通风条件；④实行轮作，避免重茬，种植前严格土壤消毒；⑤种植初期土温控制在 9℃以内或更低绝不能超过 13℃；⑥种植前和栽植床上都要及时剔除感病鳞茎，集中销毁。发病后的治疗措施有，①50%福美双可湿性粉剂 500～800 倍液喷雾及浇灌有病鳞茎的根穴；②20%甲基立枯磷乳油 300～400 倍液喷雾及浇灌，有病鳞茎的根穴。

(2) 青霉腐烂病

症状 主要危害鳞茎，若种植带病鳞茎，也可在地上部发生症状。鳞茎上产生暗褐色的凹陷病斑，病部覆盖青霉，内部鳞片逐渐腐烂，受伤鳞茎更易受侵染，严重时，鳞茎成朽木状干腐。受害轻的鳞茎种植能出芽，但植株矮小，失绿，花畸形或不开花，植株提前枯死。

病原及发病条件 该病病原为青霉菌。冷凉、湿润、通风不良的条件下有利病菌侵染，鳞茎有机械损伤时更易感染。

防治方法 预防措施有：①避免鳞茎机械损伤；②鳞茎贮前消毒；③保持贮藏场所干燥，通风；④尽早剔除重病球和消毒后种植轻病球。发病后的治疗方法有，①用 47.2%万利得乳油 800 倍液浸球 2 分钟沥干后种植或用 70%甲基托布津可湿性粉剂拌种球后种植，比例1：100；②用 70%甲基托布津800～1000 倍液喷雾和灌根。

(3) 软腐及根腐病

症状 仅侵染栽培期鳞茎及根，但地上部能表现出明显的症状。鳞茎受侵染后组织变软，无光泽，呈粉红色，并释放出特殊气味，根受侵染后变成褐色、发软，最终导致鳞片及根腐烂。鳞茎及根早期被感染，地上部分可长成较短的植株，后期则叶尖变软，不能抽出花茎。如后期感染，则花脱水凋萎。

病原及发病条件 该病病原为腐霉菌，平时在潮湿的土壤中营腐生生活，菌丝或芽管可从伤口或生长衰弱的植株根或鳞茎表皮侵入，温度大于 10℃，土壤湿度大，发病重。

防治方法 预防为主。①保证栽培土壤有良好的结构和排水系统；②种植前要严格土壤消毒；③种植前 2 周，控制温室温度小于 10℃。

(4) 灰霉病（火烧病）

症状 叶、花、鳞茎均可受害。幼叶

刚伸展时即可受害，受害初期为小型的淡黄色斑点，圆、卵圆或长圆形；有明显的暗绿色水渍状边缘，病斑多发生在叶缘，引起叶片向一侧卷皱，空气潮湿时，病斑迅速扩大，呈白色或褐色，致使叶片枯萎，并覆盖灰色霉层。花瓣受害后产生浅褐色病斑，逐渐扩大变成深褐色，干枯或腐烂。花芽受害后不能开放。花梗受害出现环状斑痕。受害鳞茎外皮褪色，碎裂，并产生黑色小菌核，剥去外皮，鳞片上可见近圆形的深褐色斑点。受害鳞茎长出的植株矮化，黄绿色，花干枯。

病原及发病条件　该病病原为葡萄孢菌，以分生孢子或菌核在病残体或土壤中越冬。低温、高湿，通风不良时发病重。

防治方法　预防措施有：①提高温室温度，降低湿度，加强通风；②每隔10～15天喷施75%百菌清600～800倍液预防。发病后的治疗措施有：①及时摘除病叶销毁。②喷施灰霉净600～800倍液；③喷施50%扑海因500～1 000倍液。上述两种药剂要5～7天一次，连喷3次。

(5) 叶斑病（纹枯病）

症状　多危害幼芽及幼叶。幼叶受浸染后，出现橙褐色的不规则斑块和条形斑，斑上有伤流出现。表现为像被虫吃过的痕迹。之后，病斑一般不进一步发展。这种植株通常能开花，但花质量下降，价值降低。

病原及发病条件　该病病原为丝核菌属索拉利菌。以菌核形式在土壤内越冬，借风雨传播到幼芽上，潮湿高温发病重，连作发病重。

防治方法　预防措施有：①避免重茬；②种植前严格土壤消毒；③番茄、菊花及各类作物是该真菌的寄主植物，因此，上述作物不能与郁金香重茬；④种植鳞茎时，也可将其顶端露出土面。发病后的治疗措施有：①70%甲基托布津可湿性粉剂1 000倍液喷雾及灌根；②40%菌核净1 000倍液喷霉及灌根。上述药剂要7～10天一次，连施3次。

10.6.3 病毒病（碎色病）

病状　感病植株叶片上出现淡绿或灰白色条纹，严重时叶缘呈波纹状或扭曲。花受害后出现浅黄色或白色的条纹。尤其在红色系品种的花瓣上表现明显。感病植株生长衰弱，子鳞茎产量也逐年减少。

病原及发病条件　该病病原为郁金香碎色病毒。同时还浸染百合、贝母等多种花卉。主要由蚜虫等刺吸性口器的昆虫取食时通过植物汁液传播。

防治方法　预防措施有：①采用茎尖培养与热处理相结合的办法使郁金香种球无毒；②喷洒杀虫剂，防治蚜虫等昆虫危害；③避免与百合等感毒植物重茬及相邻种植；④严格用蒸气或氯化苦等对土壤进行严格消毒。发病后的治疗措施有：①拔除病株，集中销毁；②喷洒20%病毒A可湿性粉剂400～500倍液；③喷洒1.5植病灵乳剂800～1 200倍液，7～8天一次，连喷2～3次。

10.6.4 细菌性病害

郁金香常见细菌性病害有软腐病，球茎贮藏时基部腐烂，呈乌白色，有白色粘液状物，生长季节，由茎长出的叶子叶尖先变淡红色，以后整片叶变色枯死。防治方法：用氯霉素和农用链霉素浸球根；严格土壤消毒，消毁病株。

10.6.5 虫害

郁金香的主要虫害有蚜虫类、白粉虱和蛴螬。蚜虫的防治见唐菖蒲。

(1)白粉虱　白粉虱主要危害叶背、花梗等处,属刺吸性昆虫,防治方法:第一,降低虫口密度、去掉带虫叶片及附近杂草;第二,药物防治,①喷洒50%三硫磷乳剂2 000倍液;②喷洒20%杀灭菊酯2 500倍液;③20%灭扫利乳油3 000~4 000倍液喷雾。喷药要在清晨成虫停歇,活动力不强时进行,可提高杀虫效果,一般要连用2~3次,两次间隔7~10天。

(2)蛴螬　蛴螬是金龟子的幼虫,在土中危害郁金香的鳞茎和根。防治方法:预防措施为:杀死外来虫体,严格土壤及有机肥消毒,用腐熟粪肥做基肥,①用80%的敌敌畏乳剂500~800倍液喷在粪肥上,拌匀后用塑料布封好,24小时后再使用;②用40%甲基乙柳磷乳油150~200mL,加水100kg可喷600m²左右的土壤,使药剂均匀混入表层20~30cm土壤中;发现虫害后的治疗措施有:①50%马拉硫磷800~1 000倍液浇灌土壤;②50%马拉松乳剂800~1 000倍液浇灌土壤;③25%辛硫磷及25%乙酰甲胺磷1 000倍液浇灌土壤。

10.7 切花采收、处理与上市

10.7.1 采收

当花蕾充分着色还未展开时采收,这有利于贮藏和运输,地栽郁金香多用切花兼养球,剪花时要留下全部基生叶,从叶丛中把花茎剪断。而温室栽培多为消耗形栽培。可直接把花茎从鳞茎上拔出;或者整株包括鳞茎一起采收(见图10-10)。这种做法的优点是,花茎与鳞茎一起冷藏,需花时再削去鳞茎,可延长切花贮藏期,缺点是增加了工作量和占用

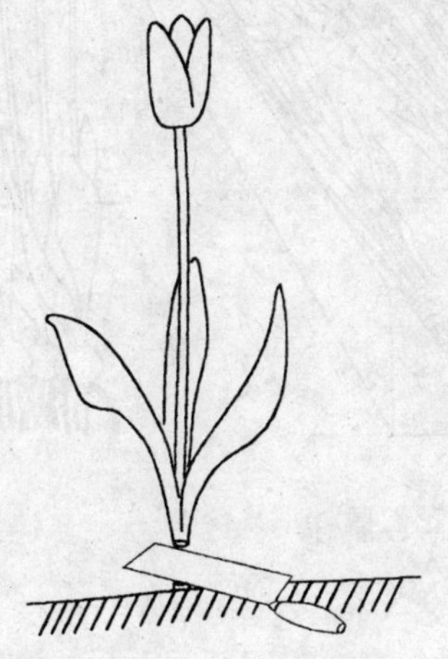

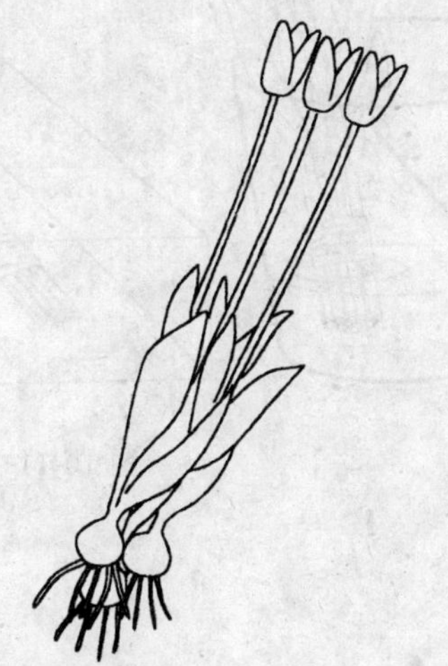

图10-10　郁金香切花采收

了冷库使用面积。

10.7.2 延迟采收

在生产中，还可采用使温室降温的方法延迟采收期。在植物生产的每一阶段都可以把温室温度降至5℃数天（最长7～10天），温室温度低，植株生长发育慢因而能延迟采花日期。根据需要，又可随时升温至正常水平。

但要注意，低温会引起相对湿度的升高，因而低温期要注意通风，以减少病害发生。

10.7.3 处理

剪下花茎后立即放在2～5℃的清洁水中30～60分钟，然后放较冷凉的工作室内，分束捆扎。目前，郁金香无统一的切花分级标准。但出口商品要求茎长35cm以上。分品种、花色和长度10枝一束，先把花头放在同一平面上再捆扎，然后把基部剪齐。用玻璃纸罩好，放入1～3℃冷库贮藏。如湿贮，玻璃纸上方要是开敞的，要垂直摆放。干贮，可平放，上部要包扎。保持冷库湿度80%左右（见图10-11）。

目前郁金香无特殊保鲜液，如保鲜也只加少量杀菌剂，不能加糖等营养物质，糖易造成花茎生长弯头。

冷库贮藏切花一般不超过3天，带鳞茎的切花可贮两周左右，上市时，若长距离运输，也要用特制预冷的切花包装箱，花枝可以水平放置，但两层中间要有隔板，以免下沉挤压，伤及叶和花。到达目的地后，若发生花茎弯曲现象，可把切花包在湿纸中弄直后，放在水桶中，使其顶部照光而变直。

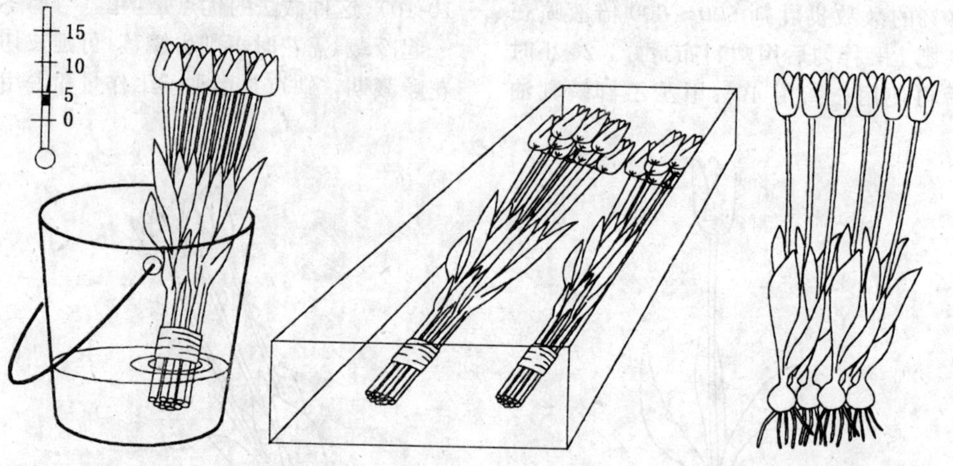

图10-11 郁金香切花贮藏

11 唐菖蒲 *Gladiolus hybridus*

11.1 形态特征及常见品种简介

11.1.1 形态特征

为鸢尾科唐菖蒲属多年生草本。地下部分具扁球形球茎，外被4～6层膜质鳞片。茎粗壮而直立，多为单茎或偶有一球多枝，高40～150cm。叶剑形，6～9片，长30～60cm，宽2～5cm，嵌叠为二列状，抱茎互生。蝎尾状聚伞花序顶生，着花8～24朵，每朵花生于草质苞片内，无梗；花大型，漏斗状，冠径4～6cm，花被片6片，左右对称，色彩丰富，有红、粉、白、紫、蓝、黄等深浅不一的单色或复色，亦有洒金、斑纹等变化，花瓣边缘有平滑、皱褶或波状等差异。蒴果，种子扁平，有翼，花期夏秋。

11.1.2 常见品种

唐菖蒲栽培原种约10余个，但现在世界上的栽培品种已达1万以上，而且每年仍有新品种投放市场。我国不同地区环境条件差异很大，不同品种适应性又各有异同，因此，各地应通过引种试验，确定当地的最适品种，切不可盲目引种，以免造成不必要的经济损失。目前国内常见的栽培品种如下。

白色系品种：‘白友谊’（*White Friendship*），‘白女神’（*White Godds*），‘白繁华’（*White Prosperite*），‘珊色瑞’（*Sancerre*）。

粉色系品种：‘粉友谊’（*Friendship*），‘魅力’（*Pink Attraction*），‘超级玫瑰’（*Rose Supereme*），‘夏威夷人’（*Spic & Span*），‘玛什加尼’（*Mascagni*），‘皮特的梨’（*Peter Pears*）。

红色系品种：‘钻石红’（*Diamond*），‘奥斯卡’（*Oscar*），‘红美人’（*Red Beauty*），‘玫瑰红’（*Rose Delight*），‘戴高乐’（*President de Ganlle*），‘胜利’（*Victor Borge*），‘青骨红’（*Trader Hore*），‘欢呼’（*Applause*），‘前进’（*Advance*），‘猎歌’（*Hunting Song*），‘红土地’（*Red Woud*）。

黄色系品种：‘金色原野’（*Gold Field*），‘金色杰克逊维尔’（*Jackson ville Yellow*），‘新星’（*Nova Lux*），‘荷兰黄’（*Holland Yellow*）。

复色系品种：‘杰西特（*Jester*），花黄色，下面3个花瓣上有红彩斑；‘普丽西拉’（*Priscilla*），花瓣白色，边缘微皱，具有玫瑰红色的彩环。

11.2 习性

11.2.1 生长习性

唐菖蒲的生长发育可划分为4个时期，各期具有其一定的生长特性。

萌发期 唐菖蒲属春植球根花卉，种球冬季休眠过后，在相对湿度大于70%的条件下，温度达5℃以上不需任何基质即可萌芽。在辽宁省沈阳地区，4月中旬球茎植入地下后，经15～20天可见第一片叶，以后每隔7～10天长出一片叶子。

花芽分化与新球、子球形成期：第二片叶子长出土面后，生长点膨大，花芽开始分化，约经40天左右，植株生出7片叶时，花芽分化完成，雌蕊和雄蕊已经形成。3片叶时，种球（亦可称母球）上部的新芽茎基开始膨大形成新球茎，母球萎缩，逐渐失去供应营养的作用，其上的老根也逐渐退化而最后消失。在新球茎形成和逐渐长大的同时，其基部第二层新根系（亦称收缩根）也逐渐形成和伸长，至第七片叶花芽分化完成时，新球与新根之间会形成许多子球（见图11-1）。由于种球大小和品种不同，子球形成量有很大差异，如吉林省培育的规格相同的种球，'大红袍'每个种球可着生子球50～70粒，而'紫气祥云'每球仅生子球4～8粒。此时新球茎上已形成休眠芽，一般每个球茎上有芽眼3～6个，中间为主芽，旁边为侧芽（见图11-2），主芽和侧芽都有形成新株而抽穗开花的能力，但一般仅主芽萌发成株。

开花与新球、子球膨大期 植株6～7片叶时，花序下部的第一朵小花开始形成花粉和胚珠，此时花茎迅速生长，当7～9片叶时，花穗抽出并开始开花，从下至上，每天开出1～2朵小花，每花可维持2～4天，最上部的1～2朵小花较小，因发育不良常不能开放。每个花穗可开花15天左右。花朵授粉后，约经40天左右种子成熟，每果藏有带翅种子15～70粒。在开花期，新球与子球不断膨大直至花后约40天止。

休眠期 花后40天左右，种子成熟，新球、子球均不再膨大而进入休眠期，地上茎叶发黄、枯死。休眠期约为40～90天，因品种不同而有一定差异。种子无休眠习性。

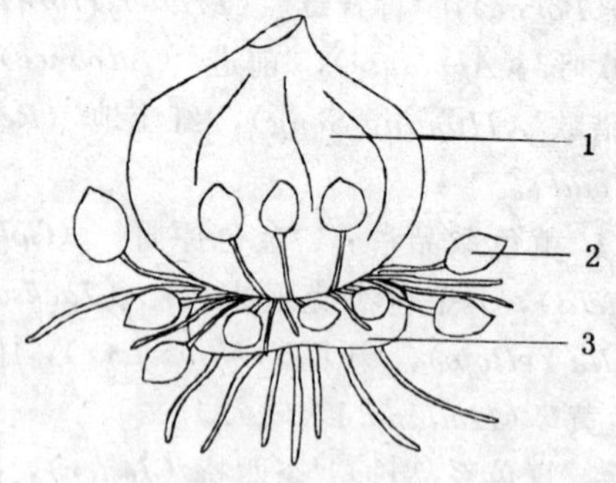

图11-1 唐菖蒲新球与子球的形成

1. 新球 2. 子球 3. 母球

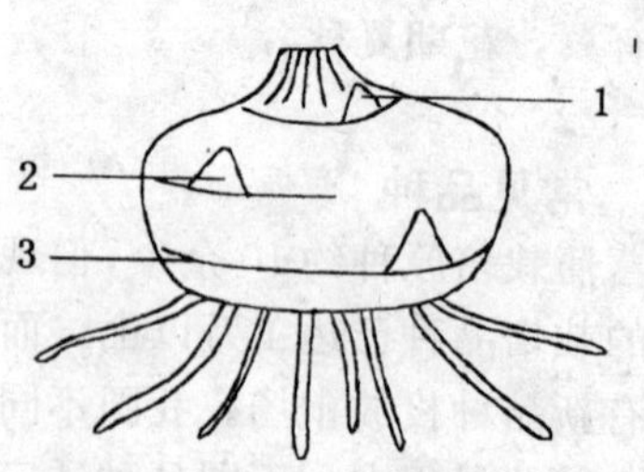

图11-2 唐菖蒲球茎及芽点

1. 主芽 2. 侧芽 3. 茎节

11.2.2 生态习性

(1)温度 唐菖蒲为喜温暖植物，既怕寒冷又不耐高温，生育期适温白天20～25℃，夜间10～15℃，温度低于10℃，生长缓慢，高于27℃生长受阻，但在水分条件较好时，可忍受短暂的35～40℃高温。种球耐寒性差，0℃以下即受害，故冬季必须掘起置室内贮藏。一般年生长季达4个月以上的地区均可栽植，所以高寒地区及温带的北部地区也可栽种唐菖蒲。但温度对唐菖蒲的栽种至开花的生育天数有一定关系（见表11-1），也与花朵的数量有关，在花芽分化期间，温度过低或过高都会影响花芽的分化，减少花朵的数目。温度还影响新球和子球的生长，新球、子球的形成、膨大及充实均需要适宜的温度与较大的温差。

表11-1 温度与唐菖蒲的生育天数

日平均温度（℃）	生育天数（天）
12	110～120
15	90～100
20	70～80
25	60～70

(2)光照 唐菖蒲属阳性长日照植物，光照强度低限为3 500Lx，最佳为30 000Lx，因此，栽培地要求日照充足，背荫及半荫处生长不良。光照时间低限为12小时，最佳16小时，2片叶的花芽分化初期如光照短于12小时，花芽不能分化；花芽分化后直到6～7叶花芽分化接近完成时，如遇短日照，花数明显减少。因此，在冬季促成栽培时，温室内必须补光。另外，短日照弱光还易使唐菖蒲发生枯萎病。

(3)水分 唐菖蒲既怕旱又怕涝，低洼积水地常引起球茎腐烂和死亡，干旱则生长发育迟缓，尤其是几个关键时期，必须保证有充分的水分供应。一是萌发期，此期水分不足，会大大推迟种球发芽出土的时间，如果是经催根处理后再栽种的种球，如遇干旱不能及时补水，会造成根、茎失水干枯，严重影响出苗率；二是花芽分化与新球子球形成期，如水分不足，会直接影响花原基及子球的形成；三是开花期，这时如水分不足，影响花的质量及新球、子球的质量。

(4)土壤 唐菖蒲喜深厚肥沃、排水良好的沙质壤土，pH值以6～7为佳，在粘重土壤上虽可生长，但开花不良，新球和子球发育受阻，并易引起烂根死亡。土壤含盐量偏高的盐碱土（pH>7）需水洗后才能用于栽培唐菖蒲。

(5)气体 因其为阳性植物，CO_2补偿点较高，温室内栽培光照充足时补充CO_2能明显提高其生长率。喜空气流通环境，温室通风不良易患病。唐菖蒲对SO_2、Cl_2抗性较强，但对HF很敏感，当氟化物浓度为0.3mg/L时，叶片、叶尖出现褐斑，超过0.5mg/L，植株会慢慢死亡。因此，如某地有氟化物污染，不宜栽种唐菖蒲。

11.3 繁殖方法

11.3.1 子球繁殖

目前为止，子球繁殖仍是唐菖蒲的最主要繁殖方法，每年新球基部都能形成多数子球，品种不同，种球大小不同形成的子球数目不等，少则7～8粒，多者近百粒。子球茎大小也有差异，大者球径

1cm 以上，小者球茎不足 2mm。子球亦有休眠习性。每年秋季起球后用清水漂洗干净，去除漂浮子球，晾晒数日，待干后按球茎大小筛选分级。

唐菖蒲子球一般可分如下三级。一级：直径大于等于 1cm；二级：0.6～0.9cm；三级：小于等于 0.5cm。分级后分别贮藏在 4～10℃的冷室内，翌春露地种植或 2、3 月份温室种植以培育商品成花种球。

(1) 子球露地培育法

土壤耕作 选择地势高燥，排水良好的地块，土层深厚肥沃的沙质壤土栽培唐菖蒲子球。在北方寒冷地区，最好前一年秋季整地，翻耕深度在 25cm 以上。

施基肥 每平方米施入 0.4～0.5kg 优质有机肥，可在翻耕土壤时施入，但最好在开沟种植时把肥料施在垅沟内。

土壤消毒 如果前作种过唐菖蒲或小苍兰等鸢尾科植物，则种植前必须进行严格的土壤消毒。方法有：①蒸汽消毒，把胶管连在蒸汽锅炉上，用高于 70℃的热蒸汽处理 30cm 厚的表土 1 小时；②每 $100m^2$ 面积内用溴甲烷 1kg，混匀后用塑料膜覆盖 1 周；③每 $100m^2$ 用氰土利加二氯丙烷各 1kg，混匀后用塑料膜覆盖 2 周；④每 $100m^2$ 用氯化苦 12.5L，用塑料膜覆盖 2 周。若前茬未栽过鸢尾科植物，或 6 年轮作一次唐菖蒲的地块，可用五氯硝基苯消毒，每亩温室应用 1.5kg，把药首先均匀地拌在 100kg 沙子中，然后撒布在土面上，再挖翻土壤，把药剂混匀在 25cm 的表土层内。对氯化苦等剧毒农药的使用要严格遵守使用规则，以免发生人身伤害事故。

子球消毒 无论是国内自产还是国外引进的子球都有不同程度的病虫害感染，因此播种前必须进行药剂处理，以减少生长期间的病虫害发生。常用的处理方法有：①苯菌灵和福美双与水的 1∶1.8∶1 000 混液；②代森铵或代森锰锌 500 倍液；③甲基托布津 800 倍液。将子球浸泡 30 分钟，沥净药液，直接播种或催芽处理后播种。

子球催芽 催芽处理即将药剂处理过的子球混于 2 倍湿润的锯末或稻壳中，置 20～25℃的环境下，5～6 天后，当有半数子球发根或发芽时即可播种。经过催芽处理的子球，出苗快而整齐，但此法仅适用于有灌溉条件的地块，否则会使已萌动的芽干枯。

播种时间 播种时间要根据当地的晚霜期决定，以出苗后不遇晚霜为适时，一般在 3 月末、4 月初。

播种方式 分垅播和床播。

垅播时垅距为 40～60cm，顺垅台开 10cm 深、10～20cm 宽的沟，每 10m 长沟内施入磷酸铵 0.25kg、硫酸钾 0.2kg，然后盖上 2cm 厚有机农家肥或土层，再将处理过的子球播在其中（见图 11-3）。播种密度依子球大小而定，大球稀播，小球密播，小于等于 0.5cm 的三级子球可采用撒播法，而 0.6～0.9cm 径级组的二级子球，可采用 3cm×3cm 等距点播法（根部在下，茎部在上），大于等于 1cm 的一级子球要 5cm×5cm 点播。播后覆土 3～5cm 厚，镇压即可。

床播分高床和低床（见图 11-4），较干旱地区宜采用低床。床宽 1～1.2m，长度可根据环境及排灌情况决定，一般取 10～20m 为宜。高床一般高出地面 10cm，两床间留 30cm 步道。床上播种一般用沟播，方法同垅播，也可整床撒播。

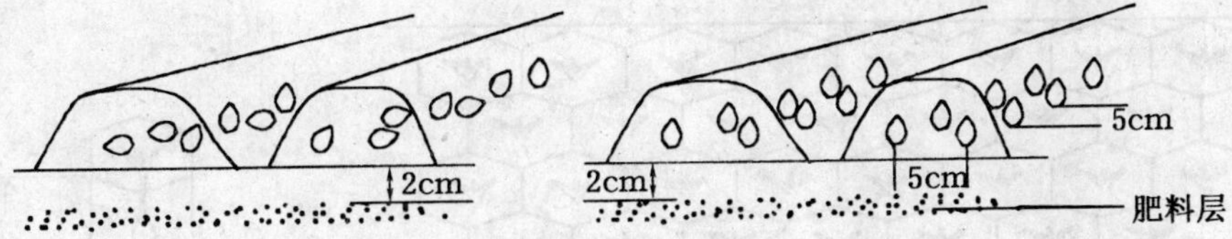

图 11-3 子球大垅播种方法

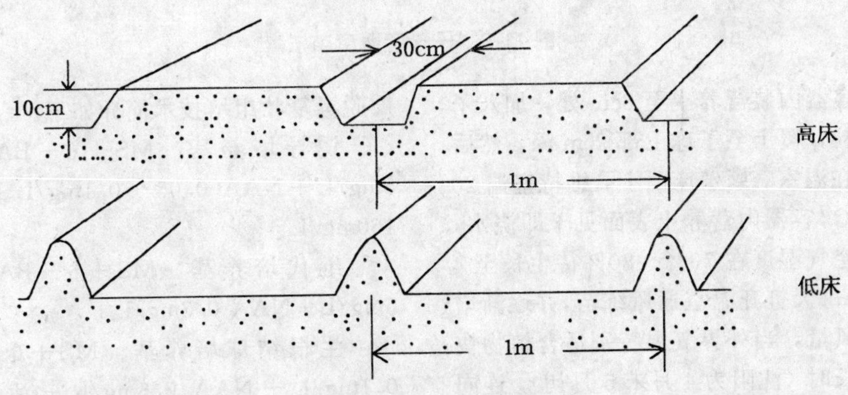

图 11-4 子球繁殖床

田间管理 子球播种后至齐苗前要经常保持土壤湿润，以喷灌为好，大水漫灌易造成土温下降，影响出苗。苗齐后，适当控水，以利形成良好的根系。出苗一个月后子球开始旺盛生长，此时要有良好的水分供应，并适时施肥，追肥以氮肥为主，可用 0.1%～0.2%尿素叶面喷施或随水灌溉，每半个月左右一次，叶面施肥与土中施肥交替进行则效果更佳。8 月份可施磷钾肥，9 月停止施肥。在整个生长季内都要注意杂草的危害，尤其是幼苗期间，可人工或化学药剂除草。出苗后要经常松土，以增加土壤的通透性，保证幼苗苗壮生长。子球下种后约 100 天左右，部分子球可抽茎开花，子球越大开花率越高，子球径 1cm 以上者 80%当年开花，1.5cm 以上者 100%开花，但花数少，不能做优良切花，故需及时去掉花茎，使养分集中在子球生长上。

起球分级 秋末待叶片枯黄时将子球全部掘起，冲洗晾晒，药剂消毒后分级贮藏。子球直径大于 2cm 者可用做切花栽培种球，小于 2cm 者继续培育 1 年后应用。

(2) 子球容器育苗法 一般只有直径大于 0.6cm 的子球经露地培育一年后，直径才能达 2cm 以上以做切花种球，小于 0.6cm 的子球大多不能在一个生长季内达到切花种球的要求。为加快繁殖速度，提高切花种球质量，可采用温室容器育苗法（见图 11-5）。

容器育苗在 2 月末 3 月初于温室内进行。容器可用市售蜂窝状纸容器，也可用塑料容器，规格为高 10cm，径 4cm 或 5cm。营养土要肥沃并经消毒，一般多用腐叶土或地栽用土加适量有机肥和细

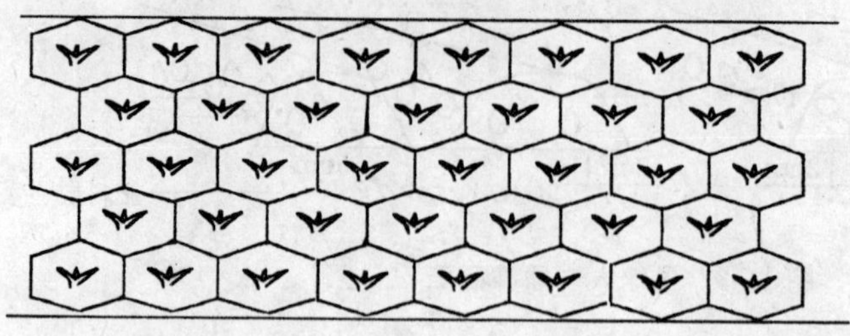

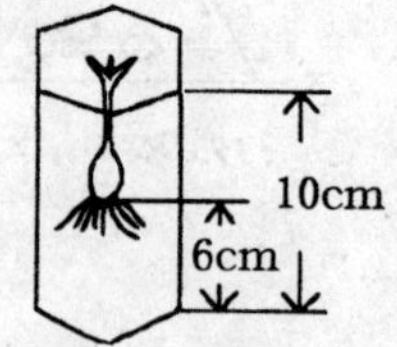

图 11-5 子球容器育苗法

沙。容器内装营养土至 6cm 处，加入子球一粒，覆土至子球上部 2cm 深，然后摆放在温室。繁殖床面上，维持室温 20～25℃，容器内营养土表面见干即浇水，保持空气湿度在 70%～80%待生长至 4 月初，每天打开温室通风练苗，并逐渐增加通风量，当外界气温特别适合植物快速生长时（沈阳为 4 月末 5 月初），连同营养袋一起移至露地入土栽植，管理方法同地栽，至秋末子球茎可望达 2cm 以上。

11.3.2 组织培养繁殖法

唐菖蒲种球繁殖中存在的最大问题是品质退化，因此国内外对其快速繁殖和脱毒复壮进行了大量实验研究，并已用于生产。目前组培法已成为唐菖蒲脱毒繁殖的有效手段。

组培时，其球茎切块、球茎侧芽、子球茎、花茎、花蕾、花托、叶片的白色基部及茎尖均可作为外植体，分化途径有原侧芽直接分化成芽，外植体产生愈伤组织再分化成芽，外植体产生小球茎，小球茎上出芽等。基本培养基可用 MS 或 N_6 培养基，细胞分裂素 BA 用量为 1～5mg/L，生长素 NAA 用量 0.05～1.0mg/L，不同品种间激素用量略有差异，可参考前人工作或自行摸索。现将花瓣脱毒复壮组培技术简介如下。

诱导培养基　MS＋6－BA 3～5mg/L＋NAA 0.05～0.1mg/L＋Ade 160mg/L

继代培养基　MS＋6－BA 3～5mg/L＋NAA 0.3mg/L

生根结球培养基　MS＋6－BA 0.1mg/L＋NAA 0.5mg/L＋活性炭 0.25%

当花序抽出 10cm 左右时，取其上长 2～4cm 未开放的花蕾，去其草质苞片，消毒后将花瓣切成 0.5cm 见方的小块接种在诱导培养基上，置 20～25℃，光强 800～2 000Lx，日光照时数在 10～16 小时的培养室内培养，约 45 天左右出现愈伤组织并发生许多密集的针状幼芽，此时切割成块幼芽至继代培养基上，经 1 个月左右发育成正常幼芽。将健壮幼芽转移到生根培养基上，继续培养约 60 天开始结球，4 个月左右可收到试管种球。

用花瓣组培获得的试管苗，需利用酶联免疫吸附测定法鉴定，筛选出脱毒苗进行继代培养，扩大繁殖，获得脱毒种球，然后将其在远离唐菖蒲种植区的无病区种植，繁殖 2～3 年可获得生产用种球。

如要快速转变试管子球为生产用种

球，可使试管子球先在2～4℃的低温冷库内休眠2个月左右，再采用温室容器育苗法培育。

11.3.3 球茎切割法

唐菖蒲亦可采用切球法加速繁殖。切球时根据球茎的大小和芽的多少，将其纵切成若干块，每块带有一个以上芽眼和一部分根盘（见图11-6），否则不能抽芽和生根。切后立即在切面上涂硫磺粉或木炭粉防腐，然后种植。一般情况下切割后的球茎每块都能萌发，抽茎开花及形成新球、子球，但品质略减。

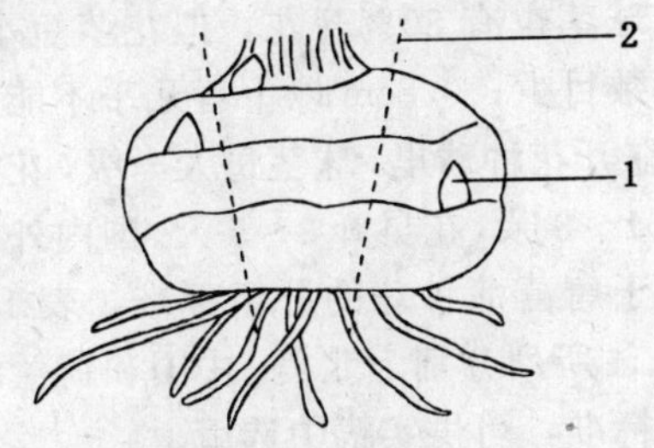

图11-6 种球的切割繁殖
1. 芽点 2. 切割线

11.3.4 种子繁殖法

为获得新品种和复壮老品种，可采用自然或人工杂交授粉获得种子，用种子进行繁殖。品种间杂交可产生大量新品种，自交法则应用于复壮老品种。授粉时留母本花序下部的4～5朵花，上部花朵及花茎剪除。第一朵花留作鉴定花色花形，其余在花朵未开放前打开花瓣，去掉雄蕊，再用曲别针夹合花瓣（见图11-7），1～2天后待柱头分泌粘液时重新打开点上父本花粉，然后将花瓣再次封好以防其他花粉进入。授粉10天左右蒴果膨大，30天后开始变为黄褐色，40天成熟开裂，故要在授粉后约40天收蒴果，置阳光下晒几天，然后去皮收种，置阴凉通风处备用。

种子无休眠习性，按常规方法，收种后翌春播种，秋季可收到子球，第三年再栽培一年，第四年才能开花鉴定，然后繁育切花用球。若用容器育苗法，第二年秋即可开花鉴定，第三年可繁育切花用球。

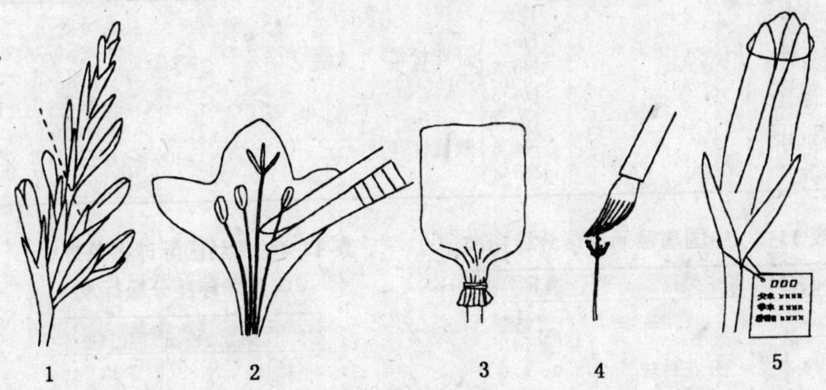

图11-7 唐菖蒲授粉方法
1. 选留花朵 2. 去雄 3. 套袋 4. 授粉 5. 夹合花瓣

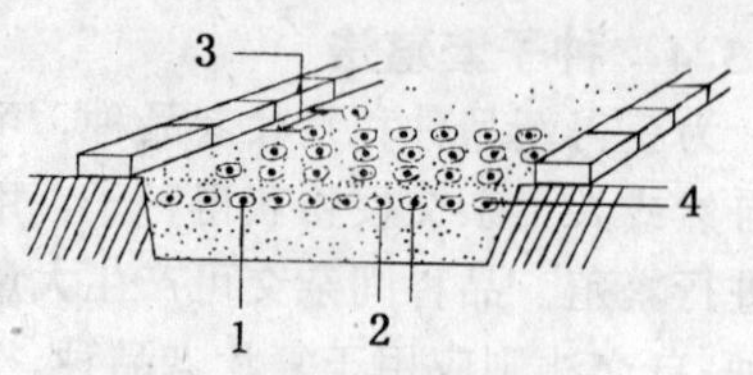

图 11-8　唐菖蒲播种繁殖

1. 带翅种子　2. 株距 2cm

3. 行距 5cm　4. 覆土厚 1cm

具体做法是：种子采收后（一般为 8 或 9 月份）即在温室内播种，不必用播种箱，直接播在栽植床上即可，株行距按 2cm×5cm，气温要求 18～25℃，地温 18～20℃，相对湿度 80%～90%，可加塑料膜保湿 7～10 天。当小苗长到6～7cm 高时开始追肥，每半月一次，直至翌年 2 月中旬播种苗形成 1.5cm 左右的地下球茎，此时强迫地上部休眠；方法是使土温降至 14～15℃，并逐渐减少水分，待小苗叶片 1/3 枯黄时可起球。新球在温室内晾晒一周左右后；用 3%氯乙醇浸泡 2 小时，捞出置密闭容器内，25℃条件下放 24 小时即可进行容器栽培，方法同子球繁殖，至秋季，绝大部分子球都能开花供鉴定之用（图 11-8）。

11.4　球茎的分级与贮藏

11.4.1　唐菖蒲球茎的分级

唐菖蒲球茎的大小关系到是否能够开花、花朵数量及生育周期。一般说来，球茎达 1.5cm 以上者当年都可开花，1cm 球茎也有 80%开花，但花茎短小，花朵数目少；0.8cm 以下者几乎不能开花。在开花种球里，球茎每大一级，花数增加1～3 朵，花早开 3～5 天。国内外都有关于唐菖蒲种球的分级标准，表 11-2、3、4 所列分别为北美、中国和荷兰的分级标准，可供实践中选用。

表 11-2　北美唐菖蒲委员会推荐的等级标准

等级	类别		直径（cm）
大号	特大	开花材料	＞5.1
	No. 1		＞3.8≤5.1
	No. 2		＞3.2≤3.8
中号	No. 3		＞2.5≤3.2
	No. 4	栽植材料	＞1.9≤2.5
小号	No. 5		＞1.3≤1.9
	No. 6		＞1.0≤1.3

表 11-3　中国唐菖蒲种球分级标准

等级	类别	直径
1	开花种球	＞5.1
2		4.0～5.0
3		3.0～4.0
4		2.5～3.0
5		2.0～2.5
1	子球	1.0～2.0
2		0.6～0.9
3		＜0.6

表 11-4　荷兰国际球根花卉中心唐菖蒲球茎分级标准

等级	周径（cm）
1	≥14
2	12～14
3	10～12
4	8～10
5	6～8

11.4.2 球茎的贮藏

(1)常规室内贮藏　在北方地区，唐菖蒲一般在9月末或10月初起球，如翌春3月末或4月初栽种，则有6个月的贮藏期。因此期北方气候比较寒冷，故不需特殊的贮藏设备及冷库等，只需选通风、干燥(湿度不超过70%)、温度为1～5℃(10℃)的清洁房间即可。

种球按不同品种掘起，严防混杂，分别用清水冲洗干净，剔除能在水中漂浮的子球和过于扁平的大球(见图11-9)，因球茎过于扁平是退化的表现，一般用种子和子球繁殖，其球茎多为卵圆形，直径与高度比为10∶8，只有用大球繁殖才出现扁平球茎，繁殖代数越多，其扁平程度越高，栽培条件不良更易出现此现象。

把留用的球及子球用药剂消毒处理，方法同子球栽植前的处理，但处理后需再次用清水冲洗干净，然后充分晾晒。如有早霜、夜间要入室。晾干后按球茎大小分级，不必包装，直接装入四周和底部都透气的塑料箱内，每箱内装球至1/2处。注明品种名称，置冷室内贮藏越冬(见图11-10)。

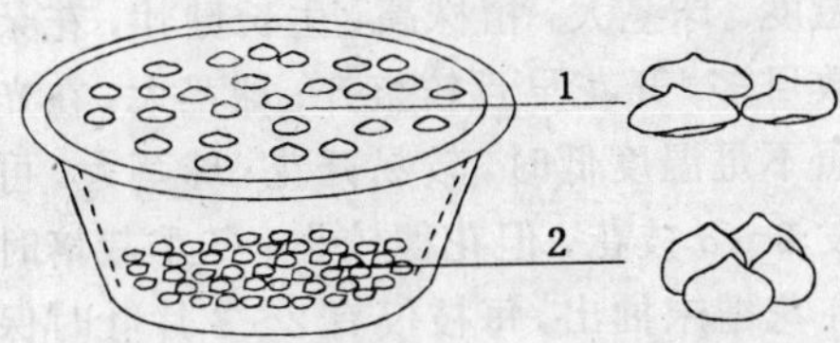

图11-9　子球水选法和大球手选法
1. 废弃球　2. 保留球

(2)延期冷库贮藏　常规贮藏球至翌春4月末，因天气转暖，空气湿度增大，会自然萌发，如不及时栽种则营养物质大量消耗，种球干瘪不能再用。因此若5月以后栽种则需有冷藏库，库内温度控制在1～2℃，湿度在70%以下，在这种低温干燥的贮藏条件下种球仍有呼吸等生命活动以致慢慢消耗营养，故低温、干燥贮藏的最长贮存期为10个月，且贮藏期间要经常检查，发现问题及时处理。

11.5 栽培管理

11.5.1 温室促成及抑制

促成栽培即人为地利用各种栽培措施，促使花卉早于自然花期成花。唐菖蒲种球有休眠习性，自然休眠期40～90天，但在北方春季露地栽培时，种球的贮藏期超过90天，故不需人工打破休眠。

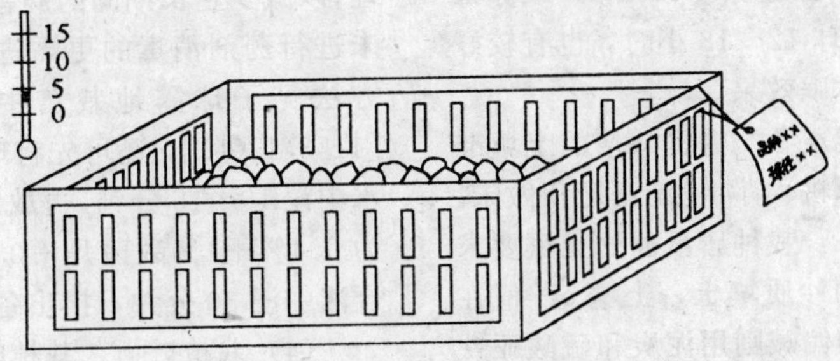

图11-10　唐菖蒲种球箱贮法

但若采用促成栽培，种植期在 2 月份之前，需人工打破休眠，并在温室内种植，此即促成栽培的特殊之处。

人为地利用各种栽培措施，使植株花期比自然花期延后即为抑制栽培。抑制栽培主要是球茎贮藏与温室利用问题，球茎贮藏可参见《延期冷库贮藏》一节关于温室栽培注意事项与促成栽培同。

(1) 人工解除种球休眠 人工打破种球休眠一般有以下两种方法。

物理方法 ①先低温后高温处理：新掘起的种球经清洗、筛选和药剂处理，风吹见干后，马上置于 1℃低温下处理 20 天，取出后放 38℃高温条件下处理 10 天即可栽植，种后 20 天左右即可发芽出土。②先高温后低温处理：从地下起球消毒后干燥 10 天左右，35℃高温处理 15～20 天，然后转入 2～3℃低温下处理 20 天即可解除休眠。

化学方法 ①将清洗处理过的球茎置于密封容器中，然后按每升容器 4mL 40%氯乙醇的药量在容器内置入药浸纱布，室温下放置 4 天即可打破种球休眠。②用 3%氯乙醇浸球 2 小时，然后封存到密闭容器内，23～25℃条件下放 24 小时，种球休眠即解除。③应用 50～100mg/L 的苄基腺嘌呤（6BA）或赤霉素（GA_3）浸球 12～18 小时，也有较好的解除种球休眠效果。

(2) 土壤准备 温室栽培的土壤准备工作包括深耕、消毒、施基肥和做床。

土壤深耕 栽种唐菖蒲的土壤要求为深厚肥沃的沙质壤土，土壤 pH 值在 6～7 之间，如偏碱则用泥炭和硫酸亚铁改良，如偏酸则施用生石灰或碳酸钙改良。粘质土壤要加河沙及珍珠岩等改良质地。翻耕深度要在 25cm 以上。

土壤消毒 消毒方法见 11.3.1 (1)。

施基肥 以生产切花为目的的唐菖蒲栽培，对土壤要求要比种球繁育为目的的栽培更严格，一般为每平方米施膨化鸡粪 0.8～1kg，或者其他优质农家堆肥 2kg 左右。施基肥在开沟种植时施入效果最佳，除膨化鸡粪外，其他农家肥要消毒后再用。

做床 温室内一般采用高床或低床种植，如无喷、滴灌设施，一定要采用高床，如有，则二者都可。床宽 1～1.2m，高床高出地面 10cm，长根据温室环境而定，一般设成南北走向床，两床之间留步道 30～40cm（见图 11-4）。

(3) 种球大小选择及消毒

选球 球茎大小的选择要根据温室栽培时的气候条件决定，主要是日照及温度。球茎大，植株高，生长健壮，花朵数目多，开花早且较整齐；球茎大，在光照不足温度低时，较易开花；球茎大，可发 2～3 枝花，但花穗较小，冬季栽培时在花穗末抽出，每枝仅有 2～3 片叶时保留一个健壮分枝，其余去掉。

消毒 贮藏前消过毒的种球在种植时若发现仍有感病者则需在栽前再行处理，以减少生长期间的病害发生；如贮前未进行药剂消毒的更需进行栽前处理，方法见子球露地栽培中的子球处理[11.3.1 (1)]，还可先将球茎在 40℃温水中浸 10～15 分钟，再放入咪酰胺含量为 0.4%＋1%敌菌丹＋0.2%腐霉利混合液中浸 30 分钟，捞出备用。

(4) 栽植时间 栽植时间依切花唐菖蒲需花时间而定，以沈阳地区为例，各大节日用花的栽培时间见图 11-11。

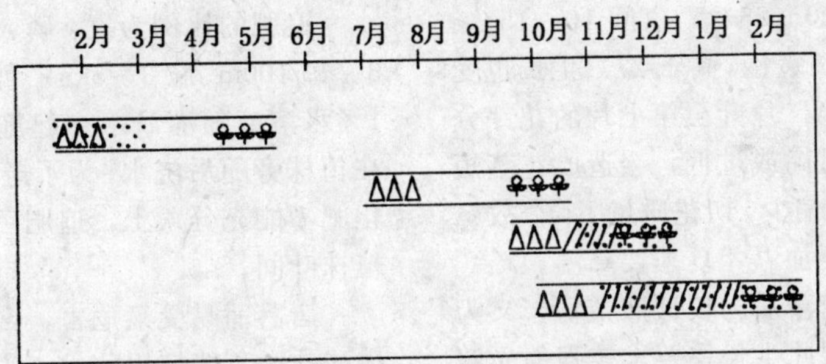

图 11-11 沈阳地区唐菖蒲温室栽培月历

(5) 栽植方法

密度 一般说来光照不足季节，密度宜小，否则植株细弱，容易出现“盲花”，大球宜疏，小球宜密。每亩温室可植 1.2～3 万球。具体种植密度可参见表 11-5。

深度 一般，在夏季种植宜深，冬季种植宜浅，沙壤要深，粘壤要浅。深度控制在球面距土面 5～10cm。

植球方式 把床土按要求深度全部扒向一侧，然后按设计密度摆形（如原来未曾施基肥，可把基肥此时施入），再把原床土扒回覆盖种球（见图 11-12）。

(6) 植后管理

水分 栽植后立即浇透水一次，以后表土见干即浇。每次浇水量不能过大，因温室内蒸发量小。除非夏季栽培，否则不宜采用大水漫灌方式，大水漫灌可降低地温，提高空气相对湿度，冬季与春秋栽植应以喷灌或滴灌为主。如喷灌最好在上午喷水，使植株在夜间干燥，以减少灰霉病的发生。关于水分不当的伤害作用见 11.2.2 (3)。

表 11-5 球茎大小与种植密度

种球大小（周径 cm）	每平方米球数
6～8	60～80
8～10	50～70
10～12	50～70
12～14	30～60
＞14	30～60

温度 栽植初期，温室温度要低，以利唐菖蒲母球根系发育，一般以10～18℃为佳。当茎叶出土后，可提高温度，

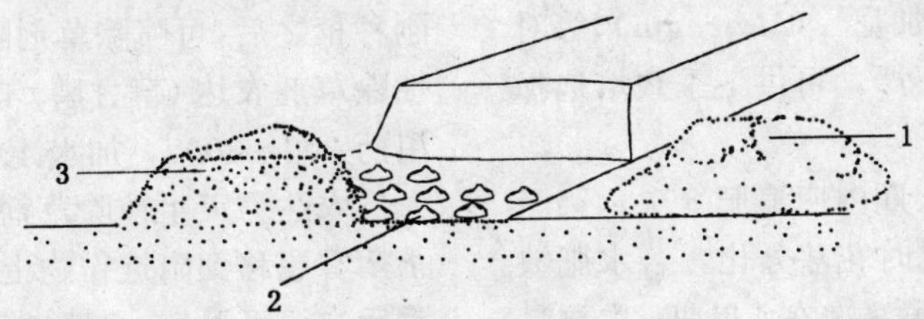

图 11-12 种球栽植法

1. 扒出床土 2. 摆球（大球 15cm×15cm） 3. 盖土

白天最佳为 20～25℃，夜间 10～15℃。低于 10℃生长缓慢，高于 27℃生长也受到抑制。当第二片叶至第七片的花芽分化期，温度过高或过低，会造成花茎短小，花芽数目偏少，切花质量下降。故冬季栽培温室要加温，夏季要降温。

光照 唐菖蒲为长日照植物，又为阳性植物。因此生长季要求较强的光照(最佳 30 000Lx)及较长的日照时间(长于 12 小时)。所以中国中部至北部冬季栽培唐菖蒲一定要补光，尤其是从第 2 片展开始至第 6～7 片叶花芽分化阶段。关于光照不足的危害请参见 11.2.2(2)。光照太强，会使温室温度提高，故需适当遮荫降温。

补光方法，应用 400W 的高压钠灯补光，以 5.6W/m^2 计算安装灯数。例一个 667m^2 的塑料温室可安 400W 高压钠灯约 9 盏。高度距叶丛 0.8～1m，此时叶丛光强约为 5 000Lx，每天下午盖帘子(一般为 15：00 左右)开始补光至 21：00 止。

当光照良好，花芽是否分化或花朵数目多少等要视其他条件而定，尤其是水分与温度。

Eurorision，‘彼得梨’(*Peter Pears*)，‘粉友谊’(*Friend Ship*)，‘白友谊’(*White Friendship*)，‘吉西卡’(*Jessica*)和‘玛升加尼’(*Mascagni*)等对日照长短要求不严，可供冬季栽培选择考虑。

追肥 生长期内应追肥 3 次，第一次在 2 叶期，此时花芽分化，若水肥缺乏，花数减少；第二次在 4 叶期，主要是促使花枝粗壮，花朵大；第三次在 6 叶期，促进更新球发育。唐菖蒲可追施的化肥见附录Ⅰ。

追肥的比例为氮、磷、钾为 2：3：3。每 100m^2 施 3～5kg。可把化肥配成 1%水溶液随灌溉水一起施用或干施撒在植株旁随后浇水。为了避免“烧叶”和化肥不能充分入土，追肥后用清水喷洗植株叶间。

唐菖蒲易受氟危害，含氟量高的三磷酸盐类不能使用。

气体 温室中要经常通气，要尽量避免相对湿度及温度的巨大变化，以减少叶尖变黄变干，同时，通风也能使喷在叶面上的水变干，减少病害发生。冬季温室几乎密闭，室内 CO_2 含量极低，故需经常通风与外界交换空气以补充 CO_2，但过度通风会使室温过低，较好的办法是补光的同时在室内配备 CO_2 发生器，保证室内 CO_2 的供应，使植株进行旺盛的光合作用。

拉网 冬春季节温室栽培的唐菖蒲因受紫外线影响小，水土条件又较好，植株比地栽的偏高而茎较细弱，故易倒伏，需拉网支撑。方法是：在高床四角定木桩，当苗高达 20cm 时将预先按栽植密度定制好的尼龙网挂在床面上以支持植株，以后随株高增加而提升网高。也可四角定木桩，四周床边用钢丝围拢，每隔一段床面横放一根固定竹竿防植株倒伏。

除草、松土 在温室种植之前或刚刚种植之后，可喷除草剂除草，选用灭生性除草剂农达(草甘膦)41%水剂，每亩用药 200～300g，加水 40～50kg 喷雾。

农达为灭生性除草剂，施药时应防止药雾飘移到附近作物上，造成药害。喷雾后二天可种植。喷除草剂药壶要专用或清洗干净后再用，以免残留药剂伤害其他作物。

可人工除草、松土。除草原则是“除

早、除小、除了”，可人工用锄头进行，同时也起到了松土的作用。大水漫灌或多次喷灌后要松土，以免土壤板结，影响通透性。

11.5.2 唐菖蒲露地栽培注意事项

唐菖蒲为长日照植物，既怕寒冷，又不耐高温多湿，因此，北方冬季栽培，需要昂贵的加温、加光费用，南方夏季栽培需要采用种种措施降温以满足唐菖蒲生长发育要求，也非易事。故北方可行夏季露地栽培，南方可行冬季露地栽培，南北调剂，满足市场需求。露地栽培注意事项如下：

(1)定植日期　以沈阳地区为例，露地栽培要避开晚霜和早霜，但在较冷的气候下，即使无霜害，早播因气温较低，达不到15℃以上，花期也不会提早太多，较高温时播种，生育周期变短，即使播种期有半月之差，花期也可能相遇。如沈阳4月初栽种和4月20日栽种，花期只差5～7天。在适宜生长的季节里，各地区为满足市场供应，可分期分批栽种。沈阳与广州两地栽植期与花期对照情况如表11-6、表11-7，可供各地参考。

(2)定植方式　露地栽培除了温室的床式以外，还可采用大垅式。大垅式栽培见子球繁殖有关章节。

另外，地栽唐菖蒲可选用较小径级的种球，因光线充足，植株粗壮，抗倒伏能力强，可不必拉网支撑，如栽培深度不足也会倒伏，此种情况可及早培土防倒伏。

11.6 病虫害防治

11.6.1 生理性病害

(1)盲花　为温室促成和抑制栽培

表 11-6 沈阳地区唐菖蒲栽期与花期对照

栽植日期	初花期	盛花期	末花期	备注
4月1日	6月24日	7月10日	7月30日	生长佳
4月15日	6月30日	7月15日	8月10日	生长佳
4月30日	7月15日	7月30日	8月15日	生长佳
5月15日	7月30日	8月15日	8月30日	生长佳
6月1日	8月10日	8月15日	8月30日	生长极差（温度高）

表 11-7 广州唐菖蒲不同品种栽植期至开花日数

栽植日期	品种		
	荷兰黄	青骨红	红宝石
1990年10月29日	81天	80天	80天
1990年11月14日	93天	93天	91天
1990年12月3日	96天	99天	97天
1990年12月24日	92天	88天	92天
1991年1月14日	84天	83天	83天

中的重要生理病害，尤其是北方冬季栽培。防治方法是补充光照、温度和水分。

(2)缺素症　氮肥不足植株矮小，叶色浅绿；磷肥不足植株上部叶色深绿，下部叶带紫色；缺钾时花茎短，开花迟，老叶过早变黄，嫩叶脉间变黄；缺铁新叶脉间褪绿，植株发黄；缺镁老叶脉间褪绿，植株发黄；缺钙花穗上第二或第三小花以下不分化；缺硼叶变厚发脆，叶缘易破裂。

防治方法是对症施肥，各种肥料见附录Ⅰ表5。

11.6.2　真菌性病害

(1)　唐菖蒲枯萎病

症状　主要发生在球茎上，叶、花及根也可受侵染。感病球茎表面最初为水浸状小斑，红褐至暗褐色，病斑逐渐扩大呈圆形或不规则形，略凹陷，成环状萎缩、腐烂，空气潮湿时，病斑处生白色菌层。病害严重时，整个球基变黑褐色，枯萎。受害重的球茎不能发芽抽茎。轻者能抽茎，但从感染的球茎上长出的叶片顶尖变黄，并逐渐向下蔓延枯萎。花朵受侵染时，花瓣变窄，色泽变深，不能正常开放。根受侵染后产生小褐斑，后变褐腐。病害严重植株将慢慢枯萎致死。

病原及发病条件　其病原为唐菖蒲尖镰孢菌。该病菌在土壤或病球茎的苞皮上越冬。无论球茎贮藏或生长期间都可发病。温暖潮湿气候发病重，最低发病温度5℃，最高温度为35℃，最适温度27℃。氮肥施用过多及土壤连作会使病害加重。

防治方法　预防措施有：①购买种球时，严格检疫，剔除带病种球；②球茎采收时，选择无病点好球茎并要充分消毒晾干，放在低于5℃的通风干燥处贮存；③起球后或种植前用50%多菌灵500倍液浸泡30分钟；④100kg种球用50%福美双0.5～0.8kg拌种后贮藏；⑤种植前严格进行土壤消毒，每平方米苗床用50%福美双4～5g加70%五氯硝基苯可湿性粉剂4g，加细土15kg混匀，栽植种球前将药土放在底层，覆上2cm厚的土层之后植球（见图11-13）；⑥避免连作。发病后的治疗措施有：①球茎贮藏期间发病，剔除病重种球，销毁，其余球茎放清水中浸12小时，捞出后浸入含5%酒精的热水（水温53.3℃）中30分钟后晾干备用。②地栽植株发病，随时拔出，集中销毁，然后喷施75%福美双可湿性粉剂600倍液或70%甲基立枯磷400倍液，同时还要灌根，每株灌药液约200mL。连施2～3次，每7～10天1次。

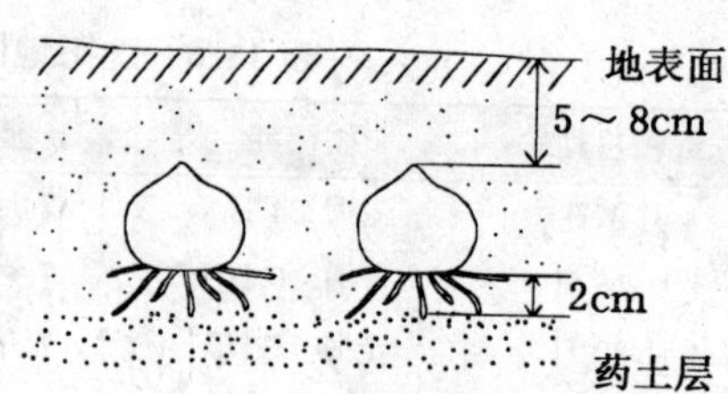

图11-13　消毒土放置法

(2) 唐菖蒲干腐病

症状　危害贮藏期间球茎及生长期间球茎及叶片。球茎上的病斑近圆形，下陷、褐色或黑褐色，病斑可连合，受害球茎最后变成黑色，僵化。生长期植株受侵染后，叶片基部首先出现黄褐色斑块，并腐烂。潮湿时其上有许多小黑点（菌核）出现，而后叶尖，进而整叶、整株转为黄褐色，枯死。

病原及发病条件　该病病原为唐菖蒲干腐座盘菌，仅在冬春季低温潮湿时发病，在土壤中从病株向健康植株传播。

防治方法　预防措施有：①实行土壤轮作；②严格土壤消毒[见本章11.3.1（1）]；③提高温室温度；④严格进行种球消毒。发病后的治疗措施有：①拔掉病株销毁；②75%百菌清可湿性粉剂600倍液喷雾加灌根。

（3）叶斑病

症状　叶、花、茎及球茎都可受害。叶面病斑初为黄褐色斑点，外围有黄绿色的晕圈，病斑发展很快，老病斑上可见同心轮纹，中间生有黑色霉层。花受害后病斑为不规则圆形或椭圆形，初为黄褐色，后为黑褐色。球茎受害后出现浅色至黑褐色小斑，由浅入深，致使球茎中心呈褐色软木质腐烂。

病原及发病条件　该病病原为弯孢霉。温暖（24～29℃）多湿发病重。病菌在感染的球茎及土壤中越冬。

防治方法　预防措施有：①选择抗叶斑病强的品种种植；②实行土壤轮作；③严格土壤消毒及种球消毒。发病后的治疗措施有：①拔出病株销毁；②喷施75%百菌清可湿性粉剂600～800倍液；③50%代森锌可湿性粉剂500倍液，连喷3次，7～10天一次。

此外唐菖蒲常见真菌性病害还有青霉病及灰霉病，青霉病为球茎贮藏期间病害，防治方法见百合青霉病。灰霉病为低温季节栽培及鲜切花贮运时常见病害，防治方法见月季灰霉病。

11.6.3　细菌性病害

主要有条斑病、疮痂病等，在高温多湿环境下发生严重，可在植株病部看到胶状分泌物（细菌菌溢）。防治措施是：①1 500倍升汞液或700单位农用链霉素加5%酒精浸种球20～30分钟，贮藏库亦可喷洒消毒；②发病后用链霉素、植霉素等药剂治疗。

11.6.4　病毒性病害

唐菖蒲病毒病，主要表现为叶片出现失绿花斑、条斑，严重时叶片扭曲、黄化、变窄，植株矮小。防治措施：①消毁病株；②防治蚜虫；③远离豆科和黄瓜等作物；④不重茬；⑤组培脱毒；⑥应用病毒A、病毒清及菌毒清等药剂防治；⑦使用的工具经常用3%～5%的磷酸钠或70%酒精消毒。

11.6.5　虫害

（1）线虫危害　由根结线虫引起，危害根部，根系上出现根瘤，地上部表现为生长迟缓，叶片弯曲发黄等。防治措施：①涕灭威300g/100m^2或呋喃丹50g/100m^2进行土壤消毒；②用地前1个月用棉隆进行土壤消毒。

（2）蚜虫类　主要危害生长期的叶和花，刺吸汁液，并传播多种病毒。防治措施：①40%氧化乐果2000倍液喷杀，②25%鱼藤精或40%硫酸烟精或24%万灵水剂1 000～1 500倍喷杀；③50%马拉硫磷1 000倍液喷杀。

（3）蓟马类　主要危害生长期的花苞，也危害叶及花瓣，使叶及花苞出现散乱的银白色斑点，如果发生严重，小斑将连合成灰色到浅灰色的大斑点。防治措施：①50%杀螟松乳油800～1 000倍液喷杀；②20%灭扫利乳油3 000～4 000倍喷杀。

11.7　切花采收、处理与上市

11.7.1　采收

唐菖蒲自种植至开花所需天数与品种、温度、光照及球茎大小等因素有关，一般 70～120 天不等，当花穗下部有 2 朵小花显色时就可采收。若是消耗性栽培，即采花后种球废弃不用者，可将花茎从基部剪除或直接拔出花茎，这样花枝就长得多；如果是兼营种球栽培，则必须保留下部 3～5 片叶，以供球茎继续生长。切花时要用消过毒的具细长尖刃的锋利刀具，右手握刀斜插入叶鞘中央切割花茎，左手抽出花茎，这样可少伤叶片，同时得到较长花枝（图 11-14)。

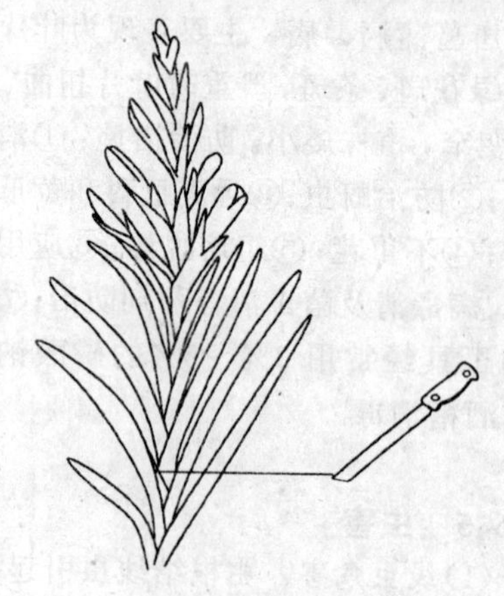

图 11-14　唐菖蒲切花采收方法之一

大量剪花要在清晨或傍晚进行，避开炎热的中午。考虑包装、贮藏及运输前的预冷因素，以凌晨冷凉时采最好。

11.7.2　分级、冷藏与上市

采收后的花枝按品种分放在竹帘上或与田间温度一致的清水中，然后按一定标准分级。根据中华人民共和国 1997 年 12 月发布的农业行业标准 NY－/T 322－1997，唐菖蒲切花一般分四级，具体标准见表 11-8。

表 11-8　唐菖蒲切花产品质量等级标准

评价项目		等级			
		一级	二级	三级	四级
1	花枝的整体感	整体感、新鲜程度极好	整体感好，新鲜程度好	一般，新鲜程度好	整体感、新鲜程度一般
2	小花数	小花 20 朵以上	小花 16 朵以上	小花 14 朵以上	小花 12 朵以上
3	花形	①花形完整优美 ②基部第一朵花径 12cm 以上	①花形完整 ②基部第一朵花径 10cm 以上	①略有损伤 ②基部第一朵花径 8cm 以上	①略有损伤 ②基部第一朵花径 6cm 以上
4	花色	鲜艳，纯正，带有光泽	鲜艳，无褪色	一般，轻微褪色	一般，轻微褪色
5	花枝	①粗壮、挺直，匀称 ②长度 130cm 以上	①粗壮、挺直，匀称 ②长度 100cm 以上	①挺直，略有弯曲 ②长度 85cm 以上	①略有弯曲 ②长度 70cm 以上
6	叶	叶厚实鲜绿有光泽，无干尖	叶色鲜绿，无干尖	有轻微褪绿或干尖	有轻微褪绿或干尖

（续）

评价项目		等级			
		一级	二级	三级	四级
7	病虫害	无购入国家或地区检疫的病虫害	无购入国家或地区检疫的病虫害，有轻微病虫害斑点	无购入国家或地区检疫的病虫害，有轻微病虫害斑点	无购入国家或地区检疫的病虫害，有轻微病虫害斑点
8	损伤等	无药害、冷害及机械损伤等	几乎无药害、冷害及机械损伤等	有轻微药害、冷害及机械损伤等	有轻微药害、冷害及机械损伤等
9	采切标准	适用开花指数[1] 1～3	适用开花指数 1～3	适用开花指数 2～4	适用开花指数 3～4
10	采后处理	①立即入水保鲜剂处理 ②依品种每 10 支、20 支捆成一扎，每把中花梗长度最长与最短的差别不可超过 3cm ③每 10 扎、5 扎为一捆	①保鲜剂处理 ②依品种每 10 支、20 支捆成一把，每把中花梗长度最长与最短的差别不可超过 5cm ③每 10 扎、5 扎为一捆	①依品种每 10 支、20 支捆成一把，每把中花梗长度最长与最短的差别不可超过 10cm ②每 10 扎、5 扎为一捆	①依品种每 10 支、20 支捆成一把，每把基部切齐 ②每 10 扎、5 扎为一捆

1）开花指数 1：花序最下部 1～2 朵小花都显色而花瓣仍然紧卷时，适合于远距离运输；
开花指数 2：花序最下部 1～5 朵小花都显色，小花花瓣未开放，可以兼作远距离和近距离运输；
开花指数 3：花序最下部 1～5 朵小花都显色，其中基部小花略呈展开状态，适合于就近批发出售；
开花指数 4：花序下部 7 朵以上小花露出苞片并都显色，其中基部小花已经开放，必须就近很快出售。

分级后需进行预冷处理以消除其田间热，一般可用如下三种方法：①水冷却，即将切花基部浸渍在冷水中；②冰接触冷却，将冰块和碎冰铺放在装有切花的容器上面；③冷风冷却，在冷库内用冷风机将粗包装的花卉冷却。

预冷处理后按品种、花色分级包装，一般 10 支、12 支或者 20 支一束，用特制玻璃纸套袋即可，然后立放在经过冷处理（0℃，95％湿度）的两侧带通气孔的特制纸板箱内，10～25 束一箱，纸板箱可入冷库贮藏待售（最大贮藏期在0～1.5℃温度下为 3～4 周）或直接运输。远距离运输或长时期贮藏时花茎一定要直立放置，因花茎先端有较强的背地性，横置会发生向上弯曲的现象，水养时很难校正。另外，还要注意运输时的温度，最好用冷藏箱运输，空气相对湿度85％～95％，温度保持在 2～8℃（图 11-15）。

11.7.3 保鲜处理

唐菖蒲可在包装之前进行预处理，然后再贮藏运输。预处理液用 20％蔗糖＋300mg/L 8-羟基喹啉柠檬酸＋50 mg/L 硫酸铝，在 15～20℃条件下浸茎基 10cm 高度 24 小时。

此花一般不需催花液，瓶插液可用4%蔗糖＋300mg/L 8-羟基喹啉柠檬酸盐，或蔗糖4%＋氯化钴100mg/L＋硼酸150mg/L。

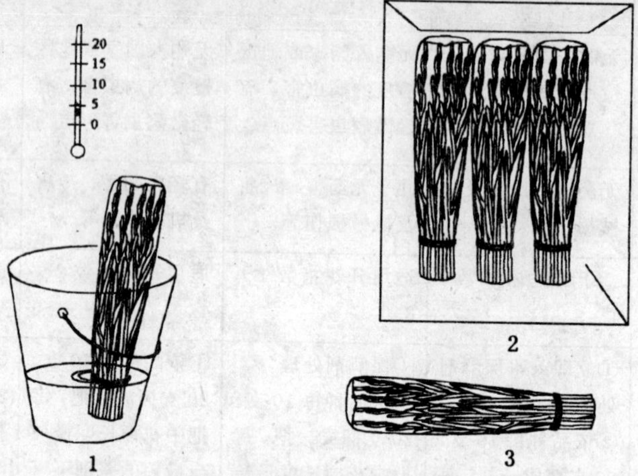

图 11-15 唐菖蒲切花贮藏
1. 湿贮 2. 干贮 3. 不正确方法

12 香石竹 *Dianthus caryophyllus*

12.1 形态特征及常见品种简介

12.1.1 形态特征

为石竹科石竹属常绿亚灌木，常作多年生草本植物栽培。株高30～100cm，茎直立，多分枝，茎基部半木质化。全株被白粉，呈灰绿色。叶对生，线状披针形，全缘，基部抱茎。花通常单生枝顶，有时3～5朵呈聚伞状排列。花萼筒长杯状，端部5裂，花瓣多数，倒广卵形。花色有白、粉、红、紫、黄及复色或斑点等，有些种类具香气。花期4～7月，温室栽培四季有花。

12.1.2 常见品种

香石竹品种已达千余个，绝大部分属切花类型。国内引种栽培的常见品种见表12-1。

表12-1 中国常见栽培的香石竹品种

品种	花色	株高	分枝性	抗病性	耐寒性
威廉西姆 Williansim	红	矮	一般	强	耐寒
埃丝帕纳 Espana	红	极高	中	极强	耐高温
托纳多 Tornado	红	高	中	强	耐高温
坦加 Tanga	红	极高	强	极强	耐高温
粉戴安娜 Pink Diana	粉	中	强	强	一般
科莱普索 Colypso	粉	中	一般	强	耐寒
诺拉 Nora	粉	矮	一般	极强	耐寒
科索 Corso	粉	高	强	中	耐高温
洛查 Roza	粉	中	中	强	极耐高温
糖果 Candy	黄	中	强	中	耐高温
阳光 Sunry	黄色带红边	中	强	强	一般
黄格恩斯 Guernsery-Yellow	黄	中	强	强	一般
尼基塔 Nikita	黄红复色	高	强	强	耐高温

（续）

品种	花色	株高	分枝性	抗病性	耐寒性
黄西姆 Yellow Sim	黄	矮	中	强	耐寒
白西姆 White Sim	白	中	差	强	耐寒
白糖 White Candy	白	中	强	中	耐高温
银星 Silver Star	白色带红线	矮	强	中	中
罗马 Roma	白	中	强	强	耐高温
冰绿	淡绿	中	多头	强	中
玛瑙	红色基部黄	中	多头	强	中
德宝	黄色红边	中	多头	强	中

12.2 习性

12.2.1 生长习性

香石竹为多年生植物，温度适宜时无明显休眠期，但用做切花栽培最好每年更新，连续栽培最长不超过2年，长时间连续栽培产花率下降。花期较长，露地栽培春秋两季为盛花期，温室栽培一年四季均可开花，每朵花开放时间亦较长，一般为2～3周。切花香石竹为高度重瓣化品种，无结实能力。

12.2.2 生态习性

(1)温度　香石竹喜凉爽气候，不耐炎热和严寒。最适生长温度白天18～22℃，夜间10～15℃，红色系在25℃左右生长最佳。冬季栽培最低温度不能低于15℃，否则不能开花。

(2)光照　为喜光中日性花卉，需充足阳光才能生长良好，对日照长度要求不严，长日短日均不影响开花，但冬季因光强不足，日照太短，开花也会受影响。

(3) 水分　香石竹既不耐旱又怕水湿，较喜干燥的空气环境，忌水涝和高湿的空气。

(4)土壤　喜深厚肥沃、富含腐殖质的微酸性壤土或稍粘质的壤土，适宜的土壤pH为6～6.5。忌连作，连作病虫害重。

12.3 繁殖方法

12.3.1 扦插繁殖

(1) 建立采穗圃

①采穗圃中母株来源　香石竹切花生产用苗，主要来自扦插苗，扦插苗质量的好坏直接影响定植后植株的生长，花期以及切花的数量与质量。而优质的扦插苗又取决于插穗的优劣和培育措施。切花香石竹连续不断的营养繁殖，造成了有机体衰退劣化，病毒累代积留，更加深了品种的退化程度。故而欲采到好的插穗必须用优良品种脱毒组培苗做母株建立采穗圃。直接应用脱毒组培苗生产

切花效果并不好，其根系发育较差。母株要2～3年更换一次。

②栽培基质　用深厚肥沃富含腐殖质而又排水良好的壤土做基质，基质严格用蒸气或氯化苦消毒，并做成高床。

③定植和植后管理　一般定植株行距为20cm×20cm。定植后要有优良的水肥供应，最好采用滴灌形式供水。定期追肥，喷药。

④母株修剪　母株定植后，苗高40cm左右摘梢，留下4～5节（高约12cm左右），余者去掉，让此4～5节发8～10个侧枝，侧枝长到30～40cm再留4～5节摘心。此后其上再发侧芽就做插穗应用。

另外，还可从组培苗母株上采穗做次级母株，从次级母株上采穗扦插，次级母株应用年限2～3年。

(2) 扦插基质及扦插床的准备　扦插基质可用泥炭和珍珠岩1∶1，或者沙和蛭石1∶1，或者珍珠岩和炭化稻壳1∶1，效果都很好。

扦插床要设在温室内，可用高架床或地面高床，高架床离地面70～80cm，四周围水泥框，床深30cm，宽100～120cm，床底带排水孔。地面高床可用木板或砖做床框。床底层先铺砖石陶粒等做排水层，然后再放一层粗沙，最上面放15cm左右的基质，扦插基质要严格消毒。有条件者在插床下安装地热线，变成电热温床，扦插效果更佳。

(3) 插穗准备　采穗前1～2天，将母株喷洒75%百菌清可湿性粉剂600倍液或50%敌菌灵可湿性粉剂800倍液，以防插穗从母株上带菌。采穗有两种方法，一为带踵掰下，适合于10～12cm长，有4～5节的侧芽（见图12-1）；另一为保留基部2～3节剪切侧芽（见图12-2），适合于较长有8～9节的侧芽。两者都要去掉插穗基部1/3的叶子，采插穗时必须有一部分剪切者，因为基部保留芽可用来更新。

剪切或掰下的插穗，每20支一捆放入清水中浸30分钟后扦插或入1℃的冷藏箱贮藏。入冷藏箱之前扦穗基部包上消毒泥炭，摆放好后上面覆盖塑料，这

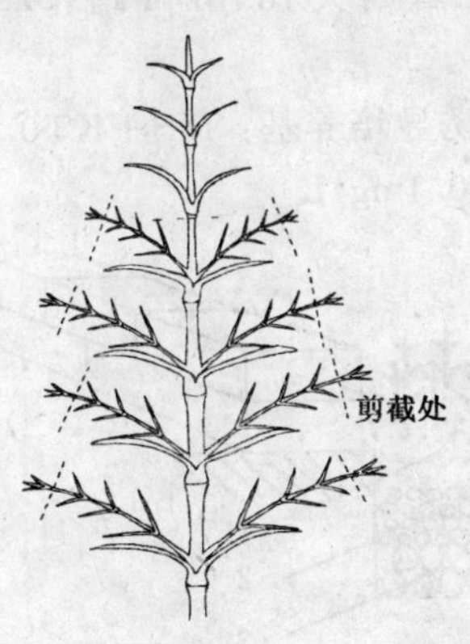

图12-1　采穗母株的修剪

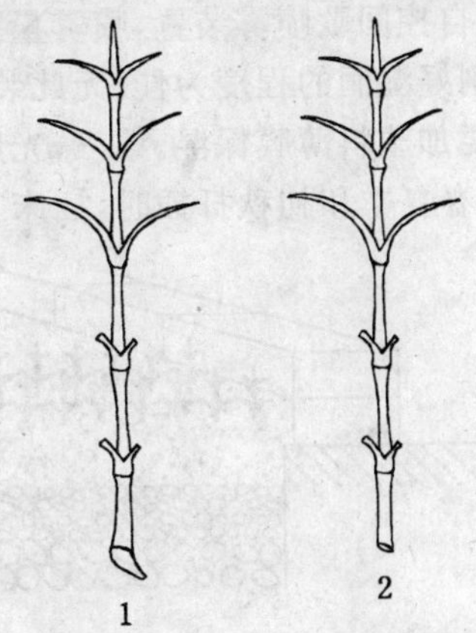

图12-2　插穗类型

1. 带踵插穗　2. 不带踵插穗

样可保存1～2个月。插穗贮藏，可以使有限的母株上不同时间采下的零散插条，集中一次性扦插，使插穗同时开始生根应用，便于集约化经营管理。

(4) 扦插时间　扦插时间由需苗时间决定，一般可在需苗前1～1.5个月扦插，也可在春秋两季最适合香石竹扦插的季节进行。扦插生根苗如不马上应用还可保存一段时间。

(5) 扦插操作　扦插株行距为3cm×5cm或更密，先用竹签或木棍在基质上打孔，然后将插穗垂直插入，深度为插穗长的1/3，扦后用手将基质捏紧，使插穗基部与土壤密接(见图12-3)。扦插时还可用50mg/L深度的IBA(吲哚丁酸)浸泡插穗基部10～24小时再插，这可使插穗提早生根，根数也多。

(6) 插后管理　第一，温度控制。插穗生根最适宜的温度为15～20℃，如土温略高于气温1～2℃，效果更佳。地温15℃，插穗生根需3周左右，地温21℃则2周左右生根。第三，湿度控制。以基质保持手握成团但不出水，一触即散为佳。如有自控间歇喷雾装置，喷雾量控制在叶片刚好湿润的程度为佳。无此装置，插床上要加塑料薄膜保湿。第三，光照控制。在暮春夏季和初秋扦插时，插床上方的部分温室要遮阴，遮光率在50%～70%。待插条成活后，先移去塑料，再根据光照情况决定是否继续遮光。

(7) 扦插生根苗的处理　扦插成活的生根苗必须在插床上生长1～2周，待根系长达5cm以上时再做处理。生根苗可直接定植到切花苗床上；可以留在插床中栽培一段时间，但留床苗要施肥，随水施入氮磷钾复合肥即可；也可像未生根插穗一样先喷药杀菌，然后将裸根苗装入塑料袋中，上部露出苗尖放冷藏库内贮藏，1℃的条件下，不超过40天；还可以移植到移植床上，移植床苗床土要沙粘适中，以便起苗定植时根部易于带土又不受损伤。移植床要选在阳光充足之处，床土要肥沃，以利养成健壮的定植苗。移植后，如果天气炎热，仍需要遮阴，直到缓苗后，开始旺盛生长止。

12.3.2　组培繁殖

香石竹脱毒组培苗现已大量应用于生产，外植体为0.2～0.5mm的茎尖。培养条件为：温度20～25℃，光照800～1200Lx，每天16小时，培养基pH5.6～6.5。

诱导培养基：MS＋KT0.5mg/L＋NAA0.1mg/L

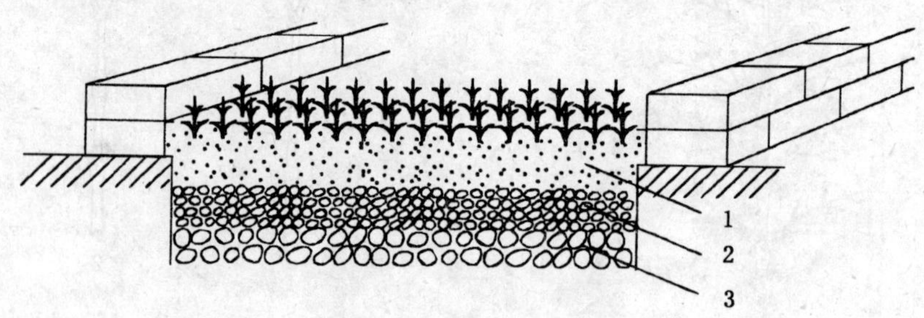

图12-3　扦插

1. 基质层　2. 粗砂层　3. 砾石层

继代培养基：MS＋6－BA2mg/L＋NAA0.2mg/L

生根培养基：1/2MS＋NAA0.1～0.2mg/L

此外生根还可以不用生根培养基，而直接把继代培养出来的嫩茎用浓度为10mg/L的IBA处理后，直接扦插在泥炭加珍珠岩的基质上，但这需有自动间歇喷雾装置保湿，基质需要严格消毒，约经3～4周，嫩茎生根成活。

为取得有生产利用价值的优良品种脱毒苗，一般是把带毒植株放在36～38℃的温室内长期培养（至少1个月），热处理能使病毒钝化失活，然后取茎尖培养，培养时每个容器内只能接种一个茎尖，每个芽子单独编写记录，有条件的地方最好用液体培养基，液体摆动培养，出芽率高，速度快。当茎尖形成丛生芽后，分离芽块，转移到继代培养基上扩大数量，但由一个茎尖转接的所有培养瓶都要统一于一个编号，即茎尖编号。当小植株或嫩茎移栽到有严格消毒和防病毒感染的温室中培养时，不同编号要相互隔离。

成活后，每个编号都取出一部分做严格而全面的病毒学检验，当病毒检验呈阴性时，该编号的全部组培苗都为去病毒原始种。相反，病毒学检验呈阳性时，该编号组培苗则没有去除病毒，或弃之不用，或返回温室重新进行热处理。一旦培育出脱毒苗，就可组培扩大繁殖和常规扦插繁殖并行，并长期保存脱毒原始种。

脱毒苗在栽培繁殖过程中，主要防病毒感染措施有：土壤消毒、肥料消毒、灌溉水消毒以及种植在防蚜虫的网室里等。

脱毒苗在严格防病毒措施下栽培，有5～8年未重新感染病毒的记录。一般情况下，病毒再次感染很容易发生，必须以新的无毒苗更换之。

12.4　栽培管理

12.4.1　切花香石竹温室控制栽培

（1）土壤准备　在定植前，必须将温室土壤深翻，深度为30cm，同时施腐熟农家肥和泥炭、珍珠岩等改良土壤，使土壤疏松、肥沃，并调节pH值6～6.5，然后进行土壤消毒，方法见唐菖蒲，最后筑高床备用，床高出地面10cm，宽1m，长度根据温室宽度而定（图12-4）。

（2）定植

时间　一年四季都可进行，但一般要根据市场需求和当地的气候情况适当地调整定植时间。香石竹定植到开花所需时间，因环境因子的变化，修剪方式的不同以及定植苗的大小有一定的差异，最短为100天，最长约150天。所以，冬

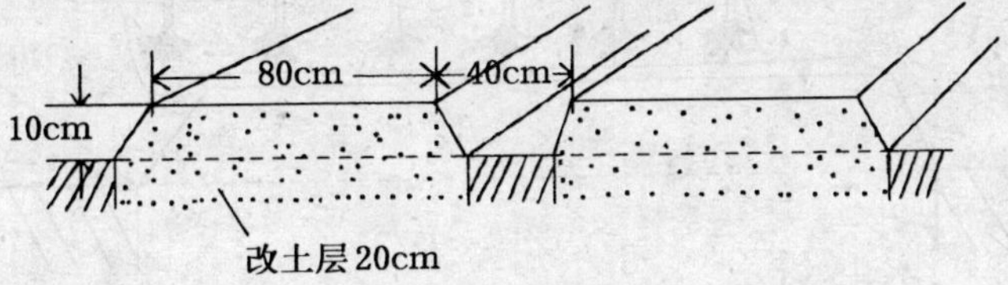

图12-4　香石竹开沟定植

半年栽培是需在花前 5 个月定植，夏半年栽培提前到 3 个半月。

密度 香石竹的定植密度要根据品种的分枝习性及保留花枝的数量决定。如不摘心，一株上仅留 1 枝花定植株行距为 10cm×10cm，1m² 使用面积可定植 100 株，一次产花 100 枝。一株上留 4～5 枝花的单摘心者株行距为 20cm×20cm，1m² 使用面积定植 25 株，一次产花 100～125 枝之间。如采用其他摘心方法，株行距还可加大到 30cm×30cm。但株行距过大，每平方米定植株数必然减少，即使一株上产花数量较多，其数量也同一枝一花相差无几，而且并非每枝花都能达到一级花的要求，一株多花的好处在于花期可前后错开数日。

定植深度 栽植深度不要超过生根苗的原根颈处，使原根颈略露出一点更好，深植易引起根颈腐烂。

定植操作 按计划的株行距开穴种植，穴要比定植苗的根系大，要轻拿轻放，尽量不要弄伤根系和茎部，如有可能，带原根系土壤栽植较好（图 12-5）。

（3）植后管理

水分管理 栽植后要立即浇水，有滴灌设施最好，如无滴灌设施，最好是定植前几天浇灌土壤，定植后在行间少量浇水即可。忌叶和根穴浇水，忌浇水过多，直到植株有明显的新梢生长为止。幼苗期要适度控水“蹲苗”，使其形成健壮的根系。以后的浇水要使基质干湿交替。湿度过大，容易发生茎腐病。空气湿度要保持在 80%以下，过高要加强通风。

营养供应 香石竹需要营养量较多，因其大部分时间是营养生长和生殖生长同步进行的。香石竹养分需求顺序：钾＞氮＞钙＞磷＞镁＞硼。如土壤中基肥充足，幼苗期可基本不追肥，否则追肥要从幼苗开始旺盛生长时始，每隔 7～14 天施追一次无机液肥。旺盛生长期时间间隔要短，否则要长。每 100m² 每次追肥量：硝酸钾 411g、硝酸钙 245g、硝酸铵 82g、硫酸镁 164g、磷酸 82g、硼砂 41g，把所有化肥溶在 1 000L 水中，滴灌于苗床上。

如条件允许，要定期对香石竹叶片做营养元素分析，从而调整追肥中各化学元素的比例。

温度管理 虽然香石竹的最适生长温度为 18～22℃，但实际栽培时要随着室外温度的变化略作调整，一年四季允许的温度变化见表 12-2。

夏季，温室需要降温。常用方法有：温室上方拉遮荫网，喷雾降温，冷水循环降温，通风降温等。冬季，温室需要加温。常用加温法有：暖风机加温、水暖加温、

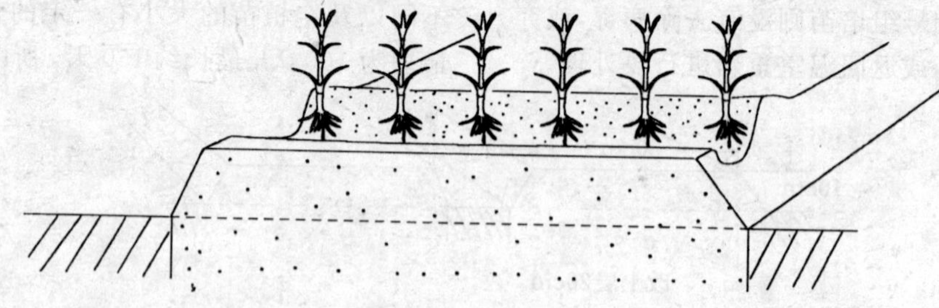

图 12-5 香石竹定植

表 12-2 不同季节香石竹生长温度调控

	春	夏	秋	冬
白天（℃）	19	22～25	19	16
夜间（℃）	13	10～16	13	10～11

蒸汽加温等。但香石竹的加温，如不采取暖风机加温，就需考虑换气问题，一般温室采用的通风口、排气扇等要慎用。因为大量冷空气快速进入温室，尤其是进风口处会引起花蕾破裂，如经常如此，还会造成花芽发育畸形，花瓣增加，造成大头花。因此，可以考虑缓慢引入外界冷空气的办法。一般是把排风扇与透明塑料膜对流管结合使用，具体做法是：在两面山墙的相对位置上设新鲜空气进口，安装排气扇，用透明塑料对流管把两口连接，对流管用线吊在靠近后屋脊处，沿着管长，开有等距离小孔。打开电扇，管子膨胀，新鲜空气沿小孔进入室内，如关闭电扇，管子慢慢空瘪，通气停止。这种通气方法可避免冷空气在近风口处存留所造成的影响。

光照控制　香石竹为植物中需光量最高者之一，最低光强为 21 500Lx，最高为 40 000Lx，因此，夏季遮荫不能过度，冬季如果温度适宜，要补充光照，一般夜晚进行，但如果温度在 12℃以下，加光无明显效果。补光灯以装有反光镜的高压钠灯为佳，如果整夜进行，光强还可降低，要在植株长到 5～6 对叶片时进行。

气体　光照充足时，可在温室内补充 CO_2 加速光合作用的进行。

拉网　因香石竹定植较浅，茎秆又较高，花朵大，故易倒伏，因此要张网防护。用尼龙绳编织成与株行距相等的网格（也可到厂家定制），在床四角立木桩，把尼龙网固定住，使每个网格内有一植株。一般在幼苗期开始张网，随着植株的生长网要适当提高，并增加 1～2 层网，最后，第一层网可固定在 40cm 处，余者隔 20cm 一层。

修剪　香石竹的修剪有如下几种方式。①单摘心：在定植 1 个月左右，主茎上已长出 5～6 个节间，此时去主茎顶尖，这样可使下部叶腋 4～5 个侧枝充分生长发育、开花。从摘心到开花约 3 个月（图 12-6）。②半单摘心：在单摘心之后，当侧枝长到 3～4 节时，把其中的一半侧枝再摘心，每个侧枝上保留 2～3 个侧枝。这种方式可使第一次采花枝减少，但以后陆续有花，避免出现采花的高峰与低潮问题（图 12-7）。③双摘心：在单摘心之后，当侧枝长到 2～3 节时，对全部侧枝再次摘心，每个侧枝上都保留 2 枝花。这种方法初次采花量集中，但易使下茬花茎变弱，实际中很少应用（图 12-8）。④单摘心加打梢：单摘心之后，当有过旺侧枝时即去其顶梢，以后经常去除

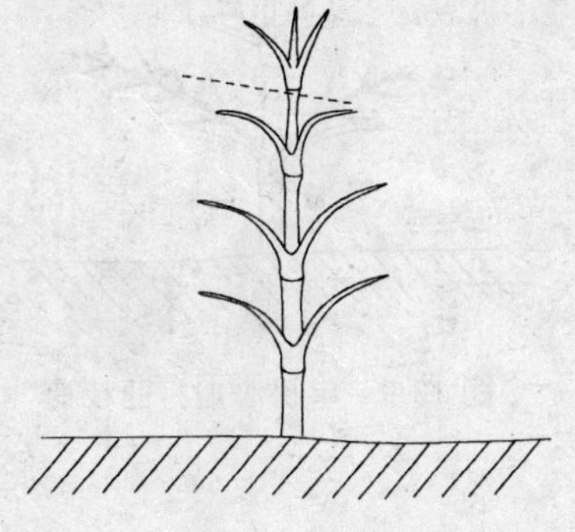

图 12-6　单摘心修剪

旺枝顶梢。这样减少了大批早茬花，但见花后将陆续有花。此法仅在持续高光条件下采用（图 12-9）。⑤除侧芽：对于分枝性一般或较差的大花香石竹类，一枝上仅保留茎顶一个花蕾，因此要随时去除花枝中上部的侧枝。但下部 2 节侧芽要保留，以备生产下茬花之用。对于分枝性较强的多花香石竹类，一枝上要留枝端 7～10 个花蕾，因此要除去中下部侧芽，但仍需保留基部 2 节侧芽。⑥剪枝：一是随时剪去生长细弱及带病虫害的枝条；二是更新剪枝，如一年后仍想保留原株生产，可在距地表 25～30cm 处保留部分侧芽，地上部枝条全部剪除（图 12-10）。

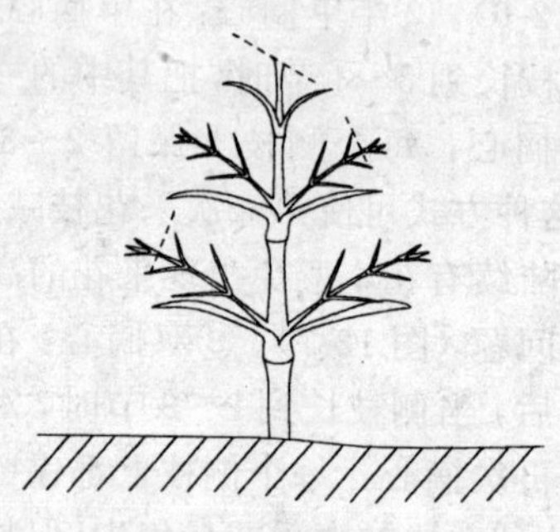

图 12-7 半单摘心修剪

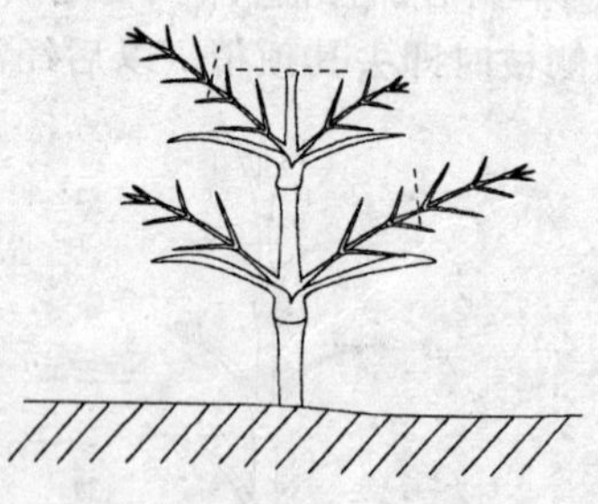

图 12-9 单摘心加打旺枝梢

12.4.2 香石竹露地栽培

在长江以南气候较温暖的地区，香石竹可露地栽培，在一个生长季内采两茬花。

根据气候条件，可在 2 月或 3 月定植，选取耐高温、分枝性差的大花品种，不进行摘心，1 株 1 枝花，这样 5～6 月采花，花后修剪，减少浇水，使植株半休眠，8 月份开始浇水，令其生长，11 月份还可收第二茬花。

也可在定植后，采取半单摘心的方法，让其陆续有花，盛夏半休眠，秋季再次进入盛花期。

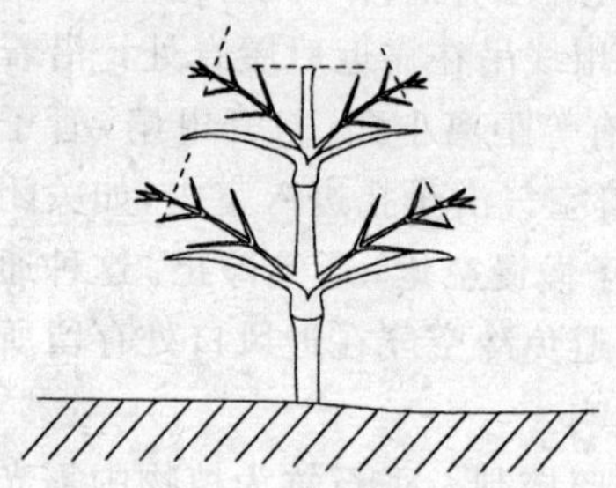

图 12-8 双摘心修剪

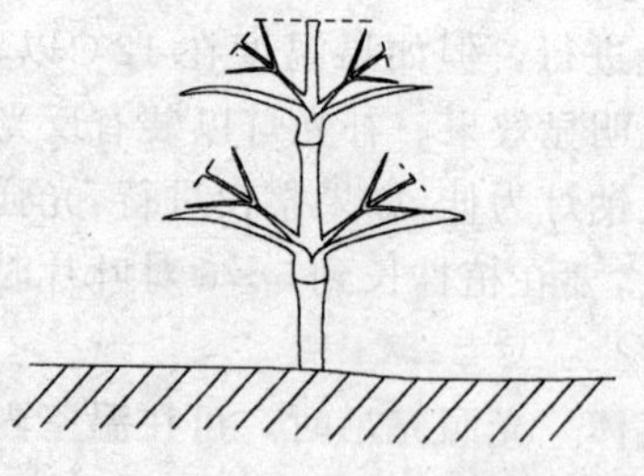

图 12-10 更新修剪

12.5 病虫害防治

12.5.1 生理性病害

(1)牛头蕾和裂萼 花瓣增多，花朵变大，形成“牛头蕾”。这种牛头蕾，花萼极容易破裂，造成切花品质下降或整枝报废。有时非大头蕾也会裂萼。引起牛头蕾和裂萼的主要原因是花蕾发育期温度偏低（低于10℃）或昼夜温差过大（昼夜温差8℃以上），干湿过度、氮肥过多等原因引起，故防治这类病害的主要措施是调节环境因子。另外可给较大花蕾带花箍，即用5～6mm宽的塑料条系在花蕾最肥大的部分，带花箍的最适时期为花瓣尖端完全露出萼筒时。

(2)花朵侧突 花冠不整齐，花瓣向一侧突出，使整个花蕾不能均衡一致地绽开。形成原因是营养过剩，温度过低，日照时间过短或患叶斑病等。防治方法是补光升温，控制营养，防治病害。

12.5.2 真菌性病害

(1) 叶枯病

症状 主要危害叶片，其次为茎；花蕾和花瓣也可受害。多从下部叶片开始发病，最初为淡绿色水渍状小圆斑，以后扩大呈圆或椭圆形，边缘成紫褐色，中心干枯呈灰白色。病斑可愈合成片，致使整叶枯死。病斑部产生黑色粉状霉层。茎部病斑多发生在茎节上，可环形发展，有时茎节一周都为病斑包围，致使节上部茎叶枯死。花蕾受害，花瓣不能开放。瓣如受害则褐变腐烂。

病原及发病条件 该病病原为香石竹链格孢菌。病菌在落地的病残体上越冬。第二年春借气流和雨水传播，从气孔或伤口侵入植株。从4月到初冬都可发病，但高湿发病重。温室栽培周年发病。连作发病重。但品种之间有一定差异，白花品种最易感病。

防治方法 预防措施有：①避免土壤重茬；②严格土壤消毒；③注意降低栽培湿度；④选用组培苗等无病菌苗栽培；⑤每隔10天喷一次75%百菌清可湿性粉剂600倍液。发病后的治疗措施有：①摘除病叶集中销毁；②75%代森锰锌可湿性粉剂500倍液喷雾，10天一次，连喷3～4次。③5%菌毒清水剂600倍液，7天一次，连施3～4次。

(2) 香石竹枯萎病

症状 维管束病害，侵染全株。最初症状为下部叶片失绿，变褐枯萎，植株一侧的小枝逐渐萎蔫，使幼枝向一侧弯曲生长。严重时，全株失绿，萎蔫死亡。剖开病茎，可见茎部维管束变褐色。

病原及发病条件 该病病原为香石竹尖镰孢。病菌在病株和土壤中存活，可通过根及插条传播。23～28℃发病重。

防治方法 预防措施有：①严格土壤消毒；②选用无病繁殖材料。生长季节一旦发病则很难治愈，一般多采用①拔除病株集中销毁；②80%代森锌可湿性粉剂500倍液喷雾及灌根；③50%福美双可湿性粉剂500倍液喷雾及灌根。

(3) 灰霉病

症状 主要危害花，初起时花瓣上出现褐色斑点，随后，斑点扩大散开，花瓣腐烂，在潮湿条件下，病斑上产生灰色霉层。

病原及发病条件 该病病原为灰葡萄孢，冷凉、潮湿天气发病重。

防治方法见月季灰霉病。

(4) 叶斑病

症状 主要侵害叶片,也侵染茎。首先从植株下部叶片发病,然后向上侵染。病斑近圆形,浅褐色,直径约0.5cm。病斑上有针尖大小的黑点,后期病斑中心表皮脱落而呈白色。

病原及发病条件 该病病原为香石竹白疱壳针孢。高温发病重。

防治方法 预防措施有:①避免连作,严格土壤消毒;②选用无病繁殖材料繁育,发病后的治疗有:①50%福美双可湿性粉剂500~800倍液;②70%代森锰锌可湿性粉剂500倍液。上述药剂要10天一次,连喷3次。

(5) 茎腐病

症状 主要危害茎基部,导致植株突然萎蔫。

病原 该病病原为立枯丝核菌(有性世代为马铃薯黑痣网膜革菌)。温暖、潮湿发病重。扦插苗床发病重。

防治方法 预防措施有:①严格土壤消毒,避免重茬;②严格控制温室湿度,发病后的治疗措施有:①拔除病株;②用40%五氯硝基苯粉剂1kg拌土30~60kg,散在病穴及植株根际周围或条施在畦上;③用50%福美双可湿性粉剂500倍液浇灌根穴和喷雾。

(6) 香石竹芽腐病

症状 危害香石竹花朵。首先从花芽内部变色,腐烂,受害轻时,花瓣开放但畸形,重者除雌雄蕊外花瓣大部至全部变褐腐烂。

病原及发病条件 该病由与螨伴生的梨孢镰刀菌引起。通风不良,湿度过大发病重。

防治方法 喷撒高效杀螨剂。①25%三唑锡可湿性粉剂2000倍液,但此病对人畜有毒要严格遵守药品包装上的使用说明;②70%克螨特乳油1000倍液。

(7) 锈病

症状 主要危害叶和茎。受侵染的叶片两面及茎上,长有绯红色疱状病斑,直径1.5~8mm,后期则形成黑褐色疱状病斑。最终引起叶片甚至整株枯萎死亡。

病原及发病条件 该病病原为香石竹单孢锈菌。温室栽培发生较多,湿度大发病重,该病菌为转主寄生菌,转主寄主为大戟属植物。

防治方法 预防措施有:①避免同大戟属植物(如一品红、高山积雪、猩猩草等)邻近种植;②降低温室湿度。治疗措施有:①摘除病叶集中销毁;②20%萎锈灵乳油400倍液喷雾;③20%粉锈宁乳油2 500倍液喷雾;④福星水剂10 000倍液喷雾。

12.5.3 病毒病

(1)症状、病原及传病因子 侵染香石竹的病毒有10多种,引起香石竹生长衰弱及各种病害症状。目前常见香石竹病毒病如下几种。

香石竹斑驳病 受害植株出现不明显的花叶,在染病新叶上,深绿与浅绿相互夹杂,有时产生坏死斑。老叶则不明显,植株生长不良。病原为香石竹斑驳病毒,主要通过根部、切口、刀具等,以汁液交流传播。

香石竹叶脉斑病 受害植株幼叶叶脉上发生不规则的褪绿斑驳或坏死斑。老叶多无症状。花瓣上形成颜色不同的斑块(碎色),尤其是红色品种更为明显。该病病原为香石竹叶脉斑驳病毒所致。

主要通过蚜虫和人工作业的刀具及手，以汁液交流传播。

香石竹蚀环病　受害植株叶片上产生环形、宽条形或线形坏死斑，秋冬低温季节幼苗受害重。严重时，许多灰白色环纹可连接成大型病斑，致使叶片卷曲。该病病原为香石竹蚀环病毒。主要通过蚜虫和人工作业引起汁液交流传播。

香石竹环斑病　受害植株叶片上产生灰色或黄色的环斑，叶缘呈明显的波状；叶尖坏死。该病病原为香石竹环斑病毒，通过人工作业引起的汁液交流，以及土壤中的线虫和地上蚜虫传播。

香石竹潜隐病毒病　受害植株生长衰弱，花朵变小，数量变少。该病病原为香石竹潜隐病毒。通过人工作业引起的汁液交流及蚜虫传播。

(2)防治方法　①茎尖组培脱毒，获得无病毒苗栽培利用；②及时喷杀传毒昆虫、蚜虫、线虫等，可采用氧化乐果、马拉硫磷等防治。③发现病株及时拔除集中销毁；④接触病株的手要用肥皂多次清洗后再接触健壮植株；⑤作业刀具经常清洗消毒，尤其是碰到感病植株后更要严格清洗消毒。

12.5.4　主要虫害

(1)红蜘蛛　高温干燥时发生，蔓延极快，发现红蜘蛛后及时用药剂防治，40%三氯杀螨醇 2 000 倍液；20%三氯杀螨醇 800 倍液；40%氧化乐果 1 000 倍液，每7～10 天一次，连喷 3 次。

(2)蚜虫　蚜虫在温暖季节易发，但高温高湿发生少。防治方法：用 40%氧化乐果 1 200 倍液，灭蚜松乳剂 1 500 倍液，25%鱼藤精 1 000～1 500 倍液均可，7～10 天一次，连喷 3 次。

(3)蓟马　用 50%杀螨硫磷1 000倍液，或 50%乙酰甲胺磷和 25%西维因 1∶2 混合加水 1 000 倍液，7～10 天一次，连喷 3 次。

(4) 蝼蛄　主要在土壤内危害香石竹根部。可用 50%辛硫磷乳油或 25%乙酰甲胺磷 1 000 倍液，浇灌土壤。

12.6　切花采收、处理与上市

12.6.1　采收

夏季温度较高时，一枝一花的采收以花瓣尚未打开，花瓣露色部分长1.2～2.5cm 为好，这样，花蕾期采收切花，常温下 2～4 天后开放。散枝多头型香石竹，要有二朵花瓣开放，其余花蕾现色时采收，采收时间为清晨或傍晚为佳，用锐利剪刀剪切，如不需留茬，可在枝基部下剪，如需留茬，则要在茎基部之上 2～3 节处下剪，以便下茬能抽出 2～3 个小枝开花，剪下的花枝放置在干净的布帘上，集中分级。

冬季温度较低时，无论什么样的香石竹，除非能进行催花处理，否则都要等到花瓣微开放时采收，提早采收，水养时不能开放。

12.6.2　分级、处理

根据中华人民共和国农业部 1997 年 12 月发布的农业行业标准 NY/T—325—1997，大花香石竹切花一般分四级，见表 12-3。

分好级后，按花色，每 10 枝、20 枝或 30 枝一束捆扎，可把花头放在同一个平面上捆扎成圆形，或花头双层摆放成长方形。

捆扎后的花序要将花茎末端剪齐。

表 12-3 大花香石竹切花产品质量等级标准

评价项目		等级			
		一级	二级	三级	四级
1	整体感	整体感、新鲜程度极好	整体感、新鲜程度好	整体感、新鲜程度好	整体感一般
2	花形	①花形完整优美，外层花瓣整齐 ②最小花直径：紧实5.0cm；较紧实6.2cm；开放7.5cm	①花形完整，外层花瓣整齐 ②最小花直径：紧实4.4cm；较紧实5.6cm；开放6.9cm	①花形完整 ②最小花直径：紧实4.4cm；较紧实5.6cm；开放6.9cm	花形完整
3	花色	花色纯正带有光泽	花色纯正带有光泽	花色纯正	花色稍差
4	茎秆	①坚硬、圆满通直；手持茎基平置，花朵下垂角度小于20° ②粗细均匀、平整 ③花茎长度65cm以上 ④重量25g以上	①坚硬、挺直；手持茎基平置，花朵下垂角度小于20° ②粗细均匀、平整 ③花茎长度55cm以上 ④重量20g以上	①较挺直；手持茎基平置，花朵下垂角度小于20° ②粗细欠均匀 ③花茎长度50cm以上 ④重量15g以上	①茎秆较挺直；手持茎基平置，花朵下垂角度小于20° ②节肥大 ③花茎长度40cm以上 ④重量12g以上
5	叶	①排列整齐，分布均匀 ②叶色纯正 ③叶面清洁，无干尖	①排列整齐，分布均匀 ②叶色纯正 ③叶面清洁，无干尖	①排列较整齐 ②叶色纯正 ③叶面清洁，稍有干尖	①排列稍差 ②稍有干尖
6	病虫害	无购入国家或地区检疫的病虫害	无购入国家或地区检疫的病虫害，无明显病虫害症状	无购入国家或地区检疫的病虫害，有轻微病虫害症状	无购入国家或地区检疫的病虫害，有轻微病虫害症状
7	损伤等	无药害、冷害及机械损伤	几乎无药害、冷害及机械损伤	轻微药害、冷害及机械损伤	轻微药害、冷害及机械损伤
8	采切标准	适用开花指数1)为1～3	适用开花指数为1～3	适用开花指数为2～4	适用开花指数为3～4
9	采后处理	①立即入水保鲜剂处理 ②依品种每10支捆为一扎，每扎中花茎长度最长与最短的差别不可超过3cm ③切口以上10cm去叶 ④每扎需套袋或纸张包扎保护	①保鲜剂处理 ②依品种每10支或20支捆为一扎，每扎中花茎长度最长与最短的差别不可超过5cm ③切口以上10cm去叶 ④每扎需套袋或纸张包扎保护	①依品种每30支捆为一扎，每扎中花茎长度最长与最短的差别不可超过10cm ③切口以上10cm去叶	①依品种每30支捆为一扎，每扎中花茎长度最长与最短的差别不可超过10cm ③切口以上10cm去叶

（续）

评价项目	等级			
	一级	二级	三级	四级

1）开花指数 1：花瓣伸出花萼不足 1cm，呈直立状，适合于远距离运输；
开花指数 2：花瓣伸出花萼 1cm 以上，且略有松散，可以兼作远距离和近距离运输；
开花指数 3：花瓣松散，小于水平线，适合于就近批发出售；
开花指数 4：花瓣全面松散，接近水平，宜尽快出售。

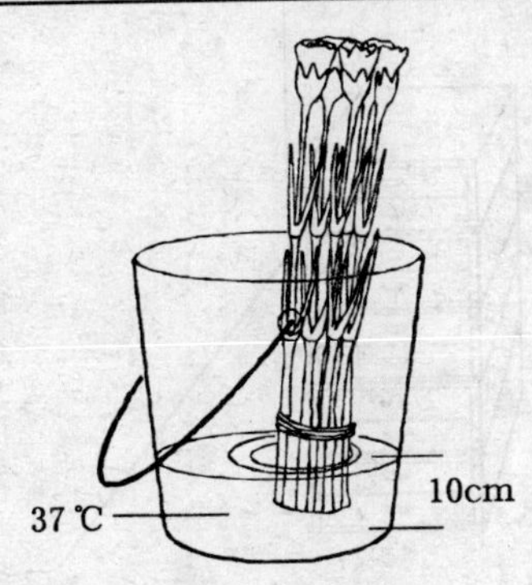

图 12-11 切花预处理

然后将 10cm 茎基放 37℃的预处理液中 2～4 小时，接着转移到温度 0～1℃，相对湿度 90%～95%的冷库中贮藏 12～24 小时，然后装箱上市或放 0.04～0.06mm 厚的聚乙烯袋内继续冷藏，最长可贮藏 56～70 天。蕾期采收的切花在上市前或到零售商手中后要进行催花处理，使花朵微开再到消费者手中，消费者可把切花放瓶插液中保鲜（图 12-11）。

预处理液：硫代硫酸银 100mg/L 2～4 小时

催花液：10%蔗糖＋200mg/L8～HQC＋50mg/L IBA 1～4 天

瓶插液：3%蔗糖＋300mg/L8～HQC＋500mg/L B_9

除以上处理外，自然界中没有的香石竹色，可以通过用白色香石竹染色获得。一般采用染色液有蓝、绿、棕、黑紫等。将专用花朵染色剂（自己选择染料色）溶于 37℃的纯净水中，并添加少量吸湿剂，提高染色速度。略萎蔫的花枝更易吸收染液，花枝入染液前在末端重剪一次，约 5～10cm，染液深度 8～10cm，染色时间 20～40 分钟。染色深浅由染色时间和染色浓度控制，染过色的花枝可以同正常花枝一样保鲜和冷藏（图 12-12）。

但染色花色彩不够真实，一些消费者并不欢迎。

12.6.3 运输上市

香石竹的长途运输必须用特制通气纸板箱包装，纸箱内垫有聚乙烯膜，箱内要有横隔板。纸箱要预冷，预冷温度 0℃，相对湿度 95%，冷气通过纸板箱的速度为每分钟 18～27m。

纸板箱的规格高 30cm，宽 50cm，长 122cm，花枝沿宽度横放或沿长顺放，沿长顺放中间也要有横隔板，然后每放1～3 层加一层隔板，以防花枝下沉，损伤下部花枝。

长距离运输必须用预冷纸板箱并放在冷藏集装箱中进行，温度在 2～4℃，最高不超过 8℃，空气相对湿度保持在 85%～95%。

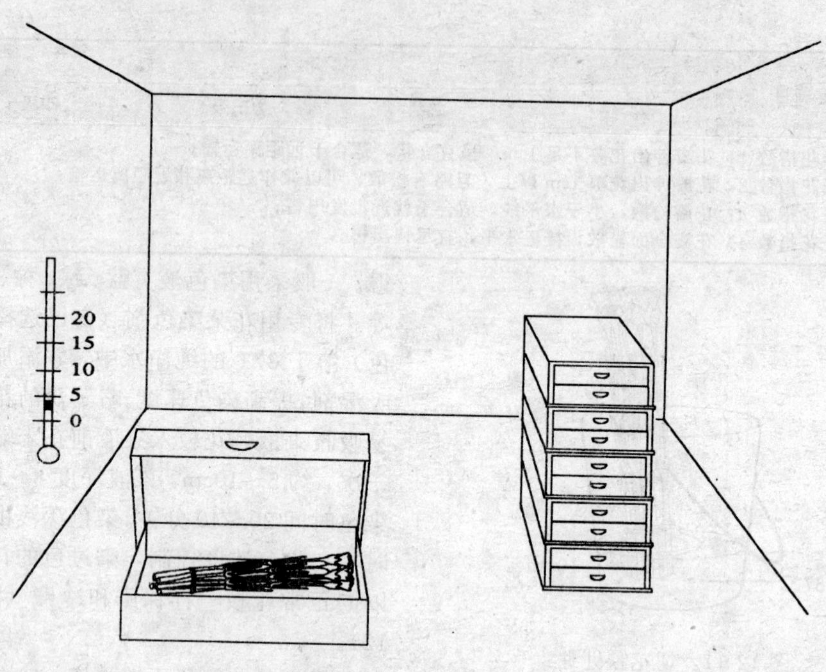

图 12-12 切花贮藏

13 非洲菊 *Gerbera jamesonii*

13.1 形态特征及常见品种简介

13.1.1 形态特征

为菊科扶郎花属多年生常绿草本，株高30～65cm。叶基生、多数，叶片短圆状匙形，长15～25cm，羽状浅裂或深裂，顶裂片最大，裂片边缘具疏齿，圆钝或尖，常反卷或翘起，叶背具白绒毛。多数花梗从叶丛中抽出，每梗先端具一头状花序，花梗中空、高于叶丛，长30～65cm，头状花序盘形，苞片数层，外层舌状花大，倒披针形或带状，先端3齿裂，中间的筒状花较小，通常二唇形，花序径8～13cm，花色有红、粉、白、黄、橙等色。四季常开，但以5～6月和9～10月为盛花期。

13.1.2 常见品种

非洲菊栽培品种大约百余个，常见品种如表13-1。

表13-1 非洲菊主要栽培品种

中名	英名	花径（cm）	舌状花色	舌状花层数	筒状花色	切枝长（cm）	切花水养天数	年产量（支/m²）
野风信子	Bluebell	10～12	蓝紫	多层	黑紫	60	12～14	130～140
多枝	Twiggy	10～12	蓝紫	多层	黄绿	50	12～14	140～155
亚太经	Escalo	10～12	蓝紫	3～4层	黑紫	55	12～14	130～140
城堡	Chateau	10～12	深紫	2～3层	深紫	60	14～16	140～155
破晓	Diablo	10	紫红	多层	黑紫	50	12～14	175～195
血液	Sangria	11～13	紫红	多层	黑紫	65	12～14	130～140
红宝石	Rudyred	10～12	紫红	3～4层	黑紫	60	12～14	175～195
大草原	Savannah	10～12	紫红	3～4层	黑紫	65	12～14	140～155
赌博	Monte-cristo	10～12	深红	多层	绿	55	10～12	160～170
交响曲	Crossfire	10	红带金边	3层	绿	55	10～12	140～155
争吵	Ornella	12	红带金边	多层	黄绿	55	10～12	170～185

（续）

中名	英名	花径（cm）	舌状花色	舌状花层数	筒状花色	切枝长（cm）	切花水养天数	年产量（支/m²）
奥凯	Okky	7	金红	3层	绿	60	12～14	300～325
拉莫纳	Ramona	10	红带金边	3～多层	绿	55	14～16	160～170
北方之星	NorthStar	8～9	红	3～4层	绿	65	14～16	350～385
理想	Optima	10～12	橘红	多层	黑紫	65	16～18	160～170
落日	Sunset	10～12	橘红	多层	黑紫	65	12～14	170～185
奥地利	Odilli	7	橘红	多层	黑紫	60	12～14	280～315
威力	Willy	7	深粉	多层	紫红	50	12～14	265～300
粉红眼	Pinkas	10～12	粉	多层	黄绿	60	12～14	140～160
大酒瓶	Magnum	10～12	深粉	多层	黑紫	65	10～12	135～150
小花边	Fleurance	10～12	粉	多层	绿	55	10～12	150～165
蔷薇花边	Rosabella	10～12	粉	多层	绿	55	12～14	140～155
弹力线	Shirley	10～12	深粉	4层	黑紫	65	12～14	130～140
凯茜	Cathy	10～12	粉	多层	绿	50	12～14	140～155
幻觉	Stardust	10～12	浅粉	多层	黑紫	60	12～14	135～150
金色门	Golden-Gate	10～12	深黄	多层	黑紫	55	10～12	140～155
卡车	Lorraine	10～12	深黄	多层	绿	55	12～14	135～155
物价	Oprah	10～12	黄	多层	绿	60	14～16	135～150
海龟	Thalassa	10～12	黄	多层	黑紫	60	10～12	140～145
维纳斯	Venus	10～12	乳黄	多层	深粉	55	12～14	190～210
反响	Ansofie	10	乳白	3层	黑紫	65	12～14	150～165
快乐舞曲	Jolly Disc	12～14	白	3～4层	粉紫	65	12～14	150～170
废品商人	Junkfrau	10～12	白	多层	绿	55	10～12	140～155
西比	Siby	7	白	多层	绿	55	14～16	350～385

13.2 习性

13.2.1 生长习性

非洲菊原产非洲南部德兰士瓦，为多年生常绿草本，从幼苗定植到开花需3～4个月时间，见花后可陆续开花多年，但其老株开花不良，加之连作病害严重，故做切花应用年限一般为3～4年。非洲菊原有半休眠习性，但若栽培条件好，温度、水肥适宜可周年开花不绝，每株一年平均可切采10支切花，优良品种可达30支。切花水养寿命较长，夏季10天左右，冬季可达3周以上。

13.2.2 生态习性

(1)温度　非洲菊喜冬季温暖，夏季

凉爽的气候，生长最适温度为 20～25℃，短期 27～30℃高温对生长无大影响，但若 30℃高温持续时间过长，植株呈生长极缓的半休眠状态。冬天温度 10～15℃进入半休眠，如果低于 10℃则停止生长。可忍受短期 0℃低温，但温度过低受冻死亡。在我国华南地区可做露地宿根花卉，华东地区露地栽培需覆盖越冬，华中以北只能温室栽培。

(2)光照　属喜光中日性植物，喜强光，但对日照长短要求不严，不论长短日照，只要满足其营养生长所需的水肥、温度和光照强度就会周年开花。

(3) 水分　非洲菊不耐涝，忌水湿，空气高湿也易生病。略耐干旱，但以湿润土壤生长最佳。

(4) 土壤　喜深厚、肥沃、排水良好的沙质壤土，忌粘重土壤，在中性和微碱性土壤上能生长，但以微酸性土壤 (pH6.5 左右) 生长最佳。碱性土壤中易产生缺铁症。连作病虫害严重。

13.3 繁殖方法

13.3.1 组织培养法

组织培养为切花品种的主要繁殖方法。外植体主要用幼蕾期（花蕾 1cm 左右大小）花托；培养条件为：温度 25℃，日照时数 16 小时，光照强度800～1 200 Lx；培养基配方：

诱导培养基：MS＋BA10mg/L＋IAA0.5mg/L

继代培养基：MS＋KT10mg/L（或 BA5mg/L）＋IAA0.5mg/L

生根培养基：$\frac{1}{2}$MS＋NAA0.5mg/L

试管苗移栽基质：木屑（1）＋珍珠岩（1）＋泥炭（1）（严格消毒灭菌）

在诱导培养基上，从接种到愈伤组织分化出芽约需 1～2 个月，某些黑心和白花品种需半年以上，接到继代培养基上后，每月都能 1∶5～10 的速度增殖，但以 KT 培养基优于 BA 培养基，在 BA 培养基上其幼苗叶片易发生变异。

移栽试管苗的苗盘要放在温室内，遮光 50%左右，保持 90%～95%的相对湿度，温度控制在 20～25℃，每周浇一次高压灭菌的生根培养液，幼苗开始生长时撤去遮光网，2～3 周后可定植，定植 3～5 个月后即可开花应市。

13.3.2 扦插繁殖

(1) 采穗母株的准备　选择优良品种中生长健壮、无病虫害、花大色艳、舌状花层数较多、花梗粗壮的优株做母株。选好的母株掘起，剪除花梗和叶片，保留根颈部以下（见图 13-1），栽植在装有充分消毒的培养土的种植箱内或种植床上（见图 13-2），然后喷施 100mg/L 的 6-BA 溶液，保持温度 22～24℃，相对湿度

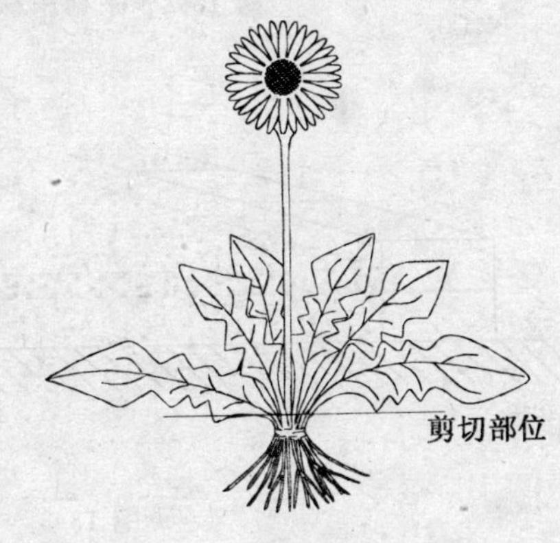

图 13-1 采穗母株的修剪

70%～80%，约 20 天左右根颈部陆续生出腋芽和不定芽。

(2) 扦插基质与扦插床　扦插床可设在温室内，以便周年生产；也可设在室外防雨荫棚下，室外插床只能在春夏利用。扦插基质用彻底消毒的肥沃壤土 2 份加珍珠岩 1 份，表层再覆 2～3cm 厚的珍珠岩即可（见图 13-3）。

(3)扦插时间　春季扦插较好，此时温度适宜，生根生长快，当年定植就可开花；夏季扦插若温度高于 26℃不易成活。在温室内控温扦插，一年四季均可进行。

(4) 插穗准备　当母株上芽条长出 4～5 片叶时即可剪取做插穗（见图 13-4)，剪过一茬后再喷 6-BA 液，约 20～30 天左右可再生一茬插穗，如此反复进行 3～4 次，每母株可采条 20～30 支，此后母株萌芽力下降，弃之不用。

插穗用 10mg/L 的 6-BA 处理12～24 小时后再扦插，其成活率明显提高。但 6-BA 价格昂贵，可用 NAA 或 IBA 30～50mg/L 代之，效果也较好。

(5) 扦插密度及方法　扦插密度以叶片不相互遮盖为宜，约为 5cm×5cm 株行距。扦插时用木棍打孔插入基质，深

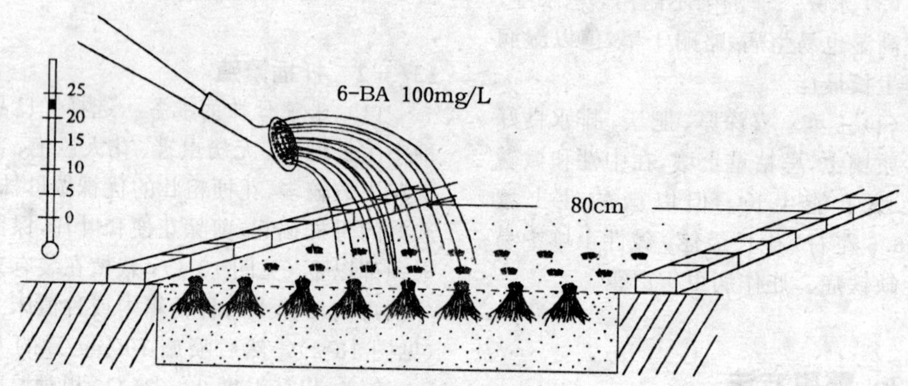

图 13-2　采穗母株栽植方式（10cm×10cm）

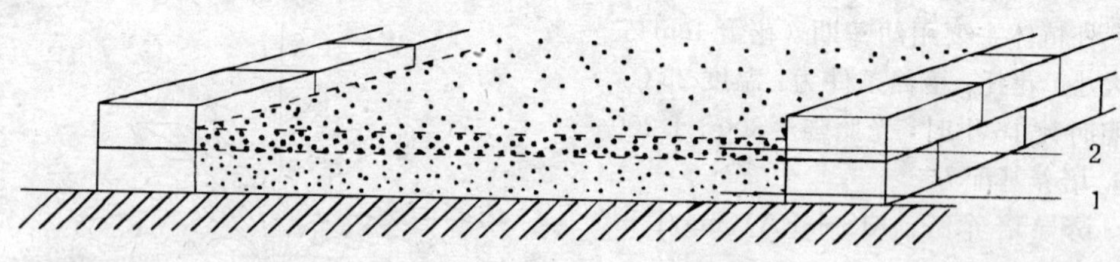

图 13-3　扦插基质的铺设

1. 壤土：珍珠岩＝2：1　2. 珍珠岩层 2cm

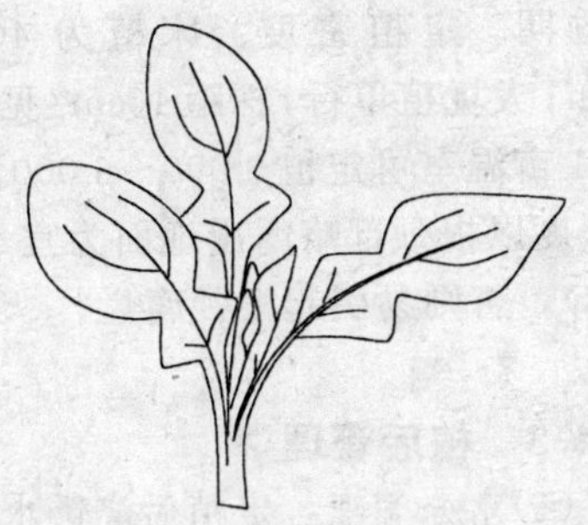

图 13-4 插穗类型

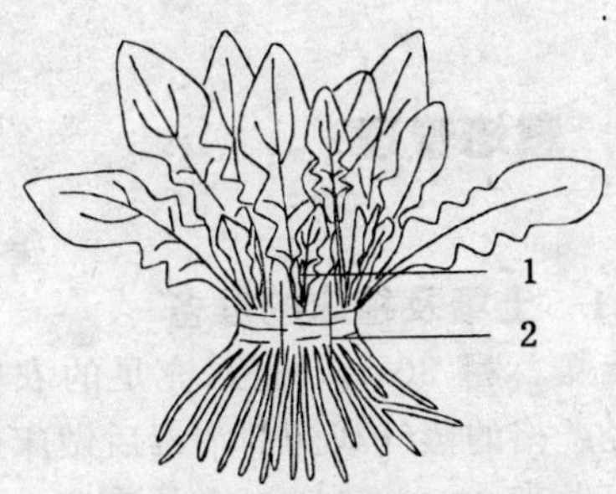

图 13-5 分株繁殖

1. 子株芽点 2. 切割线

度为插穗的 1/3 左右，但要在珍珠岩层内。

(6)插后管理 插后即浇透水，室温控制在 25℃左右，相对湿度为 90%，约 3～4 周可生根，生根后 2 周即可移栽，但可继续留床 2～3 周，使生根苗从基质的肥沃壤土中吸收充足的营养而更好地发育。

13.3.3 分株繁殖

每年春、秋两季当老株盛花期过后，可减少浇水，温室温度也不再刻意控制，使植株进入半休眠状态，在初秋或早春到来时掘起老株，据株丛大小将其根切分成若干株，每一新切株带叶 4～5 片(见图 13-5)，可直接用做定植苗。

13.3.4 播种繁殖

非洲菊的一些品种可播种繁殖。因其自花不孕，要严格控制防止不同品种异花授粉，而通过人工辅助，确保在同一品种内的不同植株间授粉。授粉后 30～40 天种子成熟，采下花序，晾晒去杂，保留种子。非洲菊种子千粒重 4.5g 左右，寿命较短，一般不超过半年，发芽率仅 30%～40%。种子无休眠习性，采后即可播种。播种土用腐叶土加泥炭及河沙，比例为 2：1：1，种子与沙混合后轻轻撒布在装好播种土的播种箱内，一个 30cm ×60cm 的播种箱播种 2000 粒左右，然后覆一层细沙，使种子呈半露状态即可(见图 13-6)。播种箱先浇透水，播后盖上塑料膜或玻璃保湿，控温在 21～24℃，10～15 天后即可发芽，2～3 片真叶后可移植。一般播种苗当年可开花。

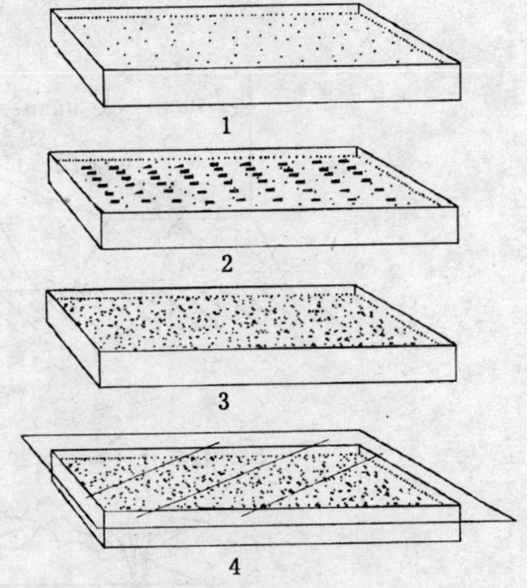

图 13-6 插种繁殖

1. 装基质、浇水 2. 撒种子

3. 覆 0.5cm 厚沙层 4. 盖玻璃

13.4 栽培管理

13.4.1 土壤及植床的准备

土壤深翻 30cm，施入充足的农家肥，经严格的蒸气或药剂消毒后做床备用。可做高 20cm，宽 60cm 的高床，也可采用大垅式栽培，垄宽 40cm，两垄间距 30cm。

13.4.2 定植

一年四季均可定植，但以春季为最佳适期。定植密度：床植为 40cm × 20cm；大垅植单行，株距 10cm（见图 13-7），1 亩温室可定植 5 000～6 000 株。定植深度以根颈部略露出地面为宜（见图 13-8），否则易引起根颈腐烂。

13.4.3 植后管理

（1）水分管理　定植后浇透水，以后保持土壤湿润，缓苗后适当控水以利于良好根系的形成，后期表土见干即浇，最好采用滴灌，避免叶丛中心进水，以防造成花芽腐烂。如大水盛夏浸灌，则仅浇垅沟及步道。

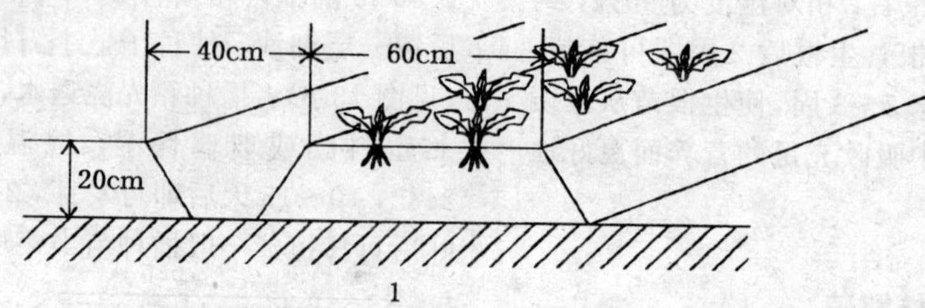

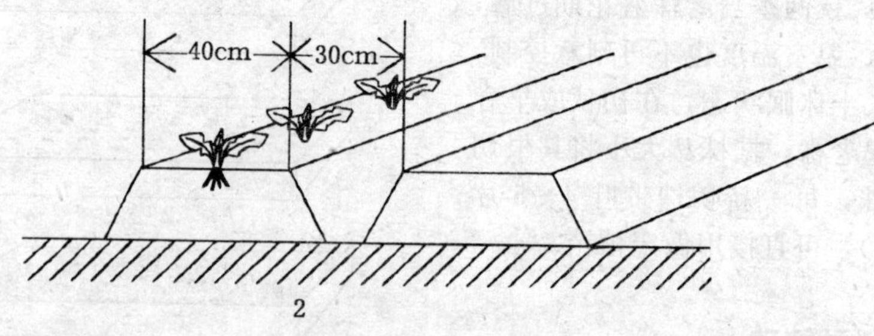

图 13-7 非洲菊定植法

1. 床植双行（40cm×20cm） 2. 大垅植单行（10cm）

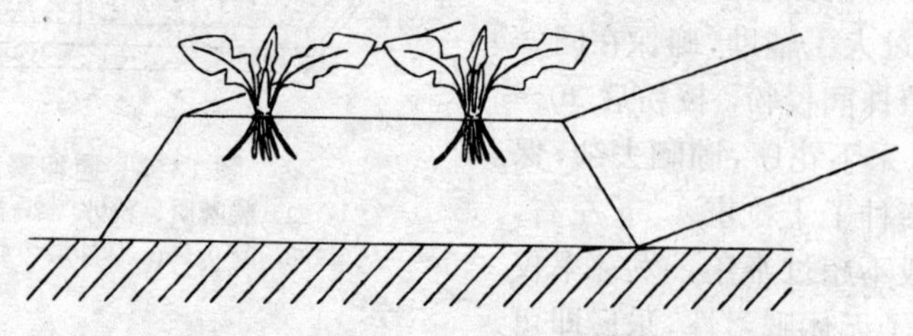

图 13-8 定植深度（根颈与土面平或略高）

(2) 温度调控　冬季升温，夏季降温，维持其最佳生长温度 20～25℃左右，如条件不便，冬季也应控温在 12℃以上，夏季在 30℃以下，这样植株才不致休眠。

(3) 光照的控制　冬季尽量保持较强的光照，如光照时间不足 6 小时，可适当架设带反光镜的高压钠灯补光；夏季要适当遮荫，以降低温度，防止植株高温休眠。

(4)营养供应　非洲菊为喜肥植物，加之每株平均年产花枝 10～30 多支，耗养量较大，故应满足肥料供应。植株对营养元素需求量钾＞氮＞磷，追肥时氮、磷、钾肥比例为15∶8∶25。冬季施肥每 10 天一次，春秋季 5～7 天一次，用量为每 $100m^2$ 种植面积上每次施硝酸钾 0.4kg，硝酸铵 0.2kg，磷酸铵 0.2kg。若温度过高或过低植株已处于半休眠状态时则要停止施肥。

(5)气体调节　经常通风换气，空气流通可以降温排湿，减少病虫危害，同时补充温室内的 CO_2，排走有害气体。冬季若温室加光，需补 CO_2。

(6)清除残叶老叶　非洲菊在生长过程中不断有新叶长出，老叶逐渐衰老枯黄，要随时注意清除。冬季温室栽培还可去掉一些未枯黄的外层老叶以改善光照和通风条件，减少病虫危害，同时有利于新叶和花芽的发生和生长，提高产花量。

13.5　病虫害防治

13.5.1　真菌性病害

(1) 叶斑病

症状　病害主要发生在叶片上，有三种类型的病斑。

第一种，被侵染的叶片上出现紫褐色小点，后逐渐扩大形成圆形、近圆形病斑，直径 1～7mm，中央暗灰色，边缘紫褐色，病斑上具有同心轮纹，其上着生黑色小点，有时病斑开裂形成穿孔。

第二种，病斑多为圆形，灰褐色，边缘暗褐色，稍稍隆起，病斑两面有不明显的暗绿色霉点。

第三种，被侵染的叶片初为圆形小斑，后扩大为 10～15mm 的近圆形或不规则病斑，红褐色至黑色，边缘不明显。危害严重时，病斑相互愈合，引起叶片枯焦，病斑上生有黑色小点。

病原及发病条件：第一种叶斑由菊叶点霉引起；第二种叶斑由菊尾孢霉引起；第三种叶斑由壳针孢菌引起。叶斑病发生较普遍，温暖潮湿，通风、排水不良及氮肥过量易发病，一般 5 月开始发生，7～9 月发病重。

防治方法：预防措施有：①选择排水良好的沙质壤土种植非洲菊；②适当疏植，使株间通风良好；③多施有机农家肥及磷、钾肥，增强植株抗病能力。发病后的治疗措施有：①及时摘除病叶，集中销毁；②喷施 50％多菌灵 500 倍液；③ 70％甲基托布津可湿性粉剂 800～1 000 倍液；④50％福美双粉剂 500～800 倍液。上述药剂要连喷 3～4 次，每隔 7～10 天一次。

(2) 根颈腐烂病（疫病）

症状　危害根颈部及根。病菌从幼根或根部伤口侵入，根颈部首先出现水浸状、褐色病斑，进而腐烂撕裂。地上部叶片迅速萎蔫，由绿色转为暗紫红色，最后变为褐色，部分或全部叶片枯死。

病原及发病条件：该病病原为隐地疫霉。由土壤和无性繁殖材料传播。中温（15～25℃）多湿发病重。排水不良的粘重土壤易发病。

防治方法：预防措施有：①严格土壤消毒；②注意排水通风；③适当浅植。发病后的治疗措施有：①拔出病株，集中销毁；②50%福美双可湿性粉剂500～800倍液喷雾及浇灌拔除病苗后的根穴，7～10天一次，连喷3次；③40%三乙磷酸铝200～300倍液喷雾、灌根，7～10天一次，连施3次。此外还可应用晚疫净和普力克。

（3）白绢病

症状　受侵染的植株（主要为幼株）发病初期根颈部呈暗绿色水浸状软化，随后表面产生白毛（菌丝）和小米粒大小的褐色突起（菌核），最后根颈部变褐枯死。病株的地上部分表现为茎叶生长瘦弱，叶色变黄、凋萎、干枯。

病原及发病条件：该病病原为刺孔伏革菌，菌核在土壤中越冬后再次形成侵染源。高温多湿的盛夏季节易发病。

防治方法　预防措施有：①土壤严格消毒；②盛夏季节注意控制温室的温湿度。发病后的治疗措施有：①拔除病株、集中销毁并在病株土壤处撒石灰消毒；②75%多菌灵可湿性粉剂600～800倍液浇灌拔出病株后的根穴；③50%代森铵500倍液7～10天一次，连喷3次。

（4）灰霉病

症状　危害茎、叶和花，但主要侵害花。侵染初期，花瓣上产生水渍状斑点，后逐渐扩大，造成花瓣腐烂枯死。潮湿时，受害部位可见灰色霉层。

病原及发病条件：该病病原为灰葡萄孢。冬春冷凉潮湿的环境下易发病。

防治方法：预防措施有：①提高温室温度，降低温室湿度；②加强温室的通风透光度。发病后的治疗措施有：①摘去病叶病花；②喷洒50%扑海因可湿性粉剂800倍液；③50%甲基托布津800倍液喷雾。7～10天一次，连喷3次。

（5）菌核病（茎腐病）

症状　发病部位为植株下部根颈处。使根颈表皮腐烂或呈灰白色干枯，后期病部产生白毛（菌丝体），然后出现扁平的小黑点（菌核）。植株地上部常突然萎蔫，病重时枯死。

病原及发病条件：该病病原为核盘菌。主要以菌核形式在土壤中越冬，高温多湿发病重。

防治方法　预防措施有：①严格土壤消毒；②适当疏植；③控制氮肥施用量；④夏季适当降温、降湿。发病后的治疗措施有：①拔出病株销毁并浇灌根穴；②40%菌核净可湿性粉剂600倍液喷雾和浇灌根穴。7～10天一次，连喷3～4次，并注意喷施药液于植株下部。

13.5.2　病毒病

非洲菊感染病毒病后，叶上出现不太鲜明的黄绿色斑，新叶变窄，长势衰弱，切花数锐减，最终植株枯死。

防治措施：避免连作；土壤严格消毒；防除蚜虫、介壳虫等传毒媒体；切花工具等经常用3%～5%的磷酸钠或70%酒精消毒；发现病株及时拔除销毁；药剂防治可用病毒A、菌毒清等。

13.5.3　主要虫害

（1）白粉虱　白粉虱在温室内终年

发生，1年发生十几代之多，以成虫和幼虫群集在叶背刺吸汁液危害，可造成叶片褪色变黄、凋萎，严重时导致叶片干枯，花不能正常发育。

防治措施：经常清除枯老叶片，保持株间通风良好，发现虫害后在清晨成虫活动力较弱时喷药防治。①可用24%万灵水剂1 000倍液喷杀；②20%灭扫利乳油2 000～3 000倍液喷杀；③用10%扑虱灵乳油1 000～1 500倍液喷杀；④敌敌畏烟剂薰蒸。由于白粉虱世代重叠，所以要连续喷药3～4次，才能防除。⑤在温室内终年挂诱蚜板（欲称黄板）诱杀。

(2)蚜虫　主要危害嫩叶和花，刺吸汁液。治疗措施有：①40%氧化乐果乳油1 500倍喷杀；② 20%灭扫利乳油3 000～4 000倍液喷杀；③10%多来宝悬浮剂1 000～1 200倍液喷杀；④在能封闭很好的温室内用敌百虫烟剂熏烟效果也较好。氧化乐果对花朵颜色有不利影响，故应慎用。

(3) 潜叶蛾　潜叶蛾以幼虫在叶肉内取食危害，使叶片表面呈明显的白色曲线或斑痕。治疗措施：①2.5%功夫乳油3 000倍液喷杀；②2.5%溴氰菊酯乳油2 500～3 000倍液喷杀。

13.6 切花采收、处理与上市

13.6.1 采收

非洲菊切花最适宜的采收时期以最外轮的舌状花已展开，并有花粉散出时为最佳，采收时间应在清晨或傍晚，切忌在植株萎蔫或夜间花朵半闭合状态时剪取花枝。采收时轻轻拉住花梗，将整个花枝从花丛中抽出即可，如不能抽出用锋利的尖刀伸入花梗基部切取，注意勿伤及叶片。

13.6.2 处理

切花采后立即放入预处理液或与室温相同温度的温水中，转入冷凉的工作室做进一步处理。

非洲菊切花分级无统一标准，出口商品要求花茎长30cm以上。因其花茎易折易腐，故不耐贮运，在相对湿度90%，温度2～4℃条件下，可在清水桶中水贮4～6天，干贮只能贮2～3天。预处理后或放在瓶插液中贮藏效果较好。配方如下：

预处理液：1 000mg/L $AgNO_3$ 10分钟或1%次氯酸钠1分钟

瓶插液：3%蔗糖＋200mg/L 8－HQ ＋ 150mg/L 柠檬酸 ＋ 75mg/L $K_2HPO_4 \cdot H_2O$

为确保花茎、花头不受损伤，许多生产商应用特制硬纸板支撑花枝，纸板长约60cm，宽约40cm，上有5排圆孔，每排10个，孔眼直径2cm。花枝剪下后按长短分级，然后每孔眼插入一花枝，使花头固定在纸板上，而花茎悬垂在纸板下，插满花枝后提起纸板放在盛有预处理液的水槽上，使花茎基部浸入预处理液，经此处理后再贮藏或上市（见图13-9）。

目前生产商有的采用特制硬聚丙烯罩包裹头状花序、用宽2cm左右的绿色纸条斜向缠绕上部花茎2/3，效果也很不错，这样包裹的非洲菊可提前在舌状花展开，但筒状花未撒粉时采收，提早货架寿命1周左右。

13.6.3 上市

短距离运输将花枝插在清水桶中即

可。长距离运输用经过预冷的纸板箱包装，每箱装两张纸板共100支，花头朝上茎朝下，运到零售商手中后，剪去花茎下端2～3cm长一段，插在清水或瓶插液中保鲜出售。

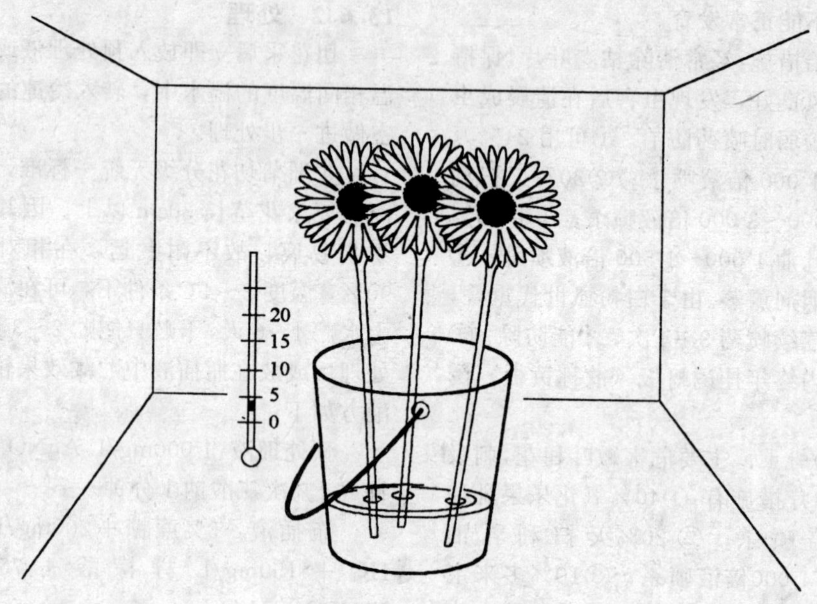

图13-9 切花预处理

14　红掌(大叶花烛、安祖花)*Anthurium andreanum*

14.1　形态特征及常见品种简介

14.1.1　形态特征

天南星科花烛属多年生常绿附生草本。株高50～100cm。节间极短，叶自根颈及地上茎节处抽出，呈丛生状，单叶具长柄，叶片长20～40cm，宽10～12cm，长圆状或卵圆形，叶基深心形，深绿色，有光泽。花梗自叶柄基部抽出，高30～60cm，高于叶丛，肉穗花序顶生，圆柱状，长6cm左右，直立或向外侧倾斜，先端黄色，下部白色。花序基部着生一大型花瓣状的佛焰苞，长10～20cm，宽8～10cm，鲜红色，表面具漆一样的光泽，十分美丽，是做切花观赏的主要部分。现有粉、白、黄、绿白及复色花苞的品种。花两性，具4个窄裂片，每个小浆果内有种子2～4粒，密生于肉穗花序上。

本属有一种火鹤（*A. scherzerianum*），叶较小，长椭圆至阔披针形，叶基部圆或平截，不为心形，花序常弯曲，佛焰苞开展后翻贴向花梗。此种因其叶较小，佛焰苞也较小，适合盆栽观赏。

14.1.2　常见栽培品种简介

红掌有栽培品种数十个，多作切花栽培。此外，作切花栽培者也有来自同属其他种类的品种。常见品种如表14-1。

表14-1　红掌常见栽培品种

学名	花苞色	花序特色	学名	花苞色	花序特色
Gloria	鲜红		Sonate	粉	
Alexia	鲜红		Scorpion	粉	
Mauricia	鲜红		Montana	粉	
Candia	鲜红		Conga	粉白色	
Tinoro	鲜红		Twist	粉绿	
Tropical	红		Fantasia	粉白色	
Casino	红		Rhodochlorun	先端粉色基部带绿	

（续）

学名	花苞色	花序特色	学名	花苞色	花序特色
Avanti	红		Closonia	先端白色基部淡红	
Salsa	红		Twin	白色双层	
Rosetta	绯红	花序先端绿色	Mangaretha	白色	
Nette	绯红	花序先端绿色	Menuet	白色	
Anneke	绯红	花序先端绿色	A coropolis	白色	
Lydia	绯红	花序全为粉色	Amoenum	深桃红	花序白色，先端黄
Limbo	粉		Miaoli	浅绿色	花序黄色

14.2 习性

14.2.1 生长习性

红掌生长较慢，幼苗要生长2年左右才能开花，进入花期后，花与叶轮流生长，一片叶下抽生一支花（见图14-1)，寿命较长，做切花栽培植株，可连续应用10年以上，条件适宜，可周年开花，优良品种单株可年产切花12支以上。切花耐水养，瓶插寿命3～4周。植株常绿，逐年生长后，茎也慢慢伸长，老株常因茎高而不稳，产生侧伏或侧向倾斜。

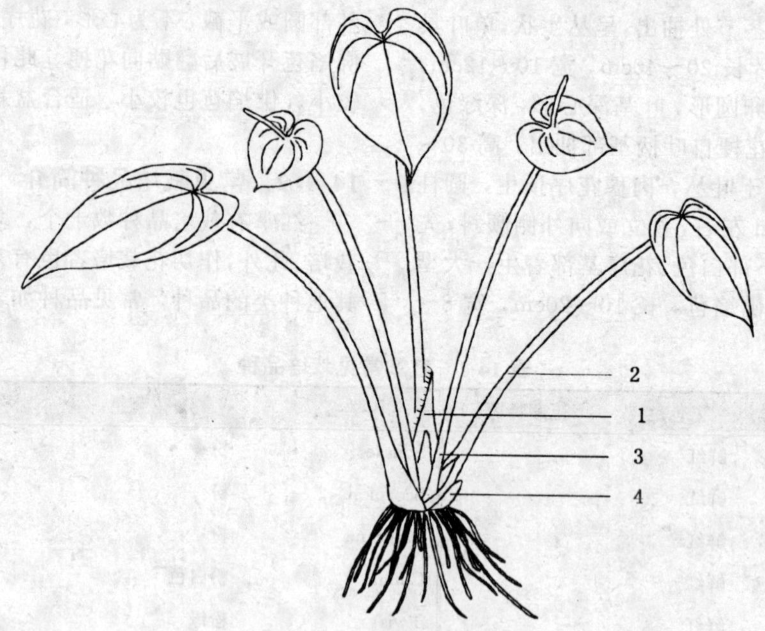

图14-1 红掌抽花方式

1. 顶芽 2. 叶片 3. 花序（从叶柄下部叶鞘抽出） 4. 侧芽

14.2.2　生态习性

(1)温度　红掌原产南美热带雨林，喜高热环境，最适温度20～30℃，生长温度15～35℃，15℃生长缓慢，低于12.8℃出现寒害，叶片坏死，高于35℃植株严重生长不良。

(2)湿度　喜多湿环境，空气湿度最低为70%～80%，经常处于饱和状态，生长最佳。但根系不耐积水，又不耐干旱，喜排水良好之处。

(3)光照　喜半阴的中日性植株，忌强光，全年都宜于在适当蔽荫的弱光下栽培，光强以1.5万～2万Lx为最佳。冬季给予适当光照有利于根系发育，对日照长度无特殊要求，长短日照都能开花。

(4)土壤　喜轻松的腐殖土，不适宜于粘重土壤中栽培，采用水苔、木屑等基质栽培效果较好，基质pH值以5～6为佳。

14.3　繁殖方法

14.3.1　组织培养

组织培养繁殖是红掌作切花栽培的主要繁殖方法，外植体采用幼嫩叶柄和叶片。培养条件为：温度(25±3)℃，光照强度1 000Lx，每天光照12小时，pH值5.5。从接种到成苗需半年或更长时间。

愈伤组织诱导培养基：1/2MS+BA1mg/L+CH300mg/L

芽诱导培养基：MS+BA1mg/L+GA31mg/L+NAA0.1mg/L

继代培养基：MS+BA1mg/L

生根培养基：1/2MS + NAA 0.1mg/L

出瓶后，把组培苗栽植在严格消毒的珍珠岩扦插床或移植盘中。培养条件，温度控制在25～30℃之间，湿度90%～100%，光强为自然散射光或不少于2 000Lx的灯光。并且每周用生根培养基50倍稀释液浇灌1次，2个月后，植株长出新叶成活。

成活苗约需培养1年以上才能开花。为提早开花，可将组培成活苗用容器育苗技术培养。

14.3.2　播种繁殖

当花肉穗花序上有白色花粉撒落时，用清洁干燥的毛笔蘸上花粉涂抹柱头进行人工辅助授粉（见图14-2），约8～9个月后果实变成红色，此时种子已成熟，可以采下果实，用清水冲洗出种子，切忌不可使种子过于干燥，要及时播种。

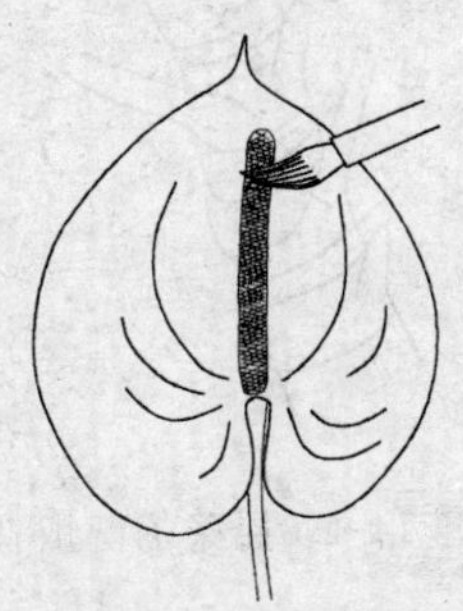

图14-2　人工辅助授粉

可用切细的水藓或草炭作播种基质，点播，1cm间距，覆沙1cm厚，或种子播时略入基质内，不必覆盖。上盖塑料或玻璃，不要全部覆盖，要留一定空隙做通气孔，然后放在散射光处（见图14-3），温度控制在25～30℃，湿度80%以

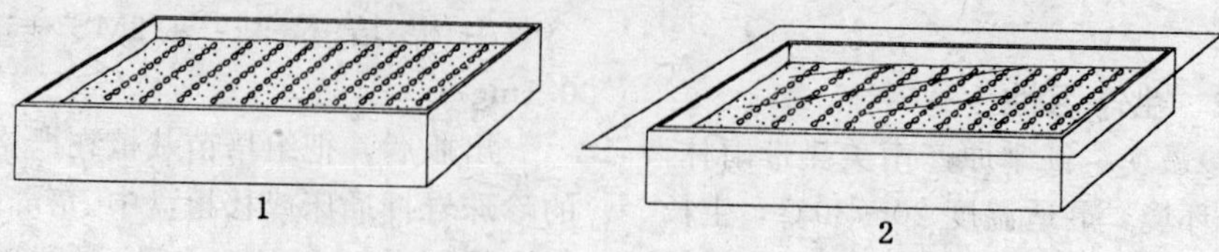

图 14-3　播种方法

1. 在浇透的基质上点播种子（1cm×1cm）　2. 盖玻璃

上，15～20 天可出芽，出芽后可地栽培育也可装营养钵内培育。播种苗 2 年左右开花。

14.3.3　扦插繁殖

使用已有较高地上茎的老株，去除叶片，将其地上茎每隔 1～2 节剪断，每一段为一个插条（见图 14-4），将插条直立插在泥炭或水藓为基质的插床中，保持气温 25℃左右，地温 25～30℃左右，1 个月左右，插条长出新芽和新根，成为独立植株。

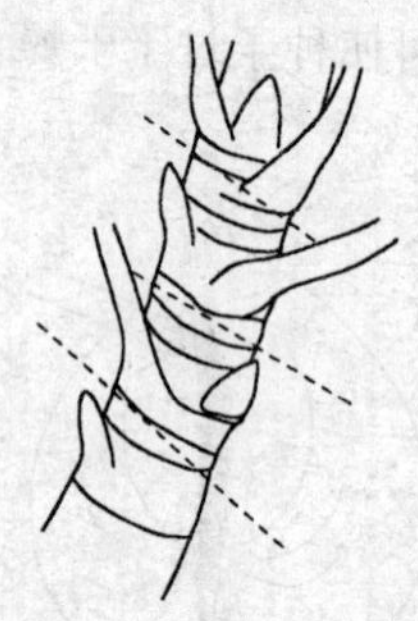

图 14-4　插条的剪取

14.3.4　分株繁殖

仅适用于较大的能在根颈处产生带气生根子株的红掌，把带气生根的子株切下分栽，分下的子株也须有 2～3 片以上叶子（见图 14-5）。子株培养 1 年可开花，一般一株成年株每年只能分出 1～2 个子株。

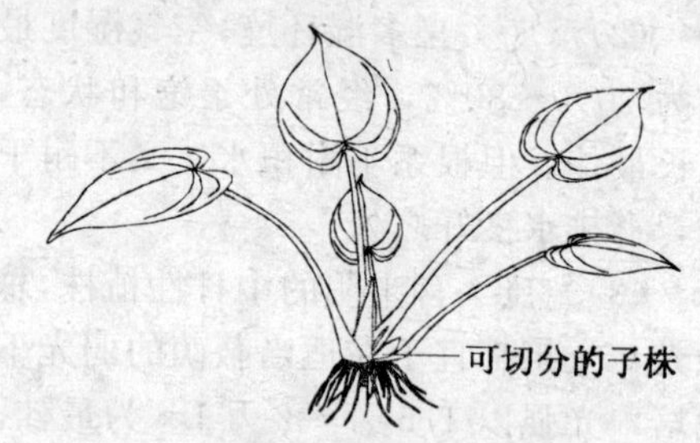

图 14-5　分株繁殖

14.4　栽培管理

红掌为美洲热带原产的多年生植物，我国绝大部分地区必须于温室中栽培。

14.4.1　栽培基质及栽植床

因红掌原为附生植物，所以不适合土壤栽培，所用基质要求有良好的通气性，孔隙度要在 30%以上，腐殖质含量要高，常用基质如下：

①草炭 1 份，珍珠岩 1 份

②泥炭 3 份，苔藓 1 份＋煤炭渣少量

③腐叶土（或松针土）6 份，壤土 2 份，干蕨根 1 份，煤炭渣 1 份＋过磷酸钙少量

④泥炭 5 份，园土 3 份，水苔 1 份，煤炭渣 1 份

⑤煤炭渣 1 份，腐叶土 1 份，珍珠岩

1份

栽植床采用低床或以砖、水泥做边框的高于地面40cm的高床即可，床宽60～100cm，步道40cm，深35cm，床底铺10cm厚碎石，上面铺25cm厚栽培基质（见图14-6），定植前栽植床要严格消毒。

14.4.2　定植

定植时，60cm宽床每床2行，行距40cm，株距30cm，80cm宽床植3行，行距30cm，株距40cm；100cm宽植4行，行距25cm，株距45cm。每百平方米（包括步道），用苗700～800株（见图14-6）。

定植深度以略深于原苗入土根颈即可。

14.4.3　定植后管理

（1）水分　根系灌水以滴灌为佳，若无滴灌，则5～6天漫灌1次，经常保持基质湿润。冬季10月至翌年3月份，要注意干、湿交替，切莫积水。空气湿度以80%～90%为佳，所以要经常向叶面和空气中喷雾保湿。

（2）温度　红掌的适宜生长温度为20～30℃，冬季夜温不能低于13℃，否则叶片变黄，生长不良，幼花芽刚刚抽出叶柄或在叶柄中就会腐烂干枯。30℃以上温度时，要加强通风。

（3）光照　红掌为中日性喜阴植物，光照长短不影响开花，但光照也影响光合作用的进行，太阴暗时光合效率低，生长不良。一般北方冬季可不必遮光，夏季

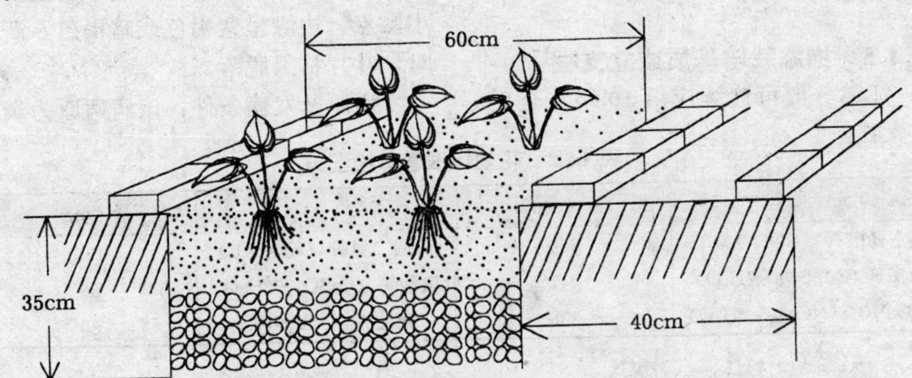

图14-6　定植床及定植的密度（40cm×40cm）、深度

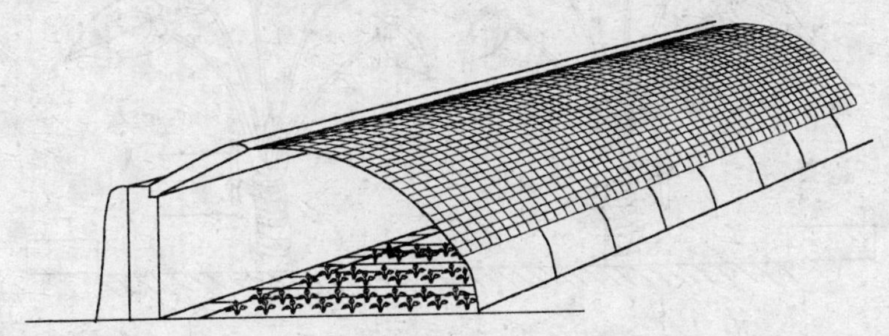

图14-7　温室遮光栽培（30%～50%遮光度遮阳网）

应遮光50%左右，春秋30%左右（见图14-7）。实际光强保持在10 000～15 000Lx。

14.4.4　营养管理

由于基质渗漏性高，保肥力差，所以红掌的营养供应以追肥为主，并且是少量多次。氮磷钾比例2∶1∶3。肥料不足，叶片小，花梗短，苞片小，叶色淡，生长缓慢；若肥料过多，则出现畸形叶，叶片残缺，皱缩等。

一般每周叶面施肥一次，每半月根部施肥一次。叶面施肥可用MS培养基中的大量元素和微量元素100倍液或硫酸铵和磷酸二氢钾1∶1的0.5%～1%的水溶液。根部施肥以下列营养液为基础（见表14-2），适当调整即可。

14.4.5　增添栽培基质或立支柱

红掌一般可连续应用10年甚至更长时间，随着生长年龄的增加，地上茎加高，植株不稳，此时需在床面上增添栽培基质或立支柱（见图14-8）。否则，老茎偏斜，叶片和花梗亦不能直立，影响切花品质。

14.5　病虫害防治

14.5.1　病害

红掌的主要病害为真菌性病害炭疽病和根腐病。

（1）炭疽病

病症　危害嫩枝及叶片。受侵染部位首先出现水渍状圆形或近圆形的暗褐色小斑点，随后扩大、干枯，病部具轮纹，中心部分呈淡褐色或灰白色，上生多数小黑点。边缘呈紫褐色或暗褐色，严重时，叶片枯黑脱落。

病原及发病条件：该病病原为炭疽

表14-2　花烛标准营养液配方

元　素	用　量（mg/L水）	元　素	用　量（mg/L水）
硝酸钾（KNO_3）	354	磷酸二氢钾（KH_2PO_4）	136
硫酸镁（$MgSO_4 \cdot 7H_2O$）	247	硫酸钙（$CaSO_4 \cdot 2H_2O$）	86
硝酸钙（$Ca(NO_3)_2 \cdot 4H_2O$）	236	硝酸铵（NH_4NO_3）	80

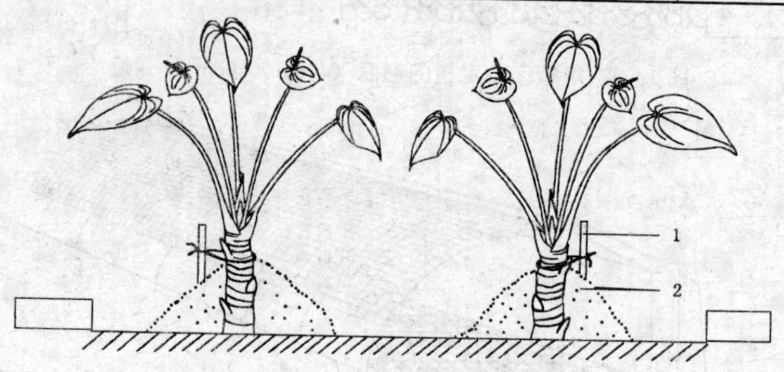

图14-8　立支柱增添基质

1. 支柱　2. 基质堆

菌。栽培中温度高，湿度大，通风不良时发病重。此外氮肥过多，磷钾缺乏时易发病。

防治方法　预防措施有，①加强通风；②增施磷钾肥；③每隔半月喷施一次50%百菌清800倍液。发病后的治疗措施有，①剪除病叶，集中烧毁或深埋，以减少侵染病源；②80%炭疽福美可湿性粉剂500～600倍液喷雾，7～10天一次，连喷2～3次（注：炭疽福美为混合杀菌剂，其中福美锌50%，福美双30%）；③70%甲基托布津1 000～1 200倍液喷雾，7～10天一次，连喷2～3次；④70%代森锰锌可湿性粉剂400～500倍液或50%代森锰锌可湿性粉剂300～400倍液喷雾，10天一次，连喷3～4次。

（2）根腐病

症状　危害根颈部和根，植株受侵染后地上部叶片首先枯萎，尤其是下部叶片。拔出植株后会发现部分根颈或根呈水浸状褐色或黑色，腐烂。危害严重时，全部根系腐烂及地上部全部枯死。

病原及发病条件：该病病原为疫霉菌。20～32℃时最适合病菌浸染，最低温度为9℃，最高温度为36℃。病菌从幼根或伤口浸入，随土壤及无性繁殖材料传播。

防治方法：预防措施有，①严格土壤消毒；②选用组培无病菌苗；③适当浅植，注意排水。发病后的治疗措施有，①拔除病株，重病株销毁，较轻株用甲醛50～100倍液浸泡根部1小时后栽种；②病根穴浇灌40%疫霉灵可湿性粉剂200倍液，每穴200ml，同时全面对植株喷雾，7～10天一次，连用2～3次；③根穴浇灌25%甲霜灵可湿性粉剂800倍液，每穴200ml，同时全面对植株喷雾，10～14天一次，连用2～3次。

14.5.2　虫害

红掌主要虫害为蛞蝓，是一种类似于蜗牛的软体动物，但无壳。喜阴湿，忌

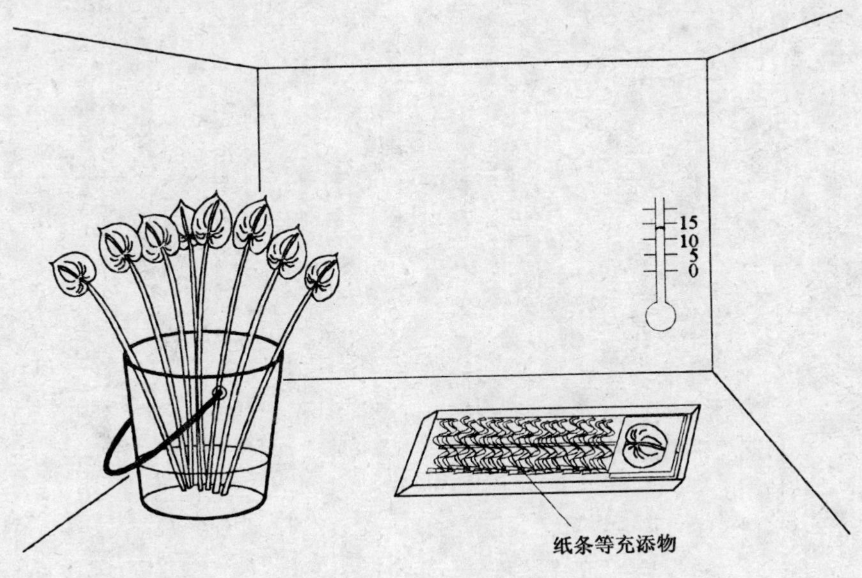

图14-9　切花贮藏

干燥和强光。白天藏在无光、潮湿的地方，夜晚活动，取食幼叶、根和花等幼嫩部位。

防治方法：①及时清除枯枝落叶，注意室内卫生；②喷施溴氰菊酯或撒施8%灭蜗灵颗粒于红掌根际周围或蛞蝓经常活动的地方。

14.6 切花采收、处理与上市

待红掌的佛焰苞展开，花序1/3变色后即可剪切，此时佛焰苞最大，色彩最艳，切花瓶插寿命也最长。剪切后插入与室内同温的清水桶中。

目前红掌切花无统一分级标准，但做切花品种花梗长度要大于30cm，按同一花色，同一花梗长度，3～4枝花一束，把佛焰苞用塑料膜包扎好，上下移动一下，佛焰苞不能完全摆放在同一个平面上，然后剪齐花梗基部，放在盛水或瓶插液的塑料小瓶内（图14-9），3～4束一箱上市。切花运到目的地后，可把茎下部再剪去2～3cm左右再水插。萎蔫的切花还可浮于20～25℃的清水中1～2小时，以恢复新鲜。

如需贮藏，要在13℃条件下湿贮于水中，贮期约2～4周。如切花用商品水果涂蜡处理可延长瓶插寿命5～10天。

预处理液：170mg/L 硝酸银 10分钟

瓶插液：2%～4% 蔗糖＋50mg/L $AgNO_3$＋8－HQC 300mg/L

15 香雪兰（小苍兰）*Freesia hybrida*

15.1 形态特征及常见品种简介

15.1.1 形态特征

鸢尾科香雪兰属多年生草本植物，地下具肉质球茎，圆锥形或卵圆球形，外被棕褐色薄膜，直径1～2cm，基生叶约6枚，二列互生。线状剑形，长15～30cm，宽0.5～0.7cm，花茎通常单一，从叶丛中抽出，高30～80cm，花穗呈直角横折，其上侧着花5～15朵，花漏斗状，长约5cm，管下部较细，稍上急扩展膨大，上部分裂为6瓣，瓣端圆，有白、黄、粉、红、蓝等色，亦有复色和重瓣种，具香味，其中以黄色花香味最浓，花期冬、春。

15.1.2 常见栽培品种简介

香雪兰栽培品种有二百种以上，常见栽培品种见表15-1。

表 15-1 香雪兰常见栽培品种简介

中名	英名	花色	瓣形	适栽季节
大红	*Scarlet*	大红	单	冬、春
虎黄	*Brown yellow*	虎黄	单	冬、春
橙红	*Tangerine*	橙红	单	冬、春
桃红	*Pink*	深粉	单	冬、春
艾亨尼	*Alhene*	纯白	单	周年
阿罗萨	*Arosa*	橙红	单	冬季
奥拉	*Aurora*	黄	单	周年
布丰坦	*Bloemfontein*	粉红	重	周年
蓝天	*Blue Heaven*	丁香蓝	单	周年
蓝钟	*Blue Bell*	丁香蓝	单	周年
科特阿苏	*Coted Azur*	丁香蓝	单	周年
埃丝卡佩蒂	*Escapade*	粉红	半重	周年
金色旋律	*Golden Melody*	黄	单	春季
金波	*Golden Wave*	黄	重	春、初夏
西尔维雅	*Silvia*	深蓝	重	周年

（续）

中名	英名	花色	瓣形	适栽季节
喜马拉雅	*Himalaya*	黄	重	秋、冬
梅兰达	*Miranda*	黄	单	秋冬
莫耶	*Moya*	乳白	单	周年
奥见朗	*Oberon*	红	单	周年
潘朵拉	*Pandora*	粉	重	秋冬
粉光	*PinkGlow*	粉橙	单	秋
杰英	*Prominence*	橙红	单	秋
红狮	*Red Lion*	橙红	单	秋

15.2 习性

15.2.1 生长习性

（1）休眠期　香雪兰属秋植球根，冬春开花，夏季休眠。当植株枯黄后，地下球茎进入休眠期，球茎休眠要经过一段高温然后再中温才能打破休眠，高温阶段所需温度为28～31℃，时间为10～13周，然后转入13～17℃的中温2～3周，休眠即解除。如球茎休眠后一直贮藏在中低温条件下，球茎顶端的1个侧芽会膨大呈球状，形成二球相连的蛹化球，蛹化球需8个月才能萌发，开花质量极差，只能弃之不用。

（2）萌发及幼苗生长期　香雪兰母球种植后，需较冷凉的温度才能长出良好的根系与叶芽。从种植到幼叶萌发出土，约需25～30天。叶芽是由母球近顶端的健壮侧芽上发生的（见图15-1）。先萌生出2～4片鞘叶，以后在鞘叶之中抽出6～10片真叶。这些真叶的叶鞘，重叠抱合而成为假茎，假茎基部同母球相连接的部分，在叶片增多的过程中逐渐扩大，中心增厚，大约5～6片叶时，中心由盘状而呈锥状，这就是新球原始体，此时原始体外侧会逐渐长出收缩根（新根）加强植株营养。

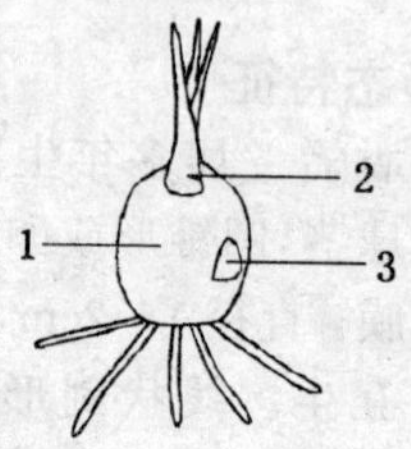

图15-1　母球及萌发状

1. 母球　2. 顶端侧芽　3. 中部侧芽

（3）新球形成及花芽分化期　5～6片叶之后，新球原始体开始膨大。原始体中心开始花芽分化，花芽分化约需6～9周。花芽分化之后，花芽膨大花序茎迅速伸长，出土。

（4）开花与子球形成期　花茎出土后，约20～30天，才能进入花期，一个花穗开花持续20～30天，此间母球逐渐枯萎。新球膨大，并在新球上生子球（见图15-2）。子球的发生顺序是由下而上，由外向内。子球有如下4种类型。

叶鞘子球：由鞘叶叶腋所发生，每个叶鞘仅发生一个子球，先是最外侧的芽一鞘叶的叶腋发生子球。然后为第二鞘叶、第三……，叶鞘子球发生早，生长期

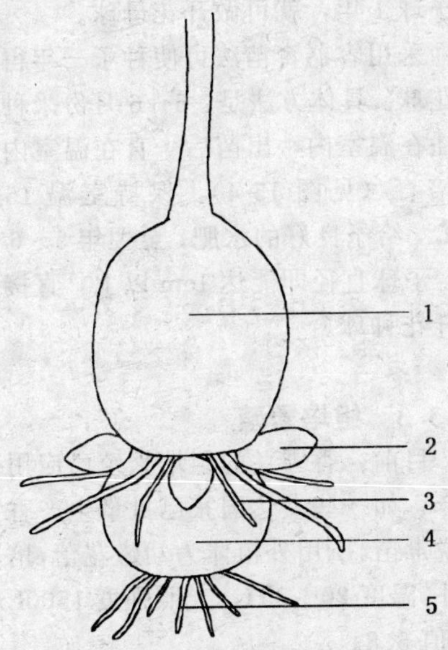

图 15-2　新球和子球的形成

1. 新球　2. 子球　3. 新根
4. 母球　5. 老根

长，子球较大，如在较为适宜的条件下，球体可达 4g 以上，子球直茎 1cm 以下，可做切花球应用，球茎小于 1cm 者，要培育 1 年再应用。

下部叶腋子球：是在新球下部真叶叶腋上所发生的，在正常栽培条件下，子球仅发生在叶鞘叶腋，但花后，植株仍生长旺盛，则下部真叶发生子球，下部叶腋子球发生晚，比较少，同新球连接面大，分离后伤口大，萌芽及发根力差，要培育 1～2 年才能做开花球。

空中子球：一些品种在生长良好时，花茎基部的叶腋上产生暴露在地表的空中球茎。空中球茎也比较小，要培育 1～2 年才能做开花球。

姜球：姜球是一种畸形退化球，新球或较大子球上的主侧芽膨大。形成二次生小球，使球茎总体呈姜状（见图 15-

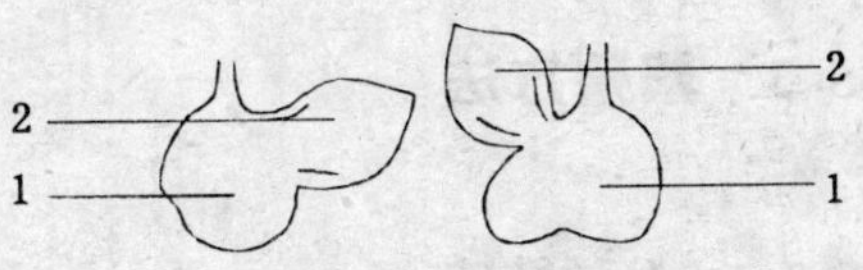

图 15-3　姜球

1. 新球或子球　2. 萌发膨大的主侧芽

3）。如用姜球做开花球，上面能长出多数参差不齐、质量低下的切花，故姜球宜废弃不用。

（5）花后球茎膨大期　花后新球茎、子球茎迅速生长膨大、充实，约 1 个月左右，地上部枯死，地下部进入休眠。

15.2.2　生态习性

（1）温度　香雪兰原产南非好望角一带，喜温暖潮湿环境，能耐冷凉，但不耐寒冷，高温休眠。休眠期温度 31℃，萌发期温度 13～15℃，幼苗生长最佳温度为 15～18℃。花芽分化温度 12～15℃，超过 18℃，花芽分化受到抑制，花序生长开花温度 18～20℃，温度高于 20℃，产生畸形花。

（2）光照　香雪兰喜光程度中等，强光下，弱光下都生长不良，花原基分化在短日照情况下较好，能增进花序上的花朵数、花茎长度以及侧穗数，但花序的生长却以长日为好，长日使其生长加快，高度变长。

（3）水分　忌水涝，略耐干旱，但以湿润环境生长最佳。

（4）土壤　香雪兰喜深厚肥沃的沙质壤土，粘重土壤生长不良。pH 值 6.5～7.2 最为适宜。含盐量高的土壤要在种植前淋洗。其对氟化物较敏感，要避免使用含氟量高的磷肥。

15.3　繁殖方法

15.3.1　分球繁殖

分球繁殖是香雪兰的主要繁殖方法，植株枯死休眠后，掘出地下球茎。此时母球已枯死，上面产生1个新球和几个子球，一般新球直径都在1cm以上，栽种后可以开花，但用新球做开花母球，切花品质退化。直径大于1cm的子球也可做开花母球，效果较好，小于1cm者要繁殖1～2年才能做开花母球。子球也具有高温休眠习性，掘起后放通风、干燥处贮藏，华南地区可秋季地栽，北方要温室地栽或春季露地栽种，具体方法见唐菖蒲子球繁殖法。

15.3.2　种子繁殖

一些切花品种可用种子繁殖，5～6月份种子成熟后及时采种，否则蒴果开裂，种子散失。种子无休眠习性，可采后即播。种子发芽最适温度为15～20℃，在黑暗条件下发芽整齐，时间约21天，在长江以南，可推迟到秋季露地播种，冬季防寒越冬，至翌年夏季到来之时，幼苗具5～7片叶时，地上部枯黄，地下部球茎进入高温休眠期。休眠过后再种植培育子球1年，就可做开花母球。

采用容器育苗法可使种子一年得到开花球。具体方法是：5～6月份采种后即播在温室内，出苗后一直在温室内容器培育（见图15-4），保持室温15～18℃，给予良好的水肥，至翌年5～6月份，子球直径即能达1cm以上，直接用做开花种球。

15.3.3　组培繁殖

目前，香雪兰的组培繁殖已应用于生产，如一些发达国家已批量生产香雪兰脱毒苗，所用外植体为幼嫩花蕾，培养条件：温度20～25℃，光照强度1500Lx，pH值5.8。

诱导培养基：MS＋BA2mg/L＋NAA0.2mg/L

继代培养基：MS＋BA0.5mg/L＋NAA0.05mg/L

生根培养基：MS＋BA0.2mg/L＋NAA1mg/L

15.4　球茎分级及贮藏

15.4.1　分级

香雪兰的球茎按其直径大小分2类，直径

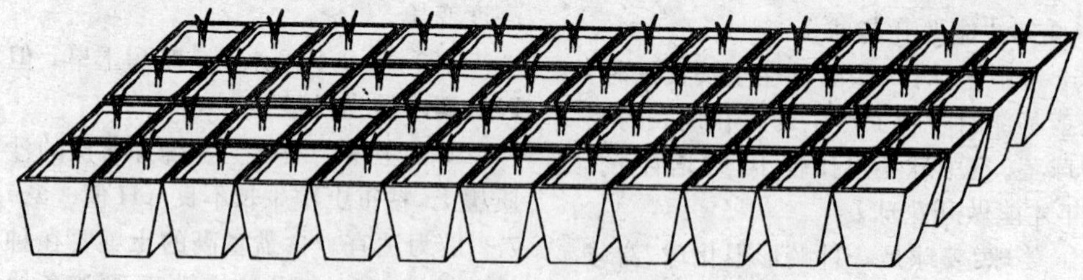

图15-4　种子育苗

大于 1cm 者为开花种球，直径小于 1cm 者为繁殖球，而开花种球又分四级。

一级开花种球：由脱毒苗直接获得的开花种球，做切花栽培效果最佳。

二级开花种球：由种子或开花新球上获得的子球培育得到的开花种球，以及一级开花球所得到的新球，这类种球虽有病毒感染，但感病较轻，做切花效果也很好。

三级开花种球：二级开花种球经过产花栽培 1 年所获得的新球，其中病毒已有一定的积累量，其他病原菌的感染率也很大。因而已有明显的退化症状，切花的产量与质量已有降低，此级勉强可做切花用球。

四级种球：三级种球再经 1 年开花栽培，其上产出的新球为四级种球。四级种球再栽培，因病毒积累量和病原感染率越来越大，因而出现严重的退化症状，如花枝短小、细弱，花朵数小，色泽不鲜艳等。因此，四级开花种球已不能再做切花种球。可做盆栽材料或弃之不用。

15.4.2 贮藏

种球掘起后，首先清理泥沙，剔除病球，分级，然后进行消毒处理。一般用 50%福美双粉剂以 1：1000 的比例拌球或 1000 倍液浸种 0.5 小时，还可用 50%苯来特 1000 倍液浸种 0.5 小时。晾干后分别贮藏。

把种球直接装在四周与底部都开孔的塑料箱内，每箱只装至一半或更少，摆放贮藏室内或直接摊放在贮藏室内的架子上（见图 15-5）。

贮藏室也要在种球入室前用药处理，用敌敌畏和扑海因烟剂薰蒸即可。

贮藏室内要通风干燥，温度保持在 28～31℃，70～90 天后再转入 13～17℃的中温贮藏室 14～21 天，然后随时可以取出种球进行低温处理栽培或直接栽培。

球茎贮藏期间，要经常检查，发现问题，及时解决。

15.5 栽培管理

香雪兰栽培以设施内栽培冬春供花为主。

15.5.1 土壤准备

在栽植前，栽培土壤要深翻，施肥和消毒，翻耕深度至少要 20～30cm，施基肥量一般掌握在每平方米用氮、磷、钾复合肥料 100g 为宜，其比例为 12：10：

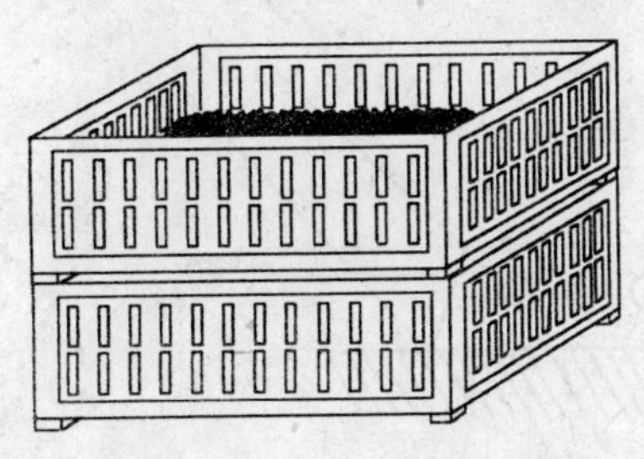

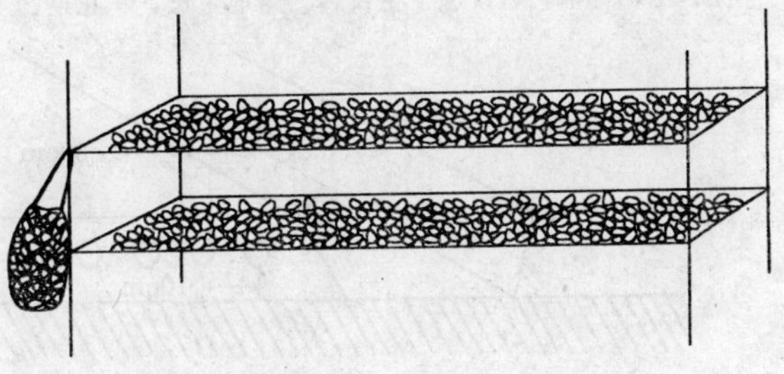

图 15-5 种球贮藏

8。土壤消毒方式可采用蒸气消毒或药剂消毒。用剧毒药剂消毒要充分晾晒后才能使用，以免对人及植株本身造成伤害。然后做高 10cm，宽 1～1.2m 的高床备用。

15.5.2　定植

(1) 定植时间　定植时间根据需花时间决定，一般在用花前 3～4 个月之前定植，上海农学院在香雪兰研究中制定了设施栽培的周年供花生产历，供生产者参考（见表 15-2）。

一般说来经过 31℃贮藏的球茎或新购入球茎，仍处于休眠状态，首先要给予 2～3 周 13～17℃的温度处理，然后种植，这样才能使出苗期一致，达到预期开花的目的。处理时，可将球茎放于容器中或地下，呈薄层放置，处理室温控制在 13～17℃，相对湿度 80%，并保持通风良好，每天检查，发现球茎稍有芽或根突时，立即栽种。若根系或芽已生长再行栽种，易损伤根芽。

休眠过后低温高湿可促进开花，处理温度 8～10℃，湿度 90%，时间 2～3 周。如夏秋季定植，温室温度过高，还可把球茎放在湿润泥炭或锯末中，放温度 8～10℃的低温冷库内 30～40 天，待根系长出后再栽种，只是栽种时注意不要

表 15-2　香雪兰设施栽培周年供花生产历（上海）

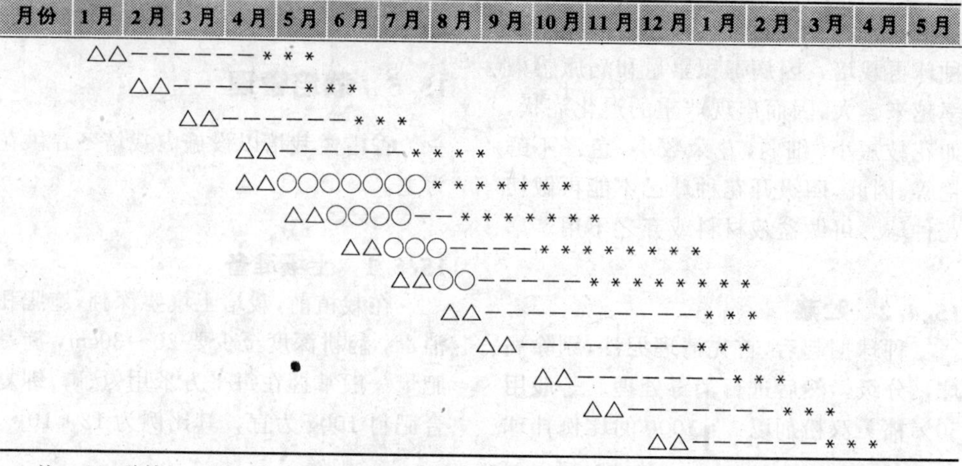

月份	1月	2月	3月	4月	5月	6月	7月	8月	9月	10月	11月	12月	1月	2月	3月	4月	5月

△△———————＊＊＊
△△————————＊＊＊
△△———————＊＊＊
△△———————＊＊＊＊
△△○○○○○○○○＊＊＊＊＊＊＊
△△○○○○——＊＊＊＊＊＊＊
△△○○○————＊＊＊＊＊＊＊＊
△△○○—————＊＊＊＊＊＊＊＊
△△—————————————＊＊＊
△△——————————＊＊＊
△△————————＊＊＊
△△————————＊＊＊
△△———————＊＊＊

注：△，种植，－设施下生长，○露地生长，＊花期。

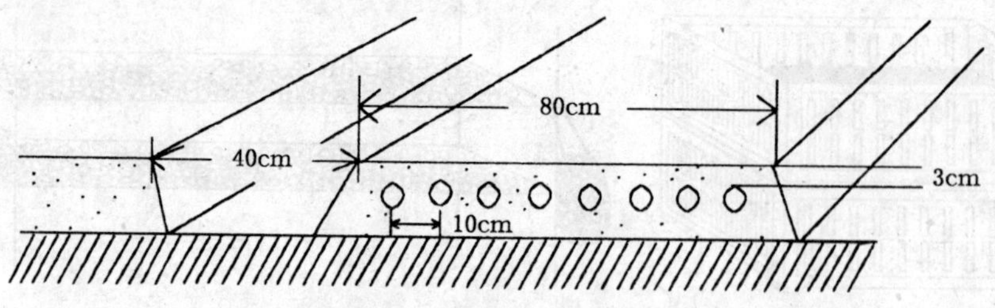

图 15-6　香雪兰的种植

伤及根系，这样可节约大面积温室降温能源，又可使花期提早。

(2) 定植密度 定植密度因品种，球茎大小，栽培季节而有一定差异，狭叶品种比宽叶品种密，小球比大球密，一般1.5cm直径的种球，种植密度为80～100株/m^2。即10cm×10cm或10cm×12cm（图15-6）。

(3) 深度及覆盖 一般说来，香雪兰的栽植深度要根据气候、土壤和球茎大小决定，覆土深度为球茎大小的2倍。但冬季也可使球茎入土，土要浅。而夏季可略深，以减少高温对球茎的影响，略深植有利生长开花，因其母球基部的下根系和新球形成后基部形成的上根都能充分发育。

栽植后如温度较高，可在土表覆盖一薄层泥炭或松针、稻草等保温，防止土表板结和防止杂草滋生。

15.5.3 植后管理

(1) 水分管理 栽植后要马上浇透水，直到新芽出土前都要给予充分的水分供应。以滴灌为好，喷灌时，一定要注意防止冲刷表土使球茎裸露。生根后，适当减少水分供应，保持湿润即可。开花后，尽量保持土壤干燥，补水也只在上午进行，使下午土表略干，从而降低空气湿度，防止病虫害发生。

(2) 温度管理 香雪兰根系形成和花芽分化都需较冷凉的温度，一般根系生长在15～18℃的条件下最好，而花芽分化在12～15℃最佳。而花序的生长又以18～20℃最快。

故一般栽种初期保持室温15～18℃，当5～7片叶期，以12～15℃进行花原基诱导，保持此温度4～6周，花序发育就不会逆转，然后升温至16～17℃，使花序迅速伸长，进入花期。

(3) 营养管理 香雪兰栽培土壤如较肥沃，可在4～5片叶时追肥，否则要在2～3片时追肥，初期可仅施氮肥，花芽分化时要加磷、钾，三者比例1：1：1即可。每平方米20～30g。生长期共施肥3～5次。

(4) 光照与气候 在纬度较高地区（38°以上），冬季栽培补光为好，补充光强以利于光合作用进行，提早开花但连续光照不利于花芽分化，故补光也仅在光较弱的早晚进行，以配有反光装置的高压钠灯补充光强效果好。补光的同时，要注意温室内的CO_2浓度，尽量通风保证CO_2浓度或用CO_2发生器补充温室内CO_2。

夏季栽培要遮光，遮光度以30%为限。

(5) 拉网 香雪兰花茎较细，花朵较多，故易倒伏，要在3叶前支架张网，共设2～3层，并经常检查，保持一格一株。

15.6 病虫害防治

15.6.1 真菌性病害

(1) 小苍兰干腐病

症状 危害贮藏期及生长期鳞茎，也危害叶片。球茎上首先出现近圆形病斑，下陷，褐色或黑褐色，病斑近一步发展可连合，以致毁坏整个球茎，最终球茎变黑，僵化。生长期间球茎受害，浸染叶片基部，使叶片基部呈黄褐色，腐烂。

病原及发病条件：该病病原为唐菖蒲干腐座盘菌。病菌在土壤中或病球上越冬，低温高湿易发病。

防治方法：预防措施有，①实行土壤轮作；②严格土壤和种球消毒。发病后的治疗措施有，①拔掉病株销毁；②75%百菌清可湿性粉剂 600 倍液喷雾加灌根。

(2) 小苍兰镰刀菌枯萎病

症状　危害贮藏和生长期间的球茎。球茎上首先出现小褐斑，后变大块褐色或浅黑色病斑，受害部位凹陷，或皱缩乃至整球干瘪。重病球不能出芽，轻者能生长但叶子由顶部开始发黄以致整株枯死，根系受侵染后变成褐色后腐烂。

病原及发病条件：该病病原为茄病镰刀菌，该病菌危害翠菊、芋、洋葱、马铃薯、甘薯、甜瓜、黄瓜以及豆类、茄类等多种植物。高温多湿发病重。病菌随带病植物残体及被污染的土壤传播。

防治方法：预防措施有，①种植前剔除病球，然后进行种球消毒。用 40%福尔马林 120 倍液浸种 3.5 小时或用 20%甲基立枯磷乳油按球茎重量的 1%拌球；②保持栽培温室干燥通风，温度适宜。发病后的治疗措施有，①拔除病株，用 20%甲基立枯磷 300～400 倍液灌根，每株灌药液 200～300mL；②用 45%代森铵水剂 200～300 倍液灌根，用量同前。

(3) 灰霉病

症状　侵染生长期叶和花，主要危害花。植株受害后，首先在叶和花上产生水浸状斑点，叶上病斑圆或近圆形，紫褐或褐色，病斑上出现不规则的轮纹。花受害后的斑点随后变为褐色而腐烂，引起花早谢。病斑上最后会产生灰白色霉层。

病原及发病条件：该病病原为葡萄孢菌。低温、高湿以及通风不良和光照不足时发病重。

防治方法：预防措施有，①注意提高温室温度，降低湿度；②加强通风，补充光照；③生育后期多施磷、钾肥，少施氮肥，进入花蕾期每 7～10 天喷施一次 50%甲基托布津可湿性粉剂 1 000 倍液。发病后的治疗措施有，①摘除病花、病叶；②喷施 70%甲基托布津 1 000 倍液；③75%百菌清可湿性粉剂400～500倍液喷雾；④50%扑海因可湿性粉剂 1 000～1 500 倍喷雾。连喷 3 次，每次间隔 7 天。

(4) 菌核病

症状　主要危害生长期植株的根颈部位，开始时病部出现水渍状浅褐色病斑，随后病斑扩大变为灰白色并发软腐烂，其上有时会长出白色霉层和黑色小点（菌核）。感病植株茎叶变黄枯死，常连片发生。

病原及发病条件：该病病原为核盘菌。病菌在土壤和病球上越冬，温度高、湿度大通风不良时发病重，传播方式是通过病株与健康株间的接触和土壤内菌丝体的生长蔓延来实现的。

防治方法：预防措施，①严格土壤和种球消毒；②避免重茬；③不可栽植过密，注意通风透光；④控制温度及湿度。发病后的治疗措施有，①拔除病株销毁，用药浇灌病株穴；②用 70%甲基托布津可湿性粉剂 800～1 000 倍液喷雾；③50%多菌灵 500～800 倍液喷雾；④50%达克灵可湿性粉剂 1 000 倍液喷雾；⑤40%菌核净 1 000 倍液喷雾和灌根。喷雾要连喷2～3 次，每次间隔 7～10 天。喷药时要注意喷打植株下部及根颈处。

15.6.2　细菌性病害

香雪兰的主要细菌性病害为软腐病，由假单胞杆菌引起，为土壤传播病害。球茎发芽后，地颈部位发生褐变，病势扩展致使植株枯死。

防治方法：预防措施有，①避免连作；②保持土壤略干、忌水湿；③种植前球茎用1 000万单位农用链霉素2 500倍液浸泡30～60分钟。发病后的治疗措施有，①发现病株及时拔除烧毁并浇灌30%DT杀菌剂（琥胶肥酸铜）可湿性粉剂200～400倍液200mL，同时喷雾；②灌浇、喷施1 000万单位农用链霉素2 500～3 000倍液。连用3～6次，7～10天一次。

15.6.3　病毒病

危害香雪兰的主要病毒有黄瓜嵌镶病毒、香加轮纹病毒和烟叶轮纹病毒。植株受害后表现为叶片上出现黄绿色花斑。严重时叶穗扭曲矮化。

防治方法：①严格土壤消毒；②避免连作；③防治蚜虫和粉虱等传毒昆虫；④发现病株及时拔掉烧毁，并用肥皂洗净双手；⑤用脱毒组培苗培育种球；⑥喷施菌毒清等杀病毒剂。具体使用方法见附录Ⅱ。

15.6.4　虫害

香雪兰的主要虫害为蚜虫和蓟马，防治方法见唐菖蒲。

15.7　切花采收、处理与上市

15.7.1　采收

当花枝上的第一朵小花已充分显色时为适宜采收时期，清晨或傍晚进行，有时一个种球上会长出几个花枝，若侧枝花序小，花朵数少，则要及早剪除。仅留1个或2个花枝。剪花时若为消耗性栽培，可从基部剪取。若兼收球，则要保留全部基生叶，采收后加强植株水肥管理，直至收球前2～3周。以便新球、子球进一步生长。

15.7.2　处理上市

按花色品种和茎长分类包装，目前香雪兰切花无统一的分级标准，大型花10支1束，小型花20枝1束，将花摆放整齐，基部剪齐，花穗部分用玻璃纸包裹，然后即可上市。长距离运输要用特制预冷包装箱，但就近上市则仅放在清水桶中即可。

也可采后先行预处理，到花店后用催花液催花，到消费者手中使用瓶插液延长瓶插寿命。

预处理液：0.04g硫代硫酸银＋50mg/L BA

催花液：20%蔗糖＋200mg/L8-HQC＋6BA50mg/L

瓶插液：3%蔗糖＋200mg/L8-HQC＋50mg/L$AgNO_3$＋70mg/L　矮壮素

16 满天星（锥花丝石竹）*Gypsophila paniculata*

16.1 形态特征及常见品种简介

16.1.1 形态特征

石竹科丝石竹属多年生草本，高80～120cm，全株被毛，稍具白粉。多分枝，四面开展。叶对生，披针形至线状披针形。多数小花于分枝顶端组成疏散的圆锥花序，花白色，5瓣，亦有重瓣的品种，红花品种稍有芳香，自然花期5～8月。蒴果球形4裂，6～9月成熟。

16.1.2 主要栽培品种简介

满天星栽培品种仅10余种，常见重瓣切花品种见表16-1：

16.2 习性

16.2.1 生长习性

满天星原产地中海一带及我国内蒙古等地，有休眠习性，但栽培品种，温度适宜可周年开花。其根系为肉质直根，但扦插苗为须根浅根系。虽为多年生植物，为保证切花的产量与数量，做切花栽培时，仅用1～2年，剪3～4茬花后变废弃不能再用。组培苗应用年限为2～3年。

16.2.2 生态习性

（1）温度　满天星生长适温，白天为20～25℃，夜间为15 ℃。若气温高于30℃，则产生畸形花，低于10℃造成半休眠状态，只长莲座状叶丛，不抽茎开

表16-1　满天星常见切花品种简介

中名	学名	花色	性状
雪球	*Snow Ball*	白	大花
仙女	*Bristol Fairy*	白	小花，栽培容易，保鲜力差
塔沃	*Tavor*	白	小花，栽培容易，生长周期短
完美	*Perfecta*	白	大花，适应性差，保鲜力强
新容	*New Face*	白	小花，枝条较硬，保鲜力强
钻石	*Diamond*	白	中花，栽培较容易，保鲜力中等
红海洋	*Red Sea*	红	小花，保鲜力中等
火烈鸟	*Falmingo*	粉	大花，保鲜力一般
粉星	*Pink Star*	粉	中花，有幽香

花。0℃以下落叶，枯枝休眠，休眠期能耐－20℃左右低温。

(2) 光照　喜光长日照植物，光照达 14 小时以上生长最佳。但‘仙女’与‘钻石’有 12 小时以上光照即可开花良好。光照 10 小时以下，节间停止生长，呈莲座状丛生，进入半休眠状态。

(3) 水分　比较耐干旱，忌水湿。但苗期及摘心后需要有充足的水分，直至小花穗抽出后，水分可逐渐减少，尤其在夏季高温多湿季节，更应控制水分，水分过多，易造成烂根死亡。

(4) 土壤　喜石灰质的肥沃沙质壤土或壤土，pH 值在 7～7.9 最佳。

16.3 繁殖方法

16.3.1 扦插繁殖

切花满天星是重瓣种，不结实，故扦插为其主要繁殖方式之一。

(1) 采穗母株的准备　选取生长健壮，无病虫危害、花朵繁茂的植株，去除上部花枝，栽植在水分、土壤、温度、光照都较好的圃地里。冬季加温、夏季降温，这样全年都可以从这些母株上采穗扦插。组培苗出瓶种植后，养护 1 个月左右，当幼苗开始生长时，留下部的 2～3 节摘心，过 30～40 天，当侧芽再长出4～5 节时，再留 2～3 节摘心。以后当 3 次侧芽生长后就可以从其上采穗扦插。一般母株的应用年限为 2～3 年，组培苗 3～5 年。

(2) 插穗的准备　当母株上的侧枝长到 6～7 节时，切取 4～5 节长约 8～10cm 的枝条做插穗，插穗要随采随用，去掉下部 2 节上的叶子（见图 16-1）。如用 30～50mg/L 的 IBA 处理插条基部 10～24 小时再扦插，生根易，成活率高。

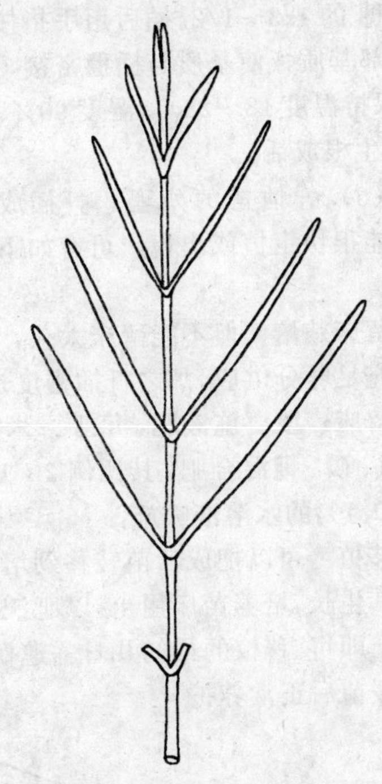

图 16-1　插穗类型

(3) 基质与扦插床的准备　扦插床设在温室之内的以高于地面的高架床或在地面上围柜的高床为好，最好有地热加温设施和喷雾设备，这样周年都可以进行扦插，否则只能在春秋进行。如无喷雾设备则需要在床上设拱棚加塑料膜保湿，扦插基质以蛭石、珍珠岩或泥岩加珍珠岩、碳化稻壳加珍珠岩等为佳。

(4) 扦插时间与密度　通常在需苗 30～40 天前扦插，如无加温设施，只能在生长季进行，冬季温度过低，扦插不能生根，夏季高温也会抑制根系的形成，成活率极低。扦插密度以枝叶不相互遮盖为宜，一般为 3cm×3cm。

(5) 扦插操作与插后管理　以木

棍在基质上打孔后插入插穗或开沟摆放插穗再覆土都可（见图16-2）。扦插深度为插穗的1/3～1/2。插后用手指按压插穗基部基质，使基质与插穗密接，浇透水，保持温度18～28℃，湿度90%。20～30天生根成活。

（6）扦插苗的处理 扦插成活苗如不能很快定植或出售，可有如下处理方式。

留床栽培 但不能留床太久，基质中无充足养分供应，加之扦插密度过大，若需留床一段要施液肥，每平方米20～30g氮、磷、钾混合肥，其比例2∶1∶1，配成0.1%的水溶液喷施。

移植 可以把成活苗转移到培养床上令其生长，培养苗床用土，以肥沃的沙质壤土即可。移植的最初几日需遮荫、保湿、缓苗后正常养护。

为了防止定植时伤苗，也可以使用容器育苗，容器可用纸杯或塑料杯，直径3～12cm不等，若插条苗40天以内定植，可使用直径5～8cm的容器。40天以上定植，需使用口径10cm以上的容器。

培养土可以是在半年前就加入了堆肥的腐熟肥沃壤土，也可用淤泥加土壤各半配合使用。培养土用石硫合剂或毒清水溶液消毒。

严格一杯一苗，勿深植，覆土达原扦插苗根颈处即可，植苗后，容器要整齐地摆放在深5cm的平整床面上（见图16-3）。

植后第一周需遮光，缓苗后正常护理。

冷藏 冷藏可使不同时间扦插成活的苗木集中一次使用，又可使苗木定植

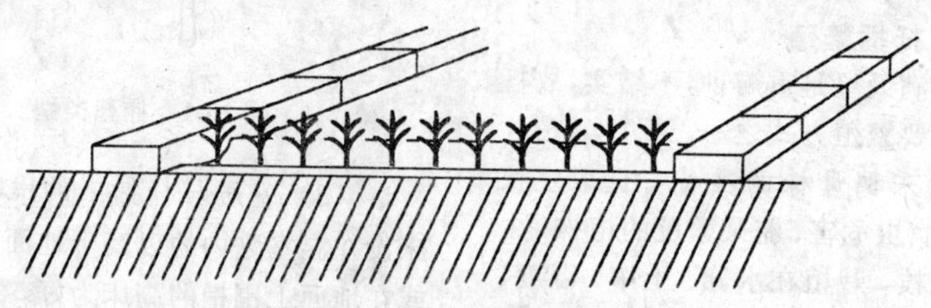

图16-2 开沟扦插

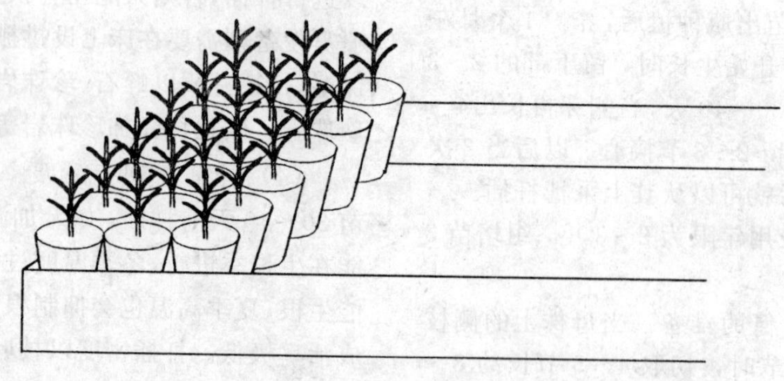

图16-3 上钵养护

后开花应市时间较集中，便于管理操作。把成活苗首先喷药防病，把福美双300倍液与育苗青200倍液混合后喷施，然后把根部包裹上湿润泥炭，放在塑料或纸箱内，入1～2℃的冷库中冷藏，箱上面覆盖塑料保湿。但最长冷藏时间不超过40天，时间太久，叶子发黄，也易生病害。

16.3.2 组织培养

组织培养繁殖也是满天星的主要繁殖方法之一。

组培苗可直接用做生产用苗，也可做扦插母株。

在健壮无病，花朵繁茂的植株上选取外植体，外植体以茎顶顶芽及侧芽为最佳。培养条件：温度20～22℃，光照强度3 000～3 500Lx，每日14～16小时光照，pH值为7.0。

诱导培养基MS＋6－BA1～2mg/L＋NAA0.1mg/L

继代培养基MS＋6－BA3～5mg/L＋NAA0.1mg/L

生根培养基$\frac{1}{2}$MS＋NAA0.5mg/L

16.4 栽培管理

16.4.1 栽培类型

满天星忌高温多湿，又惧严寒，因此，无论是在南方还是北方，都不适宜于露地栽培，在设施内栽培为好。栽培生产方式有如下两种类型。

（1）周年连续生产型　即栽植后一旦产花，将连续不断，中间无明显的产花淡旺季节。这在光、温能力控制极好的现代化玻璃温室内才能实现。

（2）周年多次生产型　周年多次生产型即栽植后有明显的花期、幼枝生长期以及休眠期。花期过后或让植株休眠或把植株回缩短剪至地面3～5cm处，然后令其重发幼枝再次进入花期。适宜于节能温室、冷棚、荫棚、防雨棚等进行栽培。

16.4.2 土壤准备

满天星喜干燥、肥沃、疏松、排水良好的石灰质壤土，根系主要分布在20cm深表土层内。定植前要耕土20～30cm深，施足基肥，一般每100平方米需氮肥10kg，磷7g，钾14kg，基肥用量占总肥量的60%～70%。可施腐熟的有机肥，用中耕方法均匀地翻入耕层内。其次进行土壤消毒，方法见唐菖蒲。然后调整土壤pH值，若pH值太低，用碳酸钙调节至7左右，每立方米土壤施碳酸钙1kg，可提高pH0.3个单位，最后做高床，床可宽80cm或40cm，高出地面10cm，总高20cm，步道宽40cm。

16.4.3 定植

（1）定植时间　从幼苗定植到植株开花，因品种和栽培条件有一定差异，一般需时4个月左右，从摘心到开花约为3个月左右时间。可据此安排定植时间。沈阳地区定植与供花月历见图16-4。

（2）定植密度（见图16-5）　宽80cm苗床可植双行，行距60cm，株距40cm，双行相对种植，每平方米用苗4～6株，每亩温室用苗量在2 500～3 000株。

宽40cm畦面单行种植，株距30cm，用苗量同上。

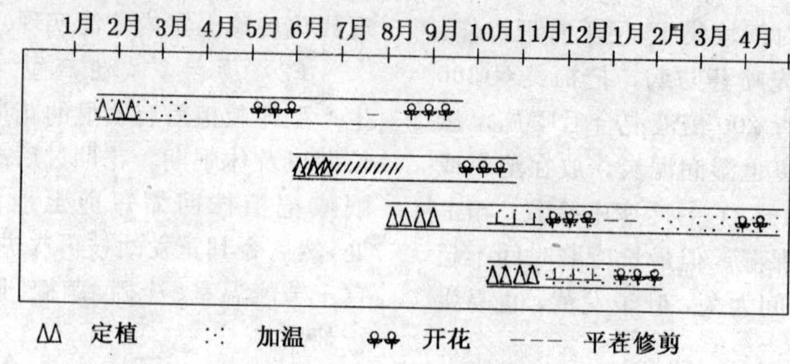

图 16-4 定植及供花月历

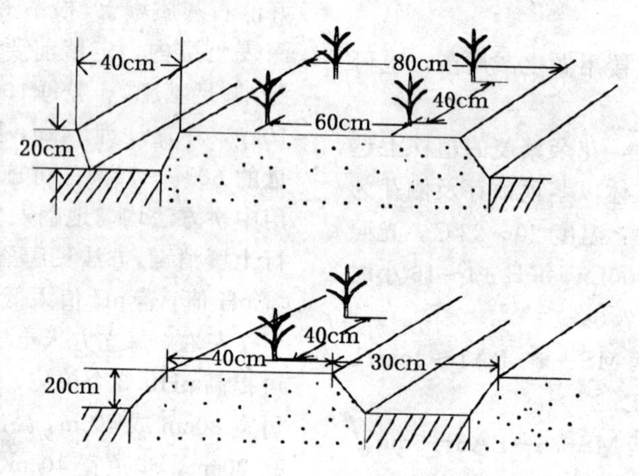

图 16-5 定植密度

16.4.4 植后管理

(1) 水分管理 定植后，如无滴灌设施，可适当喷水，使土壤和根系结合。以后要保持足够的水分，可沟灌。灌水不足，幼苗生长慢，发枝少，甚至呈莲座状丛生。当植株长到 30cm 时，要适当控水，防止徒长，开花期要略干旱。土壤积水会引起根系腐烂、植株枯萎。

(2) 营养管理 土壤肥沃，基肥充足，可到植株抽薹时再追肥，否则定植 30 天植株开始旺盛生长时追肥，成分以氮、磷、钾其比例 2.5∶2∶2.5 为宜，氮肥过多，引起徒长，易生病害且生产的切花不耐水养，追肥每 10～15 天一次随水灌入或在植株旁挖穴埋入即可（见图 16-6），每株 3～5g，抽薹孕蕾期减去氮肥，见花前 10 天不再追肥。

(3) 温度管理 满天星生长适温为 15～25℃，故欲周年供花可冬天加温，夏季降温，亦可冬夏休眠、半休眠而春秋产花。

(4) 光照控制 满天星为长日照植物，除了‘仙女’与‘钻石’可在 12 小

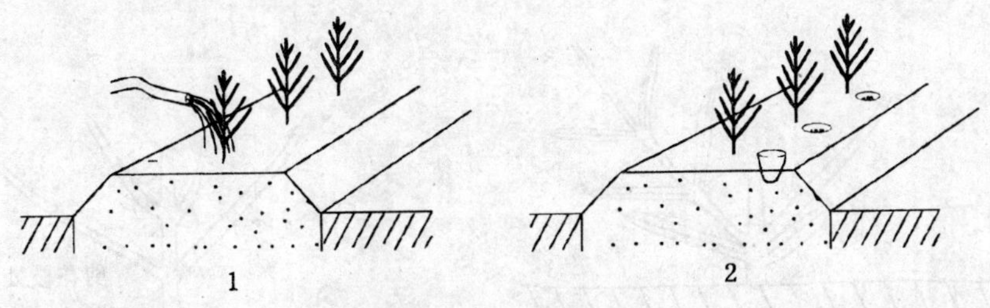

图 16-6 追肥方法

1. 随灌水追施 2. 挖穴追施

时以上光照开花良好外，其余需 14 小时以上光照，故高纬度地区冬季栽培需补充光照，最低补充至 12 小时以上，最佳 16 小时。

具体补充方法是每 $13m^2$ 加 100W 白炽灯 1 支，悬挂在距植株顶端 60～80cm 高处，光强不少于 1 000Lx，随植株生长要逐渐收短灯线。

夏季栽培要遮光，遮光率为 30%左右即可。

（5）摘心、抹芽、修剪　满天星幼苗定植 20～30 天，4～5 对叶时要摘心，摘心后会有许多侧枝发出，留 4～5 个健壮侧枝，其余抹掉（见图 16-7），让留下的 4～5 个侧枝各形成一个花枝，侧枝上的瘦弱及过密芽也要随时除去。

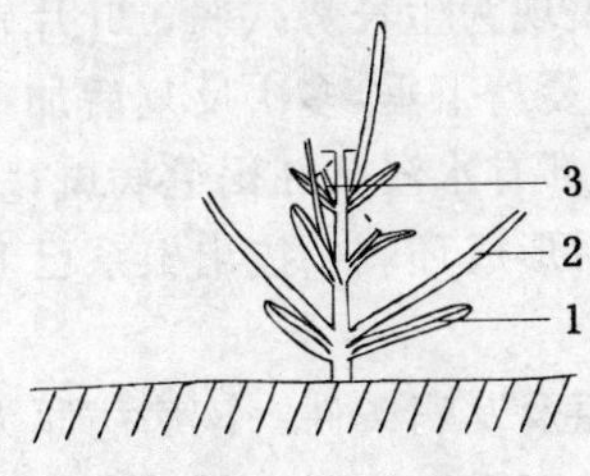

图 16-7 修剪

1. 叶片 2. 保留侧枝

3. 剪除枝

（6）连续周年开花植株的修剪　如温室条件适宜，生产方式为周年连续生产型，当切花枝剪取时要在花枝基部留 1～2 对侧芽剪取（见图 16-8），以使留下的侧芽再发新枝，供下茬选留切花使用。

（7）休眠及周年多次开花植株的修剪　花枝成熟后，陆续剪取，并在切花枝基部剪切，当全部花枝剪除后，将主茎回剪到距地面 3～5cm 处（见图 16-9）。冬季可留床休眠，早春再加温令其生长。如为夏季可留床栽培，加强水肥管理，控制光照，令其发枝生长，三个月后可剪切第二次切花。

也可把短截的根株掘起，用 1 000 倍高锰酸钾消毒后入冷库休眠，冷库温度保持在 0～5℃，6～8 周后再行栽种。

（8）拉网支撑　当株高达 50cm 以上时，很容易发生侧向倒伏现象，可拉网或沿床用拉线支撑。具体做法是：在苗床四角立木桩或粗铁棍，然后将预制好的大网眼尼龙网在距地 40cm 左右处固定。沿床长轴每隔 2～3m 再设立一些木桩或铁棍，网要多固定几处，否则尼龙网会倾倒。

也可沿床的四周拉 8 号铁线，距地面 40cm 左右高度，同样也可起到支撑作用。

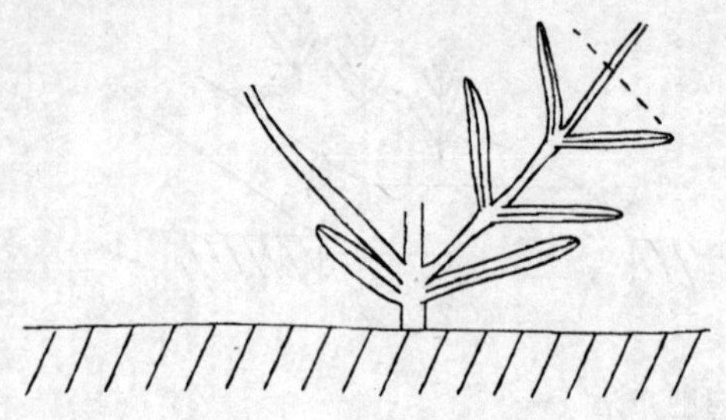

图 16-8 周年开花植株的花枝剪取法

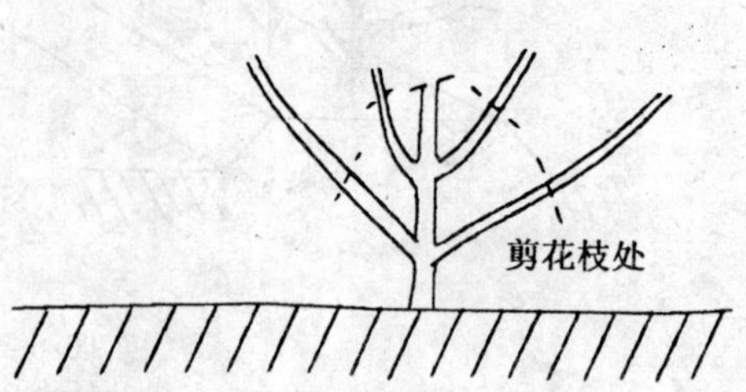

图 16-9 休眠期修剪

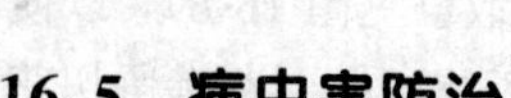

16.5 病虫害防治

16.5.1 生理性病害

满天星常见生理性病害为簇状病，冬春开花的满天星常患此病。秋末，芽尖的叶子缩小，生长迟缓，而茎节变短横向匍匐呈簇状，若不及时处理，开花率降低，甚至不抽薹开花。

防治方法：①低温处理：将簇状化的植株或开过花的植株放入 2～5℃的冷库中冷藏 6～8 周，即可打破簇状化。②摘心法：将簇状化的植株的主枝和上位侧芽摘除，其下位芽也可伸长开花。③加光法：光照不足，植株易簇状化，故可加光调整。此外还可应用 100mg/L 赤霉素处理，5 天一次，直到抽薹为止。

16.5.2 真菌性病害

（1）满天星疫病（疫霉冠腐病）

症状：主要危害茎部和根部，首先在嫩茎或基部出现水浸状、暗绿色斑块，随后发展成褐色并腐烂，在腐烂过程中常伴有强烈的腐败气味。地上部叶浅绿至灰色，萎蔫并死亡。

病原及发病条件：该病由恶疫霉菌和腐霉菌引起。主要传播途径是土壤，高温、多湿、通风不畅时易发病。

防治方法：预防措施有：①种植前严格土壤消毒；②合理栽植，不宜过密，保持植株间有良好的通风透光性；③高温季节注意降温和保持合理的湿度。发病后的治疗措施有：①拔出病株，集中销毁；②用 25%瑞毒霉（甲霜灵）可湿性粉剂 500～700 倍液喷雾及浇灌病株残穴土壤，每 10～14 天一次，连喷 3 次。③75%百菌清可湿性粉剂 500～600 倍液喷雾。

（2）满天星立枯病

症状：满天星苗期的主要病害，主要发生在扦插育苗期和栽植初期。感病植株最初表现为生长势减弱，叶片轻度失水，中午萎蔫下垂，多次反复后加重并枯死，根茎部有水浸状红褐色病斑，病斑扩展，最后形成环剥，拔出根系已变黑枯死。

病原及发病条件：该病病原为立枯丝核菌及腐霉。病原孢子在土壤中越冬并浸染，高温、多湿、土壤板结易发病。

防治方法：预防措施有：①严格土壤消毒；②控制温、湿度；③经常松土，防止土壤板结。发病后的治疗措施有：①70%甲基托布津可湿性粉剂 1 000 倍液喷雾和灌根，连施3次，7天一次；②50%福美双可湿性粉剂500～800倍液喷雾和灌根，连续施用2～3次，每7天一次。

（3）满天星灰霉病

症状：危害茎叶及花朵。茎、叶和花上出现褐色斑点并引起水浸状腐烂，在潮湿的条件下，病斑上产生灰色到土黄色的霉层。当温度低时，受侵染的部位成为褐色干腐状，易脆裂。

病原及发病条件：该病病原为灰葡萄孢，冷凉潮湿的温室内易发生病害。光照不足，通风不良，病害加重。

防治方法：预防措施有：①严格土壤消毒；②冬季栽培时提高室温，补充光照；③加强通风措施，降低空气温度。发病后治疗措施有：①50%扑海因500～1 000倍液喷雾；②灰霉净600～800倍液喷雾。上面两种药液要连喷3次，5～7天一次。

16.5.3　细菌性病害

（1）霞草冠瘿病

症状：多在主根或插条末端形成异常增多的癌状物。受害插条在正常生长条件下萎蔫，失绿，继而叶片死亡。受害成熟植株生长缓慢，叶变小，叶片由绿变黄而萎蔫，最后全株死亡。

病原及发病条件：该病病原为根癌土壤杆菌，细菌在土壤和植株被害部位越冬，由伤口侵入新的植株，在皮层组织内大量繁殖。植物细胞由于受到刺激而加速分裂，逐渐形成癌状物，以后腐朽。最适发病温度25℃。

防治方法：预防措施有：①实行轮作，严格土壤消毒；②高畦栽培，防积水。发病后的治疗措施有：①拔出病害严重植株烧毁；②轻病植株，切除癌状物，把植株泡在次氯酸钙40倍液中浸2分钟或1 000万单位农用链霉素1 000倍液中半小时后种植；③用1 000万单位农用链霉素2 000～2 500倍液喷雾及灌根，每7～10天一次，连用6～8次。

16.5.4　虫害

（1）蚜虫　主要发生在幼苗和生长中期。防治方法：①40%氧化乐果或40%乙酰甲铵磷1 000～1 500倍液；②敌敌畏烟剂熏蒸，每50～60$m^2$1袋。

（2）红蜘蛛　整个生长季节都能发生，尤其是空气较干燥时。防治方法：①40%三氯杀螨醇乳油或40%氧化乐果1 000～1 500倍液；②虱螨净烟剂熏蒸，每50～60$m^2$1袋。

16.6　切花采收、处理与上市

16.6.1　采收与分级

满天星花枝要在10%～45%左右的花盛开时采收，忌蕾期采收。剪枝时如果剪后即令植株休眠或废弃，要从基部剪切，如计划继续生长养护，下茬花则要留下基部2～3个侧芽再剪。如果植株高大，还可以把每个主侧枝分期剪取，先剪中心，开花较早部分，后剪下部，但一般要求每枝花有3个分叉，高度在45cm以上。根据中华人民共和国农业部行业标准NY/T324～1997，具体分级标准见表16-2。

表 16-2 满天星切花商品质量分级标准

评价项目	等级			
	一级	二级	三级	四级
1 整体感	极好，聚伞圆锥花序完整	好，聚伞圆锥花序完整	一般，聚伞圆锥花序较完整	一般，聚伞形花序欠完整
2 花形	小花饱满，完整优美	小花完整，无明显黑粒与异常花	小花完整，有少量黑粒或异常花	小花完整，有少量黑粒与异常花
3 花色	纯正、明亮	好，小花黄化和萎蔫率低于5%	一般，小花黄化和萎蔫率低于10%	一般，小花黄化和萎蔫率低于15%
4 花枝	①茎秆鲜绿，坚挺，具韧性 ②长度65cm以上 ③主枝明显，并有3个以上分枝 ④花茎切口至第一大分枝处长度不超过15cm	①茎秆鲜绿，挺直 ②长度55cm以上 ③每个花茎都有3个以上分枝 ④花茎切口至第一大分枝处长度不超过15cm	①茎秆挺直 ②长度45cm以上 ③每个花茎都有2个以上分枝 ④花茎基部至第一大分枝处长度不超过15cm	①茎秆稍有弯曲 ②长度45cm以上
5 叶	有极少量叶片，鲜绿明亮	有少量叶片，鲜绿明亮	有少量叶片，有少量烧叶	有少量叶片，有少量烧叶
6 病虫害	无购入国家或地区检疫的病虫害	无购入国家或地区检疫的病虫害，有轻微病虫害症状	无购入国家或地区检疫的病虫害，有轻微病虫害症状	无购入国家或地区检疫的病虫害，有轻微病虫害症状
7 损伤等	无药害、冷害及机械损伤	基本无药害、冷害及机械损伤	有极轻度药害、冷害及机械损伤	有明显的药害、冷害及机械损伤
8 采切标准	适用开花指数[1)]为1～3	适用开花指数为1～3	适用开花指数为2～4	适用开花指数为3～4
9 采后处理	①保鲜剂处理 ②依品种每330g捆成一把，每把基部切齐，每把中花茎长度最长与最短的差别不可超过3cm ③基部需用橡皮筋绑紧 ④每把需套袋或纸张包扎保护	①保鲜剂处理 ②依品种每330g捆成一把，每把中花茎长度最长与最短的差别不可超过5cm ③基部需以橡皮筋绑紧 ④每把需套袋或纸张包扎保护	①依品种每250g捆成一把，每把中花茎长度最长与最短的差别不可超过10cm ②基部需以橡皮筋绑紧 ③每把需套袋或纸张包扎保护	①依品种每250g捆成一把 ②基部需以橡皮筋绑紧

1）开花指数1：小花盛开率10%～15%，适合于远距离运输；
开花指数2：小花盛开率16%～25%，可以兼作远距离和近距离运输；
开花指数3：小花盛开率26%～35%，适合于就近批发出售；
开花指数4：小花盛开率36%～45%，必须就近很快出售。

16.6.2 处理

花枝剪下分级分扎后，基部剪齐，然后插入盛有 10cm 深的 50mg/L 的硫代硫酸银溶液桶中处理，30 分钟后再插入清水桶内，放入 2～4℃的冷藏库冷藏，满天星花蕾失水极易萎蔫，故要保证冷库湿度在 90%以上，忌干贮。满天星冷库最长贮藏时间为 7 天，一般要在 2～3 天内上市。

16.6.3 上市

短距离运输上市要用盛有 10～15cm 清水的清水桶装运。长距离运输要用 100cm×40cm×50cm 的特制切花包装箱运装，包装箱要预冷，运输要用冷藏集装箱，温度 2～4℃，空气相对湿度 85%～95%。花束基部要用吸足保鲜液的脱脂棉包扎，并套上塑料袋，整个花束再用纸或塑料罩包裹（见图 16-10），以防花枝在运输途中脱水干燥，花朵脱落。

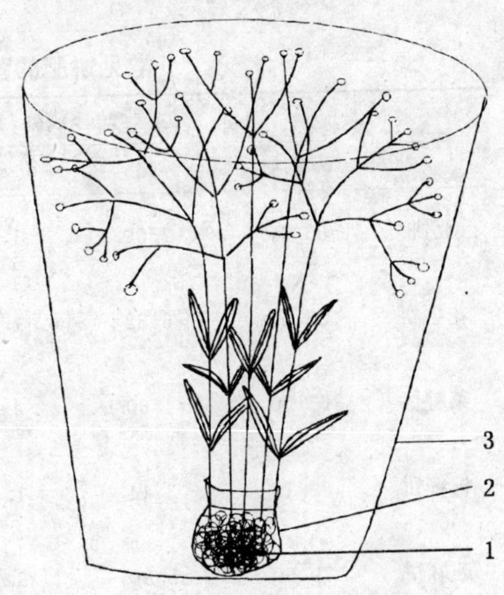

图 16-10 满天星包装和运输

1. 吸足预处理液的脱脂棉
2. 小塑料袋 3. 塑料罩

附录Ⅰ 常用肥料的营养成分及施用方法汇总表

常见饼肥的营养成分及施用方法

种类	主要营养成分(%)				施用方法
	有机质	氮	磷	钾	
豆饼	83.40	7.00	1.32	2.13	基肥：播种前2～3周施入土壤，每亩用量80～100kg。 追肥：①腐熟后施入土壤，每亩用量50～80kg。 ②在较高温度的地方，清水浸泡30天左右，以液肥形式浇入土中
花生饼	85.63	6.32	1.17	1.34	
菜籽饼	63.00	4.60	2.48	1.40	
棉籽饼	82.16	3.14	1.63	0.97	
芝麻饼	79.60	5.80	3.00	1.30	

常见畜禽类的营养成分及施用方法

种类	主要营养成分(%)				施用方法
	有机质	氮	磷	钾	
鲜牛粪	14.5	0.32	0.25	0.15	基肥：充分腐熟后施入土壤。 牛粪、猪粪每亩500～1500kg。 马粪、羊粪、鹅粪每亩300～800kg。 鸡粪、鸭粪每亩300～500kg。 膨化鸡粪每亩200～400kg。 追肥：羊粪、马粪一般不能做追肥。其余腐熟后可做追肥施入土壤，每亩用量为基肥的1/3～1/2。
鲜马粪	20.0	0.55	0.30	0.24	
鲜猪粪	15.0	0.56	0.40	0.44	
鲜羊粪	28.0	0.65	0.50	0.25	
鲜鸡粪	25.5	1.63	1.54	0.85	
鲜鸭粪	26.2	1.10	1.40	0.62	
鲜鹅粪	23.4	0.55	0.50	0.95	
膨化鸡粪	57.0	4.85	2.00	1.90	

其他常用有机肥的营养成分及施用方法

种类	主要营养成分(%)					施用方法
	有机质	氮	磷	钾	钙	
骨粉		2～4	20～30		40～50	基肥、追肥：每亩地 40～80kg。
草木灰			2～5	5～20	2～30	基肥、追肥：每亩地 50～200kg。
酒糟		6～7	3～4	1～2	1～2	基肥：充分腐熟后应用，每亩地 400～800kg。
鲜绿肥	15～20	0.3～0.6	0.1～0.2	0.2～0.6		基肥：沤制后应用，每亩地 1 000～2 000kg。
河泥	5～6	0.2～0.3	0.3～0.4	1～2		基肥：晾干打碎后应用，每亩地 1 000～3 000kg。
鲜人粪尿	5～10	0.5～0.8	0.2～0.4	0.2～0.3		基肥、追肥：充分腐熟后应用，每亩地 500～1 000kg。

常用无机化肥的营养成分及施用方法

种类	性质	营养成分(%)	施用方法
硫酸铵 $(NH_4)_2SO_4$	酸性、速效	氮 20～21 硫 16～18	亩追肥 20～25kg，叶面喷肥 0.01%～0.2%
尿　素 $CO(NH_2)_2$	中性、速效	氮 43～46	亩追肥 10～15kg，叶面喷肥 0.1%～0.5%
硝酸铵 NH_4NO_3	中性、速效	氮 32～35	亩追肥 8～10kg
过磷酸钙 $CaH_4(PO_4)_2$，$CaSO_4$	酸性、迟效	磷 17～21　硫 12～14　钙 18～21	基肥，亩施肥 15～25kg
碳酸氢铵 NH_4HCO_3	酸性、中效	氮 16～17	基肥，亩施肥 20～30kg
磷酸二铵 $(NH_2)_2HPO_4$	酸性、速效	氮 16～18 磷 40～46	基肥，亩施肥 5～10kg
硫酸钾 K_2SO_4	弱酸、速效	钾 48～52 硫 15～17	基肥，亩施肥 5～10kg
磷酸二氢钾 KH_2PO_4	弱酸、速效	磷 22～24 钾 26～28	灌根 0.2%～0.5%，叶面喷肥 0.1%～2%
硝酸钾 KNO_3	中性、速效	氮 15～16 钾 44～46	亩追肥 8～10kg，叶面喷肥 0.1%～0.5%
氯化钾 KCl	酸性、中效	钾 50～60	基肥，亩追肥 5～10kg，叶面喷肥 0.05%～0.1%

（续）

种类	性质	营养成分(%)	施用方法
硫酸亚铁 $FeSO_4 \cdot 7H_2O$	酸性、中效	铁 18～20 硫 10～12	基肥，亩施 4～5kg，叶面喷肥 0.01%～0.05%
硝酸钙 $Ca(NO_3)_2 \cdot 4H_2O$	碱性、速效	氮 12～13 钙 16～17	追肥，亩施 5～6kg，叶面喷肥 0.1%～0.5%
硼酸 H_3BCO_3	酸性、速效	硼 17～18	基肥，亩施 0.25～0.5kg，叶面喷肥 0.001%～0.05%
硼砂 $Na_2B_4O_7 \cdot 10H_2O$	弱酸、速效	硼 11～12	基肥，亩施 0.3～0.7kg，叶面喷肥 0.001%～0.05%
硫酸锰 $MnSO_4 \cdot 7H_2O$	酸性、速效	锰 26～28	追肥，亩施 1～2kg，叶面喷肥 0.001%～0.05%
硫酸铜 $CuSO_4 \cdot 5H_2O$	酸性、速效	铜 24～25	基肥，亩施 1～2kg，叶面喷肥 0.001%～0.05%
硫酸锌 $ZnSO_4 \cdot H_2O$	酸性、速效	锌 35～40	基肥，亩施 0.5～1kg，叶面喷肥 0.001%～0.05%
硫酸镁 $MgSO_4 \cdot 7H_2O$	酸性、速效	镁 8～9	基肥，亩施 5～10kg，叶面喷肥 0.001%～0.1%
钼酸钠 $NaMo_4 \cdot H_2O$	微酸、速效	钼 35～39	基肥，亩施 20～100g，叶面喷肥 0.001%～0.05%

附录Ⅱ　常用农药的防治对象及使用方法汇总表

常用杀真菌剂

名称	毒性	常见加工剂型	防治对象	使用方法
土菌消（恶霉灵）	低	30%水剂、70%可湿性粉剂	广谱土壤杀菌剂	拌种：1kg 种子用 70%粉剂 5g；土壤消毒：每亩 30%水剂 2 000～3 000mL
五氯硝基苯	低	40%粉剂	广谱土壤杀菌剂	拌种：1kg 种子用 5～10g；土壤消毒：每亩 1.5～2.5kg
福美双	低	50%可湿性粉剂	广谱土壤苗木杀菌剂	拌种：1kg 种子用 2～3g；喷雾：500～800 倍液；土壤消毒：每亩 1.5～2.5kg
育苗毒（噁甲水剂）	低	3.3%噁甲水剂	广谱土壤杀菌剂	土壤消毒：每亩 2 000～3 000mL
粉锈宁（三唑酮）	低	25%可湿性粉剂，乳油、烟剂	主治锈病、白粉病等	拌种：1kg 种子用 2～3g；喷雾：1 000～2 000 倍液；熏蒸：每亩用 40～70g

（续）

名称	毒性	常见加工剂型	防治对象	使用方法
普力克（霜霉威）	低	66.5%水剂	猝倒病、疫病、霜霉病等	土壤消毒：每亩2 500～3 000 mL，喷雾：800～1 000倍液
甲基托布津（甲基硫菌灵）	低	70%可湿性粉剂	炭疽、叶斑、白粉及茎腐等	拌种：1kg 种子用 2～5g；喷雾：1 000～1 500 倍液
甲霜灵（瑞毒霜）	低	35%拌种剂，25%可湿性粉剂	霜霉病、疫霉病、腐霉病等	拌种：1kg 种子用 2～3g；喷雾：1 000～1 500 倍液；土壤消毒：每亩 120～130g
百菌清（达克宁）	低	75%可湿性粉剂	广谱杀菌剂、预防和发病初期用	喷雾：1 000～1 500 倍液
代森锰锌	低	70%可湿性粉剂	广谱杀菌剂、预防和发病初期用	喷雾：500～800 倍液
三乙磷铝（疫霜灵）	低	40%、80%可湿性粉剂	疫霉病、霜霉病	喷雾：40%粉剂 200～300 倍液，80%粉剂 400～600 倍液
农利灵（乙烯菌核利）	低	50%可湿性粉剂	菌核病、灰霉病、褐斑病	喷雾：1 000～1 300 倍液
扑海因（异菌脲）	低	50%可湿性粉剂	广谱杀菌剂，对灰霉、疫病效果佳	拌种：1kg 种子 1～3g；喷雾：800～1 000 倍液
多菌灵	低	25%、50%可湿性粉剂	广谱杀菌剂，对卵菌、细菌无效	拌种：1kg 种子 5～10g；喷雾：50%粉剂 500～800 倍液
菌核净	低	40%可湿性粉剂	菌核病、白粉病	喷雾：400～500 倍液
农星（新星、福星）	低	40%乳油	锈病、白粉病、黑星病	喷雾：800～1 000 倍液
万利得（挫霉唑）	低	22.2%、47.2%乳油	青霉、炭疽、黑腐等贮藏期病害	浸种：47.2%乳油 500～800 倍液浸 2～3 分钟

常用杀细菌剂和杀病毒剂

名称	毒性	常见加工剂型	防治对象	使用方法
溴菌腈（炭特灵）	低	25%乳油，40%可湿性粉剂	细菌性病害、炭疽病等	喷雾：40%粉剂500～600 倍液
施宝灵（丙硫咪唑）	低	20%悬浮剂	细菌性病害、霜霉、白锈等	喷雾：800～1 000 倍液
农用链霉素	低	72%可溶性粉剂	细菌性病害	喷雾：3 000～4 000 倍液

（续）

名称	毒性	常见加工剂型	防治对象	使用方法
退菌特（三福美）	中	75%可湿性粉剂	广谱杀真菌、细菌剂	喷雾：800～1 000 倍液，拌种：1kg 种子 2g。土壤消毒：每亩 300g
加瑞农（春雷氧氯铜）	低	50%可湿性粉剂	广谱杀真菌、细菌剂	喷雾：800～1 000 倍液
硫酸酮（蓝矾）	高	96%晶体	广谱杀真菌、细菌剂	浸根：100 倍液浸根 30～40 分钟
可杀得（氢氧化铜）	低	77%可湿性粉剂	广谱保护性杀真菌、细菌剂	喷雾：500～800 倍液
石硫合剂	低	45%结晶、29%水剂	广谱杀真菌、细菌、杀螨剂	喷雾：休眠期或发病初期 45%剂型 150 倍液
琥胶肥酸铜（DT）	低	30%胶悬剂	广谱杀真菌、细菌剂	喷雾：300～500 倍液
王铜（氧氯化铜）	低	30%悬浮剂	广谱杀真菌、细菌剂	喷雾：600～800 倍液
塞枯唑（川化-018）	低	25%可湿性粉剂	细菌性病害	喷雾：400～500 倍液
菌毒清（菌必清）	低	5%水剂	植物病毒及真菌、细菌病害	喷雾：200～300 倍液；涂抹：50～100 倍液
植病灵	低	1.5%乳剂	植物病毒病	喷雾：800～1 000 倍液
病毒 A（盐酸吗啉胍铜）	低	20%可湿性粉剂	植物病毒病	喷雾：400～600 倍液
混合脂肪酸（83 增抗剂）	低	10%水乳剂	植物病毒病	喷雾：700～1 000 倍液
小叶敌	低	复配型水剂	植物病毒病	喷雾：200～300 倍液 浸种：800～1 000 倍液 8～12 小时

常用杀虫剂

名称	毒性	常见加工剂型	防治对象	使用方法
辛硫磷（倍腈松）	中	50%乳油	广谱杀地下、地上害虫	土壤消毒：配成 5%毒砂每亩施入 2kg；喷雾：1 000～1 500 倍液；拌种：1kg 种子 2mL 药

（续）

名称	毒性	常见加工剂型	防治对象	使用方法
甲基对硫磷（甲基1605）	高	50%乳油、3%粉剂	广谱杀地下、地上害虫	拌种：1kg 种子0.7～1mL 药，喷雾：1 500～2 000 倍液
甲基异柳磷	高	20%、40%乳油	主治地下害虫	土壤消毒：每亩地 20%乳油 300～400mL
杀螟松（杀螟硫磷）	低	50%乳油、2%粉剂	主治蚜虫、鳞翅目幼虫等	喷雾：50%乳油 500～1 000 倍液
甲萘威（西维因）	低	25%可湿性粉剂	主治鳞翅目幼虫、蚜虫等	喷雾：400～600 倍液
速灭威	中	25%可湿性粉剂	主治粉虱、蓟马、叶蝉等	喷雾：400～600 倍液
氧化乐果（氧乐）	高	40%乳油	主治蚜虫、螨类、飞虱、介壳虫等	喷雾：1 500～2 000 倍液
虫螨灵（联苯菊脂）	中	2.5%、10%乳油	红蜘蛛、白粉虱、潜叶蝇等	喷雾：10%乳油 2 500～4 000 倍液
敌杀死（溴氰菊脂）	中	2.5%乳油	红蜘蛛、蚜虫、白粉虱、潜叶蝇等	喷雾：2 000～2 500 倍液
灭扫利（甲氰菊脂）	中	20%乳油	红蜘蛛、蚜虫、白粉虱、潜叶蝇等	喷雾：2 000～4 000 倍液
万　灵（灭多威）	高	24%水剂、40%粉剂	广谱杀地上害虫	喷雾：24%水剂 500～600 倍液
三氯杀螨醇	低	20%乳油	主治红蜘蛛	喷雾：1 000～2 000 倍液
齐螨素（爱立螨克）	高	1.8%乳油	主治螨类及地上害虫	喷雾：4 000～5 000 倍液
三唑锡（倍乐霸）	中	25%可湿性粉剂	主治螨类	喷雾：1 000～1 500 倍液
霸螨灵（唑螨酯）	中	5%悬浮剂	主治螨类	喷雾：1 500～3 000 倍液

（续）

名称	毒性	常见加工剂型	防治对象	使用方法
涕灭威（铁灭克）	高	15%颗粒剂	地下害虫、线虫及螨类	土壤混拌：1～2g/m^2
棉隆（必速灭）	中	98%颗粒剂	土壤线虫、害虫、土壤真菌、细菌	土壤熏蒸：30～40g/m^2 覆膜10天

常用除草剂

名称	毒性	常见加工剂型	防治对象	使用方法
百草敌（麦草畏）	低	48%水剂	阔叶杂草及宿根多年生杂草持效期20～60天	苗后，每亩20～27mL，加水20～30kg喷雾
草甘膦（农达）	低	41%水剂	灭生性除草剂，持效期20～30天	苗后，每亩40～100mL，加水20～30kg喷雾
丁草胺（去草胺）	低	50%、60%乳油	禾本科、莎草科杂草和1年生阔叶杂草，持效期30～40天	苗后，每亩100～125mL，加水20～30kg喷雾
阔叶净（巨草）	低	75%干悬浮剂	阔叶杂草，持效期50～70天	杂草10cm高前，每亩0.9～1.7g，加水20～30kg喷雾
甲磺隆（合力）	低	20%可湿性粉剂	一年生双子叶杂草，持效期40～200天	播后至幼苗早期，每亩3～4g，毒土施入
2，4滴丁酯（2，4-D）	中	72%乳油	阔叶杂草，持效期20～60天	苗后，每亩30～50mL，加水20～30kg喷雾
阿特拉津（莠去津）	低	50%可湿性粉剂、40%悬浮剂	禾本科杂草、阔叶杂草，持效期1～2年	播后苗前，每亩125～150g，加水20～30kg喷雾
地乐胺	低	48%乳油	一年生单子叶杂草和部分双子叶杂草，持效期30～60天	播后苗前，每亩200～250mL，加水20～30kg喷雾或拌毒土施入
精稳杀得（精吡氟禾草灵）	低	15%乳油	禾本科杂草，持效期20～60天	苗期，每亩50～67mL，加水20～30kg喷雾

主要参考资料

龙雅宜. 1994. 切花生产技术. 北京：金盾出版社
李洪权. 1997. 切花月季生产技术. 北京：金盾出版社
张中义等. 1992. 观赏植物真菌病虫害. 成都：四川科学技术出版社
徐明慧等. 1993. 花卉病虫害防治. 北京：金盾出版社
金波等. 1997. 花卉病虫害防治手册. 北京：中国林业出版社
王华芳等. 1997. 花卉无土栽培. 北京：金盾出版社
邵莉楣. 1993. 花卉化学促控技术. 北京：金盾出版社
胡绪岚. 1996. 切花保鲜新技术. 北京：中国林业出版社
谭文澄等. 1991. 观赏植物组织培养技术. 北京：中国林业出版社
黄章智. 1986. 切花栽培. 北京：中国林业出版社
张真和等. 1995. 高效节能日光温室园艺. 北京：中国农业出版社
王焕民等. 1989. 新编农药手册. 北京：农业出版社
刘乃炽等. 1998. 新编农药手册（续集）. 北京：中国农业出版社
梁成华等. 1999. 常用化肥及其施用技术. 沈阳：沈阳出版社
章守玉等. 1982. 花卉园艺（上）. 沈阳：辽宁科技出版社
杜凤文. 1993. 唐菖蒲花卉. 北京：中国农业科技出版社
农业部农业司. 1995. 中国肥料农药实用手册. 北京：中国农业科技出版社
北京林业大学园林系花卉教研组. 1990. 花卉学. 北京：中国林业出版社
中华人民共和国农业部. 1997. 中华人民共和国农业行业标准. 北京